全国技工院校计算机类专业教材

（中/高级技能层级）

电工与电子技术基础

（第三版）

人力资源社会保障部教材办公室　组织编写

中国劳动社会保障出版社

简介

本书是全国技工院校计算机类专业教材，主要内容包括直流电路、磁场与电磁感应、正弦交流电路、半导体器件、放大与振荡电路、直流稳压电源、数字电路等。

本书由朱春萍、王振宁、马巍编写，朱春萍主编。

图书在版编目（CIP）数据

电工与电子技术基础 / 人力资源社会保障部教材办公室组织编写. -- 3版. -- 北京：中国劳动社会保障出版社，2019

全国技工院校计算机类专业教材：中、高级技能层级

ISBN 978-7-5167-3734-7

Ⅰ. ①电… Ⅱ. ①人… Ⅲ. ①电工技术-技工学校-教材②电子技术-技工学校-教材 Ⅳ. ①TM②TN

中国版本图书馆CIP数据核字（2019）第004401号

中国劳动社会保障出版社出版发行

（北京市惠新东街1号 邮政编码：100029）

*

三河市华骏印务包装有限公司印刷装订 新华书店经销

787毫米 ×1092毫米 16开本 15.75印张 286千字

2019年1月第3版 2019年1月第1次印刷

定价：29.00元

读者服务部电话：（010）64929211/84209101/64921644

营销中心电话：（010）64962347

出版社网址：http://www.class.com.cn

http://zyjy.class.com.cn

前　言

为了更好地满足技工院校计算机类专业的教学要求，适应计算机行业的发展现状，全面提升教学质量，人力资源社会保障部教材办公室组织全国有关学校的一线教师和行业、企业专家，充分调研企业用人需求和学校教学情况，吸收借鉴各地技工院校教学改革的成功经验，根据人力资源社会保障部颁发的《技工院校计算机类通用专业课教学大纲（2015）》《技工院校计算机应用与维修专业教学计划和教学大纲（2015）》《技工院校计算机网络应用专业教学计划和教学大纲（2015）》对相关教材进行了修订。本次修订的教材包括：《电工与电子技术基础（第三版）》《键盘操作与五笔字型（第二版）》《计算机应用基础（第二版）》《常用办公软件（第三版）》《计算机组装与维护（第二版）》《Dreamweaver 网页设计与制作（第二版）》《Photoshop 平面设计与制作（第二版）》《Flash 动画设计与制作（第二版）》《计算机网络基础与应用（第二版）》《Internet 基础与应用（第三版）》《常用工具软件（第三版）》《微型计算机外围设备（第四版）》《制图与机械常识（第三版）》等。

本次教材修订工作的重点主要有以下几个方面：

第一，坚持以能力为本位，突出职业教育特色。

根据计算机类专业毕业生所从事职业的实际需要，合理确定学生应具备的知识结构与能力结构，对教材内容的深度、难度做了调整。同时，进一步加强实践性应用环节，突出职业教育特色，以满足社会对技能型人才的需要。

第二，兼顾技术发展与教学条件，突出计算机综合应用能力培养。

针对计算机软、硬件更新迅速的特点，在教学内容选取上，既注重体现新软件、新知识，又兼顾技工院校教学实际条件。在教学内容组织上，不仅仅局限于某一计算机软件版本的具体功能，而是更注重计算机使用能力的拓展，使学生能够触类旁通，提升计算机使用的综合能力，为后续专业课程的学习打下良好的基础。

第三，创新教材编写模式，注重实践能力培养。

根据技工院校学生认知规律，创新教材编写模式，以完成具体工作过程为主线组织教材内容，将理论知识的讲解与具体的任务载体有机结合，激发学生学习兴趣，提高学生实践能力。

第四，丰富教材表现形式，提高教材可读性。

在表现形式上，通过丰富的操作图片和软件截图详尽地指导任务操作步骤和软件使用方法，使教材内容更加直观、形象。结合计算机类专业教材的特点，多数教材采用四色印刷，图文并茂，增强了教材内容的表现效果，提高了教材的可读性。

第五，开发多种教学资源，提供优质教学服务。

在教学服务方面，为方便教师教学和学生学习，配套提供了制作素材、电子课件、教案示例等教学资源，可通过职业教育教学资源与数字学习中心网站（http://zyjy.class.com.cn）下载使用。除此之外，在部分教材中还借助二维码技术，针对教材中的重点、难点内容，开发制作了操作演示微视频，可使用移动设备扫描书中二维码在线观看。

本次教材的改版工作得到了河北、黑龙江、江苏、河南、广东、重庆等省人力资源社会保障厅及有关学校的大力支持，在此我们表示诚挚的谢意。

人力资源社会保障部教材办公室

2019 年 1 月

目 录

CONTENTS

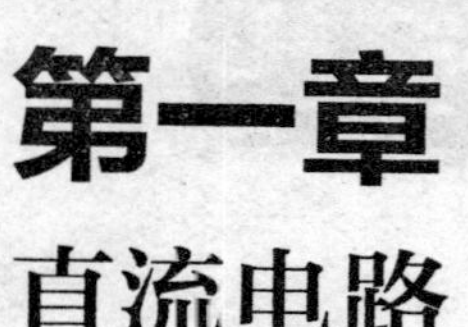

第一章 直流电路

§1—1　电路及基本物理量

一、电路的组成、作用及状态

1. 电路的组成

在道路上连续不断的、同一方向的汽车行列，被称为车流，供汽车行驶的、到达某目的地的专用道路被称为车道，如图 1—1 所示。同理，由灯泡、连接导线、电池和开关组成的，将电池电能传输给灯泡使其发光的导电回路被称为**电路**，在电路中电荷的定向运动形成**电流**，如图 1—2 所示。

● 图 1—1　车流与车道

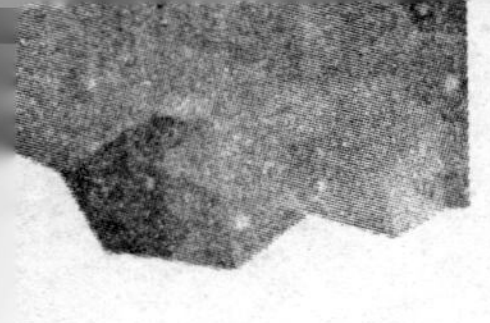

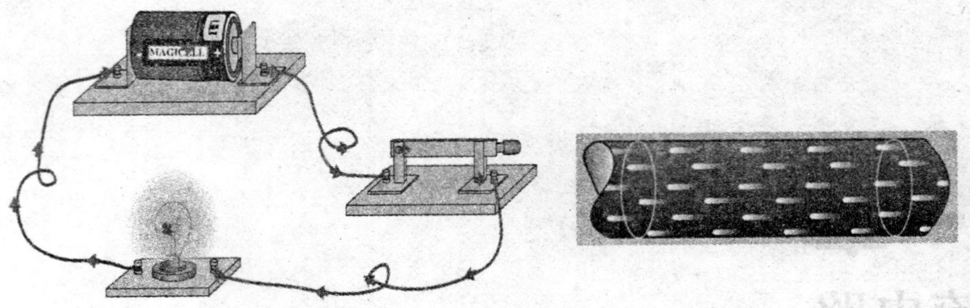

● 图 1—2　电路与电流

图 1—3 所示为用电气符号（常用电气符号见表 1—1）描述电路的电路图。对电路的描述有时也可采用方框图，如图 1—4 所示。方框图主要用于说明一个复杂电路系统中各部分电路的功能及相互之间的关系，不描述细节。

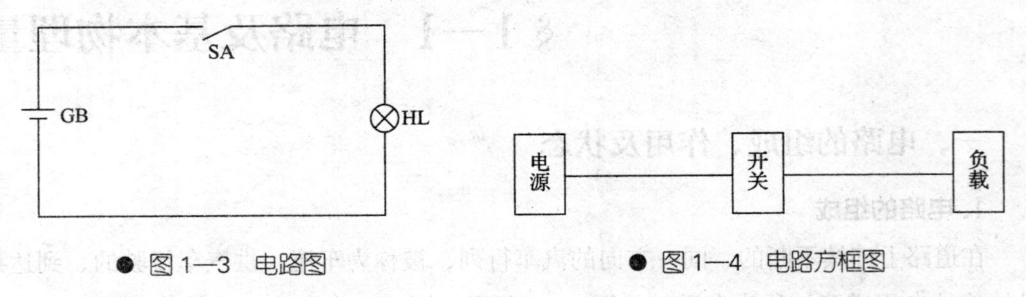

● 图 1—3　电路图　　● 图 1—4　电路方框图

表 1—1　常用电气符号

名称	图形符号	文字代号	名称	图形符号	文字代号
开关		SA	熔断器		FU
电池		GB	指示灯		HL
电阻器		R	电流表		PA
电位器		RP	电压表		PV
电容器		C	电压源		U_s
电感器线圈		L	电流源		I_s
铁芯线圈		L	连接导线		
扬声器		B	不连接导线		

续表

名称	图形符号	文字代号	名称	图形符号	文字代号
二极管		VD	接地		
三极管		VT	接机壳		

电路一般由电源、负载、导线和控制装置四部分组成。

（1）电源

电源是为电路提供电能的设备，如干电池、蓄电池、发电机等（见图 1—5）。

（2）负载

负载又称用电器，其作用是将电能转变为其他形式的能，图 1—6 所示的计算机即为负载。

（3）导线

导线起连接电路和输送电能的作用。

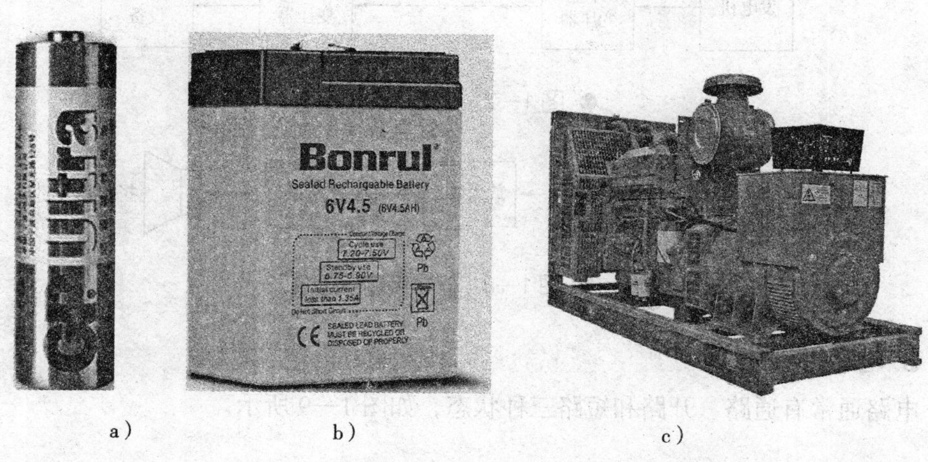

a）　b）　c）

● 图 1—5　常见电源

a) 干电池　b) 蓄电池　c) 发电机组

（4）控制装置

控制装置的主要作用是控制电路的通断，如开关、继电器等。

在如图 1—6 所示的计算机电路中，计算机上的电源开关是控制装置，插座提供电源，计算机是负载，通过导线构成电路。

有些电路中还装有保护装置，以保证电路的安全运行，如熔断器、热继电器等。

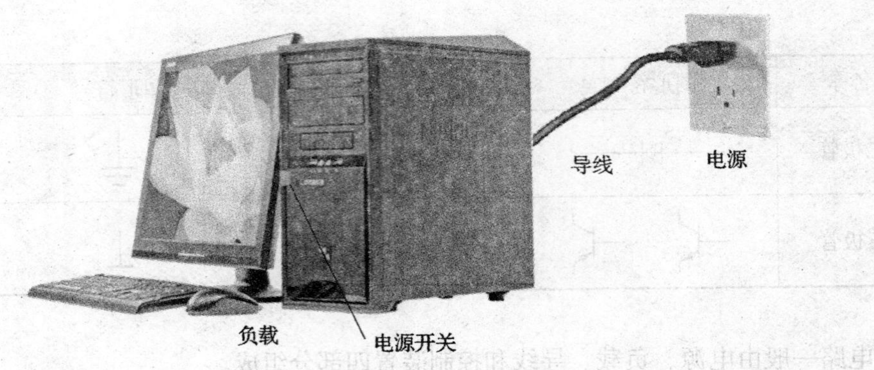

● 图 1—6 计算机电路

2. 电路的基本作用

电路的基本作用主要表现在两方面。一是进行电能的传输和转换，如照明电路、动力电路等，电能传输示意图如图 1—7 所示；二是进行信息的传输和处理，如测量电路、扩音机电路、计算机电路等，信息传输示意图如图 1—8 所示。

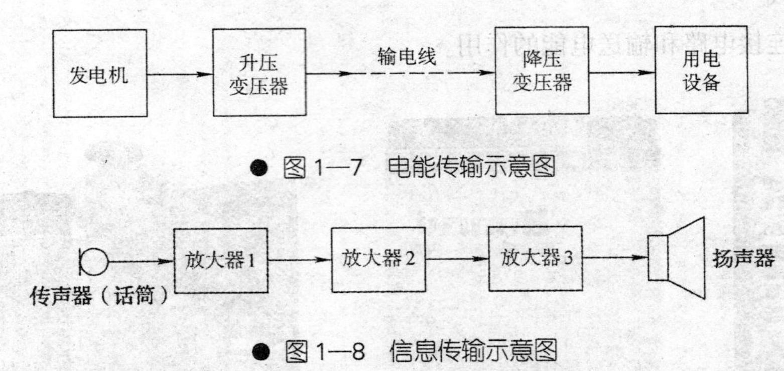

● 图 1—7 电能传输示意图

● 图 1—8 信息传输示意图

3. 电路的状态

电路通常有通路、开路和短路三种状态，如图 1—9 所示。

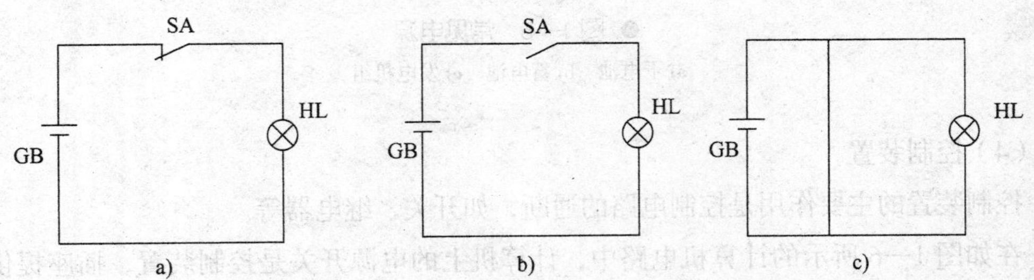

● 图 1—9 电路的三种状态

a）通路 b）开路 c）短路

通路——电路构成闭合回路，有电流流过。

开路——电路断开，电路中无电流通过。开路也称断路。

短路——短路时电源未经负载而直接由导线构成回路。这时电源的输出电流将比允许的通路工作电流大很多倍，电源会因短路而损耗大量的能量，一般不允许短路。

二、电流

1. 电流的形成

电荷的定向移动形成电流。在金属导体中，能定向移动的电荷是带负电的自由电子；在导电液体如蓄电池电解液中，能定向移动的电荷是正负离子（见图 1—10）。

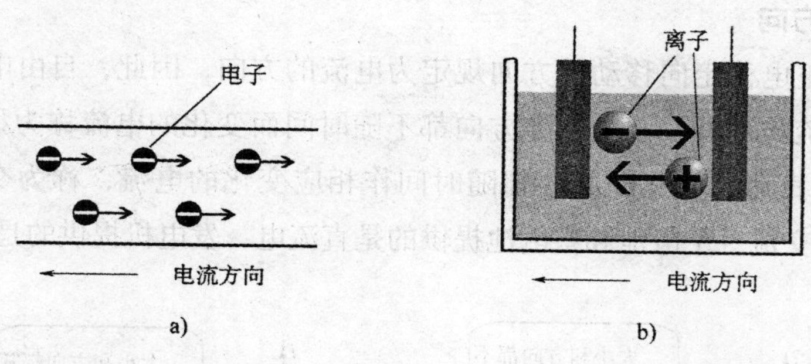

● 图 1—10　电流的形成

a）金属导体中的电流　b）导电液体中的电流

2. 电流的大小

电流的大小是指单位时间内通过导体横截面的电量，即

$$I=\frac{Q}{t}$$

如果在 1 秒（s）内通过导体横截面的电量为 1 库仑（C），则导体中的电流就是 1 安培（A）。常用的电流单位还有毫安（mA）、微安（μA）等，不同单位间的换算关系如下。

$$1\ \text{mA}=10^{-3}\ \text{A},\ 1\ \mu\text{A}=10^{-3}\ \text{mA}=10^{-6}\text{A}$$

电路中的电流大小可用电流表进行测量（见图 1—11）。测量时应注意以下几点。

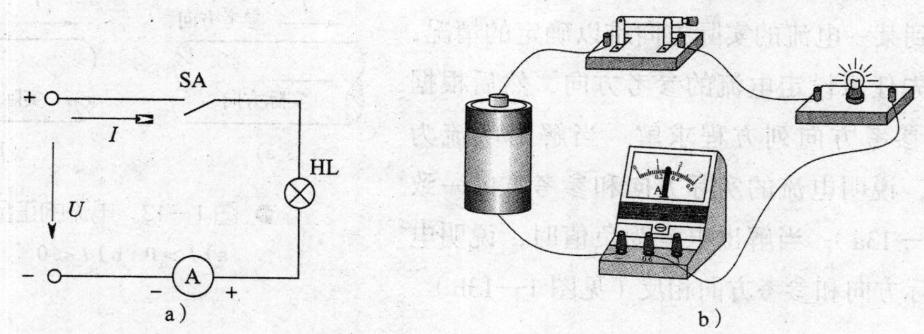

● 图 1—11　直流电流的测量

a）测量电路图　b）测量电路接线图

（1）对交、直流电流应分别使用交流电流表和直流电流表测量。

（2）电流表应串联接到被测电路中。

（3）直流电流表接线柱上标明的“+”“-”记号，应和电路的极性相一致，不能接错，否则指针会反转，影响正常测量，也容易损坏电流表。

（4）每个电流表都有一定的测量范围，称为电流表的**量程**，一般被测电流的数值在电流表量程的一半以上时，读数较为准确。因此，在测量之前应先估计被测电流大小，以便选择适当量程的电流表。若无法估计，可先用电流表的最大量程挡测量，当指针偏转不到1/3刻度时，再改用较小挡去测量，直到测得准确数值为止。

3. 电流的方向

习惯上把正电荷定向移动的方向规定为电流的方向，因此，自由电子和负离子移动的方向与电流方向相反。大小和方向都不随时间而变化的电流称为稳恒电流（见图1—12a），简称直流。大小和方向都随时间作相应变化的电流，称为交变电流（见图1—12b），简称交流。干电池和蓄电池提供的是直流电，发电机提供的是交流电。

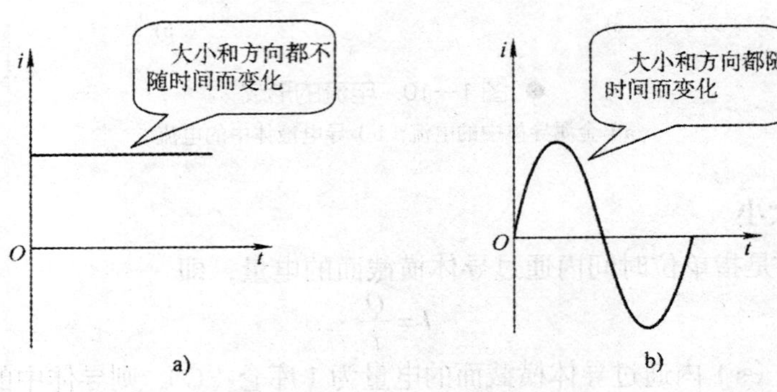

● 图1—12 直流电和交流电

a）直流电 b）交流电

在分析和计算较为复杂的直流电路时，经常会遇到某一电流的实际方向难以确定的情况，这时可先任意设定电流的参考方向，然后根据电流的参考方向列方程求解。当解出电流为正值时，说明电流的实际方向和参考方向一致（见图1—13a）；当解出电流为负值时，说明电流的实际方向和参考方向相反（见图1—13b）。

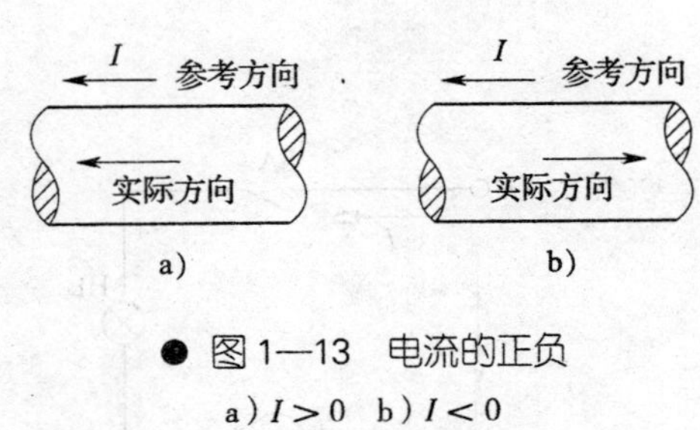

● 图1—13 电流的正负

a）$I>0$ b）$I<0$

三、电压、电位和电动势

1. 电压

在金属导体中虽然有许多自由电子，但只有在外加电场的作用下，这些自由电子才能做有规则的定向移动而形成电流。电场力将单位正电荷从 a 点移到 b 点所做的功，称为 a、b 两点间的**电压**，用 U_{ab} 表示。电压的单位为伏特（V）。电压与电流的关系和水压与水流的关系有相似之处。

在如图 1—14 所示装置中，由于用水泵不断将水槽乙中的水抽送到水槽甲中（水泵对水做功），使 A 处比 B 处水位高，即 A、B 之间形成了水压，水管中的水便由 A 处向 B 处流动，从而推动水车旋转。

在如图 1—15 所示电路中，电源的作用类似于上述水泵，它使 E、G 之间维持一定的电压，因此，电路中便有正电荷由正极流向负极（实际上是自由电子即负电荷，由负极流向正极），从而使灯泡发光。

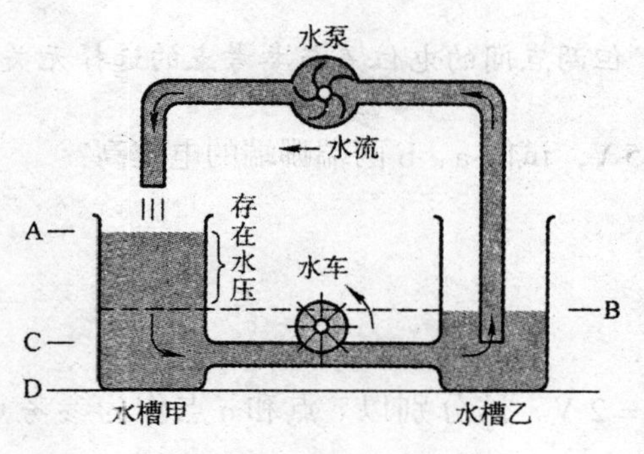

● 图 1—14　水压与水流

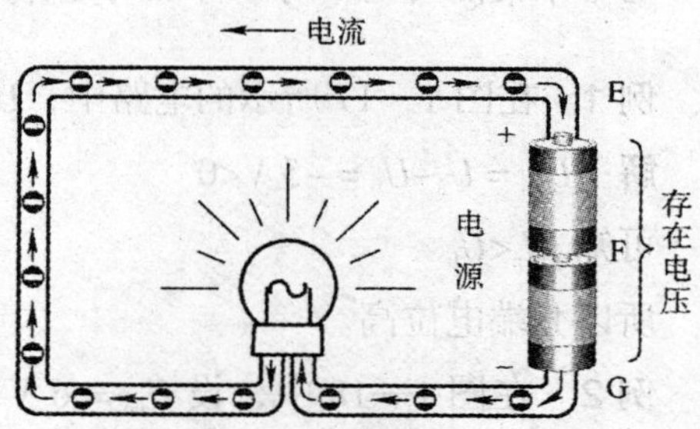

● 图 1—15　电压与电流

在计算较为复杂的电路时，常常难以判断电压的实际方向，因此，也要先设定电压的参考方向。原则上电压的参考方向可任意选取，但如果已设定电流参考方向，则电压参考方向最好选择与电流参考方向一致，称为**关联参考方向**。当电压的实际方向与参考方向一致时，电压为正值；反之，电压为负值。

电压的参考方向有 3 种表示方法，如图 1—16 所示。

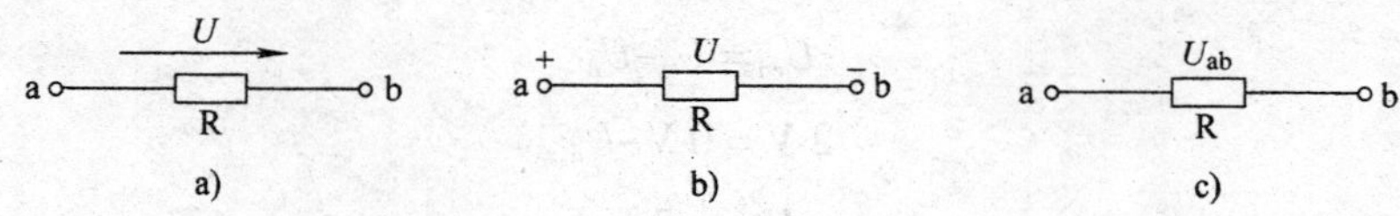

● 图 1—16　电压参考方向的表示方法

a）箭头表示法　b）极性表示法　c）下标表示法

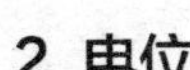

2. 电位

如果在电路中选定一个**参考点**（即零电位点），则电路中某一点与参考点之间的电压即为该点的**电位**，电位的单位也是伏特（V）。电位通常用U表示，如a、b点的电位可以分别记为U_a、U_b。原则上电位的参考点可以任意选择，但为了便于分析计算，在电力电路中常以大地作为参考点，电气符号为 ；在电子电路中常以多条支路汇集的公共点或金属底板、机壳等作为参考点，电气符号为 或 。高于参考点的电位取正，低于参考点的电位取负。例如，在图1—15中，E、F之间的电压为1.5 V，若以F为参考点，则F点的电位为0 V，E点的电位为1.5 V；若以E点为参考点，则F点的电位为−1.5 V。但不管参考点如何选择，E、F之间（即每节电池正负极之间）的电位差都是1.5 V，这是不会改变的。电路中任意两点之间的电压就等于这两点之间的电位差，即$U_{ab}=U_a-U_b$，故**电压又称电位差**。

提示

电路中某点的电位与参考点的选择有关，但两点间的电位差与参考点的选择无关。

例1 在图1—17所示的电路中，$U_{ab}=-5\ \text{V}$，试问a、b两端哪端的电位高？

解 $U_{ab}=U_a-U_b=-5\ \text{V}<0$

可知 :$U_a<U_b$

所以b端电位高。

例2 在图1—18中，设$U_{co}=6\ \text{V}$，$U_{cd}=2\ \text{V}$。试分别以c点和o点作为参考点，求d点的电位和d、o两点间的电压。

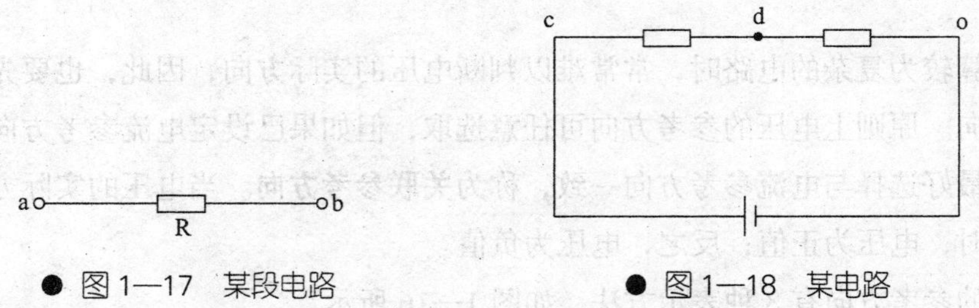

● 图1—17 某段电路　　● 图1—18 某电路

解 （1）以c为参考点，即$U_c=0\ \text{V}$

根据
$$U_{cd}=U_c-U_d$$
$$2\ \text{V}=0\ \text{V}-U_d$$

得
$$U_d=-2\ \text{V}$$

根据
$$U_{co}=U_c-U_o$$
$$6\ \text{V}=0\ \text{V}-U_o$$

得
$$U_o = -6\ \text{V}$$
根据
$$U_{do} = U_d - U_o$$
得
$$U_{do} = -2\ \text{V} - (-6\ \text{V}) = 4\ \text{V}$$
（2）以 o 为参考点，即 $U_o = 0\ \text{V}$

根据
$$U_{co} = U_c - U_o$$
$$6\ \text{V} = U_c - 0\ \text{V}$$
得
$$U_c = 6\ \text{V}$$
根据
$$U_{cd} = U_c - U_d$$
$$2\ \text{V} = 6\ \text{V} - U_d$$
得
$$U_d = 4\ \text{V}$$
$$U_{do} = U_d - U_o = 4\ \text{V} - 0\ \text{V} = 4\ \text{V}$$

从上面的结果可知：参考点变了，电位的值也随之改变；但不管参考点如何变化，两点间的电压是不变的。

3. 电动势

在图 1—14 中，水泵的作用是不断地把水从水槽乙抽送到水槽甲，从而使 A、B 之间始终保持一定的水位差，这样水管中才能有持续的水流。在图 1—15 中，电源的作用和水泵相似，电源不断地将正电荷从电源负极经电源内部移向正极，从而使电源的正、负极之间始终保持一定的电位差（电压），这样电路中才能有持续的电流。电源移动正电荷的能力用**电动势**表示，符号为 E，单位为伏特（V）。人们平时常用的 5 号干电池的电动势就是 1.5 V。

电源电动势在数值上等于电源没有接入电路时两极间的电压。电动势的方向规定为在电源内部由负极指向正极，如图 1—19 所示。

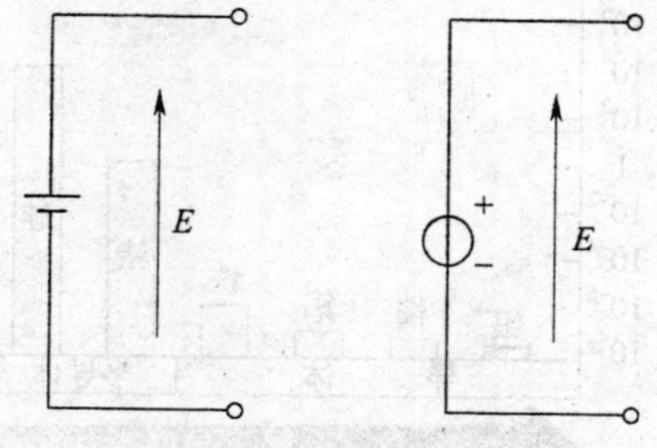

对于一个电源来说，既有电动势，又有端电压。电动势只存在于电源内部；而端电压则是电源加在外电路两端的电压，其方向由正极指向负极。一般情况下，电源的端电压总是低于电源内部的电动势，只有当电源开路时，电源的端电压才与电源的电动势相等。

图 1—19　直流电动势的两种符号

§1—2　电阻与电导

一、电阻与电阻率

当电流通过导体时，由于做定向移动的电荷会和导体内的带电粒子发生碰撞，所以

导体在通过电流的同时也对电流起着阻碍作用，这种对电流的阻碍作用称为**电阻**。导体的电阻常用 R 表示。在各种电路中，经常要用到具有一定电阻值的元件——电阻器，电阻器也简称电阻。

电阻的单位为欧姆（Ω），比较大的单位还有千欧（kΩ）、兆欧（MΩ）。它们之间的换算关系如下。

$$1\ \mathrm{M\Omega} = 10^3\ \mathrm{k\Omega}$$

$$1\ \mathrm{k\Omega} = 10^3\ \Omega$$

导体的电阻是导体本身的一种性质，它的大小决定于导体的材料、长度（l）和横截面积（S），可按下式计算：

$$R = \rho\frac{l}{S}$$

式中，比例常数 ρ 称为材料的电阻率，单位为欧姆·米，简称欧米（Ω·m）；l、S 的单位分别为 m、m^2。

电阻率的大小反映了物体的导电能力，电阻率越小物体越容易导电，容易导电的物体称为**导体**；电阻率越大越不容易导电，不容易导电的物体称为**绝缘体**，导电能力介于导体和绝缘体之间的物体称为**半导体**（见图 1—20）。

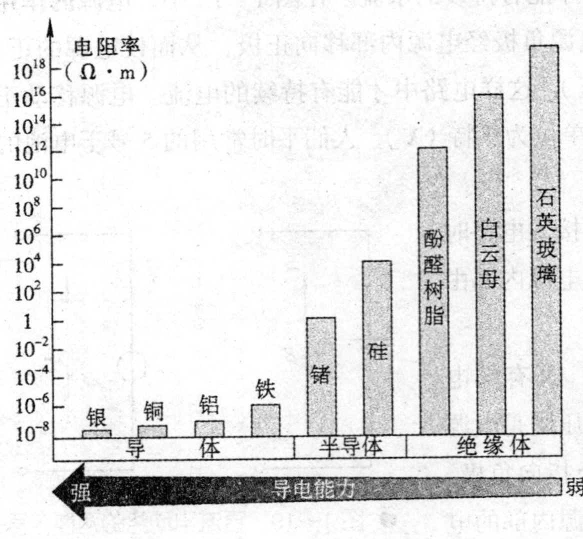

金属导体的电阻率一般为 $(1\times10^{-8}\sim1\times10^{-6})$ Ω·m
绝缘体的电阻率一般为 $(1\times10^{8}\sim1\times10^{18})$ Ω·m
半导体的电阻率一般为 $(1\times10^{-5}\sim1\times10^{6})$ Ω·m

● 图 1—20　导体、半导体和绝缘体

从图 1—20 中可以看出，纯金属的电阻率小，导电性能好，所以连接电路的导线一般用电阻率小的铜来制作，必要时还在导线上镀银；合金的电阻率较大，常用来作为制作电阻器、电炉电阻丝的材料；为了保证安全，电线的外皮、一些电工用具的手柄外层等都均匀而密实地包裹一层橡胶、塑料等绝缘材料。

二、电阻与温度的关系

一般来说，各种材料的电阻率都随温度变化而变化，金属的电阻率随温度升高而增大；电解液、半导体和绝缘体的电阻率则随温度升高而减小；而有些合金，如锰铜合金和镍铜合金的电阻率几乎不受温度变化的影响，常用来制作标准电阻。

想一想

扫描二维码
查看参考答案

白炽灯通常是在刚通电时容易烧断灯丝，这是为什么？

三、电阻器的选用

常用电阻器见表 1—2，可基于该表选用电阻器。

表 1—2　　常用电阻器

电阻器种类	特点及应用	实物图片
碳膜电阻器	碳膜电阻器阻值范围宽，价格便宜，是目前我国生产量最大、用途最广的通用电阻器	
金属膜电阻器	金属膜电阻器阻值精密，噪声小，广泛应用在高级音响、计算机、测试仪器、自动控制设备中	
线绕电阻器	线绕电阻器耐热性好，阻值稳定，常应用在精密仪器、大功率设备中	
光敏电阻器	光敏电阻器的电阻值随入射光的强弱而变化。多应用在光控开关、照相机闪光控制、电子验钞机和电子光控玩具等场合	
电位器	电位器是一种阻值可调的电阻器，有三个引出端，一个是滑动端，另外两个是固定端	

四、电阻器的主要指标

1. 标称阻值

标志在电阻器上的电阻值称为电阻器的标称阻值。

2. 允许误差

允许误差是电阻器和电位器实际阻值相对于标称阻值的最大允许偏差范围，它表示产品的精度。

3. 额定功率

额定功率也称标称功率，是指在一定的条件下，电阻器长期连续工作所允许消耗的最大功率。常用小型电阻器的标称功率一般为$\frac{1}{20}$ W、$\frac{1}{8}$ W、$\frac{1}{4}$ W、1 W、2 W 等，选用电阻器时一定要考虑其额定功率，以保证电阻器安全工作。

五、电阻器的标志方法

目前小功率的电阻器广泛使用色标法。色标法就是用颜色表示电阻器电阻值和精度的标志方法。

普通电阻器用四个色环表示其阻值和允许偏差。第一、第二环表示有效数字，第三环表示倍率（乘数），与前三环距离较大的第四环表示精度，如图 1—21a 所示。

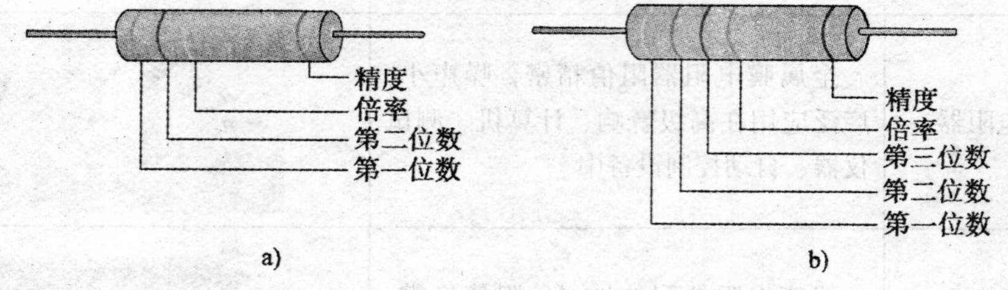

● 图 1—21　两种色环电阻器阻值的标注图

a）四个色环的电阻器　b）五个色环的电阻器

精密电阻器通常采用五个色环。第一、第二、第三环表示有效数字，第四环表示倍率，与前四环距离较大的第五环表示精度，如图 1—21b 所示。有关色环标注的定义见表 1—3。

表 1—3　色标法中各色环代表的意义

颜色	有效值	倍率	允许偏差
银色	—	10^{-2}	± 10%
金色	—	10^{-1}	± 5%

续表

颜色	有效值	倍率	允许偏差
黑色	0	10^0	—
棕色	1	10^1	± 1%
红色	2	10^2	± 2%
橙色	3	10^3	—
黄色	4	10^4	—
绿色	5	10^5	± 0.5%
蓝色	6	10^6	± 0.25%
紫色	7	10^7	± 0.1%
灰色	8	10^8	—
白色	9	10^9	+50% −20%

例如，色环为棕绿橙金表示阻值为 $15\times10^3\ \Omega = 15\ \text{k}\Omega$，允许偏差为 ±5% 的电阻器。色环为红紫绿黄棕表示阻值为 $275\times10^4\ \Omega = 2.75\ \text{M}\Omega$，允许偏差为 ±1% 的电阻器。

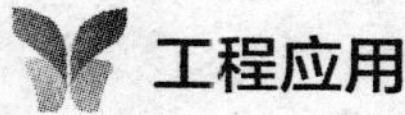

工程应用

计算机上的“特殊”电阻

1. 保险电阻

在计算机（包括便携式计算机）主板上有一种保险电阻（见图 1—22）。保险电阻又名熔断电阻，在电路中起着熔丝和电阻的双重作用，当电路负载发生短路故障，出现过电流时，保险电阻就会熔断，阻止电流的通过，起到保护作用。当故障排除后，又会自动恢复导通。

2. 热敏电阻

在计算机主电源里有一种热敏电阻（见图 1—23），该热敏电阻是负温度系数电阻，简称 NTC，它的阻值和温度成反比，温度越高，阻值越小，在常温下阻值大，可以减少开机冲击电流，然后随着它自身温度上升，阻值将自动变小，不会影响电路正常工作。

图 1—22　计算机主板上的保险电阻

图 1—23　计算机主电源里的热敏电阻

六、电导

电阻的倒数称为电导，用符号 G 表示，即

$$G=\frac{1}{R}$$

导体的电阻越小，电导就越大，表明导体的导电性能越好。电阻和电导是导体同一性质的两种不同表示方法，并不是导体在本质上有什么变化。

电导的单位是西门子，简称西，用字母 S 表示。

§1—3　欧姆定律

要使图 1—24 中的灯泡变暗，可以采用什么办法呢？

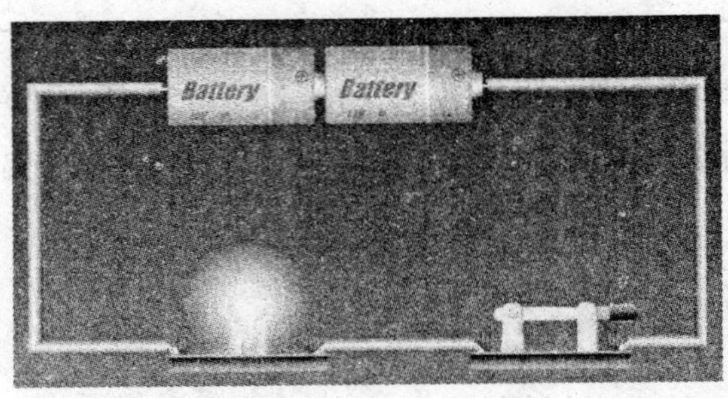

● 图 1—24　电路

方法一：减少一节电池（见图 1—25）；方法二：增大电路电阻（见图 1—26）。

相同的灯泡，但发光亮度不同，说明流过它们的电流不同。那么电流大小和什么因素有关呢？

● 图 1—25　减少一节电池

● 图 1—26　增大电路电阻

从上述实验可以得出结论：减小电压，可以减小电流；保持电压不变，增大电阻，也可以减小电流。

那么电压、电流和电阻这三者到底有什么关系呢？

1826年德国物理学家欧姆通过大量的实验揭示了电压、电流和电阻这三者的关系，即著名的欧姆定律。

一、部分电路欧姆定律

只含有负载而不包含电源的一段电路称为部分电路，如图1—27a虚线框部分所示。

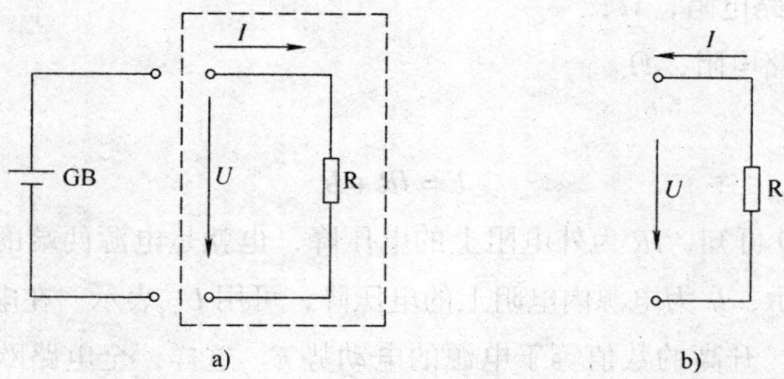

● 图1—27　部分电路

a）电压与电流参考方向相同　b）电压与电流参考方向相反

部分电路欧姆定律的内容是：**流过导体中的电流与导体两端的电压成正比，与导体的电阻成反比**。表达式为

$$I=\frac{U}{R}$$

式中　I——导体中的电流，A；

U——导体两端的电压，V；

R——导体的电阻，Ω。

在图1—27b所示的电路中，改变了电流I的参考方向，相应的欧姆定律表达式应改为

$$I=-\frac{U}{R}$$

想一想

某同学认为，由公式$R=\frac{U}{I}$可知，在一段导体上所加的电压越大，这段导体的电阻就越大，这种说法对吗？为什么？

扫描二维码
查看参考答案

二、全电路欧姆定律

全电路是含有电源的闭合电路，如图1—28所示，包括用电器和导线等。电源内部的电路称为内电路，如发电机的绕组、电池内的溶液等。电源内部的电阻称为内电阻

r，简称内阻。电源外部的电路称为外电路，外电路中的电阻称为外电阻。

全电路欧姆定律的内容是：全电路中的电流与电源的电动势成正比，与电路的总电阻（内电路电阻与外电路电阻之和）成反比，表达式为

$$I = \frac{E}{R + r}$$

式中 I——电路中的电流，A；

E——电源电动势，V；

R——外电路电阻，Ω；

r——内电路电阻，Ω。

由上式可得

$$E = IR + Ir$$

结合图 1—29 可知，IR 为外电阻上的电压降，也就是电源两端的电压（简称端电压），可用 $U_{外}$表示，Ir 为电源内电阻上的电压降，可用 $U_{内}$表示。在电源内部，由负极到正极电位升高，升高的数值等于电源的电动势 E。这样，全电路欧姆定律又可表述为：在闭合电路中，电源的电动势数值上等于 $U_{外}$和 $U_{内}$之和，即

$$E = U_{外} + U_{内}$$

电源端电压 U 与电源电动势的关系为

$$U = E - Ir$$

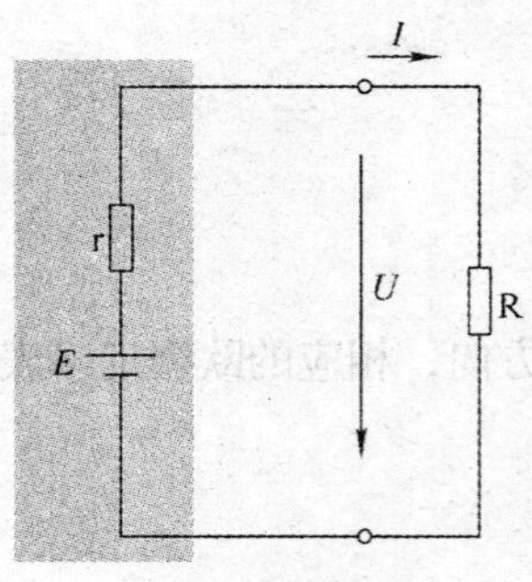

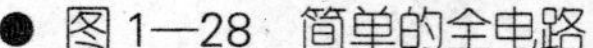

● 图 1—28　简单的全电路

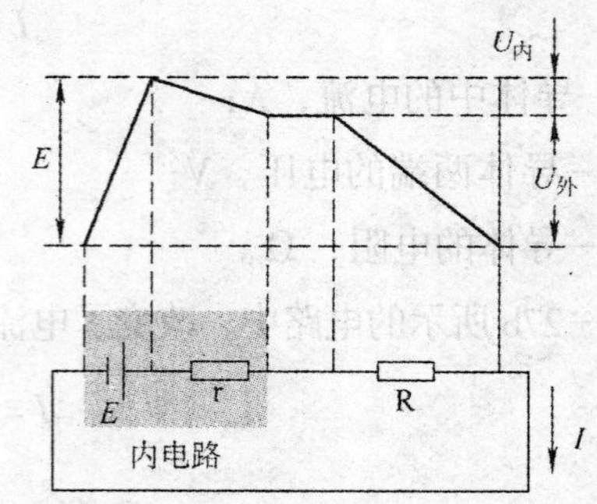

● 图 1—29　电源电动势 $E = U_{外} + U_{内}$

可见，当电源电动势 E 和内阻 r 一定时，电源端电压 U 将随负载电流 I 的变化而变化，电源端电压随负载电流变化的关系特性被称为电源的外特性，其关系特性曲线称为电源的外特性曲线，如图 1—30 所示。由图所见，电源端电压 U 随着电流 I 的增大而减小。电源内阻越大，直线倾斜度越大；直线与纵轴交点的纵坐标表示电源电动势的大小（$I = 0$ 时，$U = E$）。

下面应用全电路欧姆定律，分析图 1—31 所示电路在三种不同状态下，电源端电压与输出电流之间的关系（忽略电流表和电压表对电路的影响）。

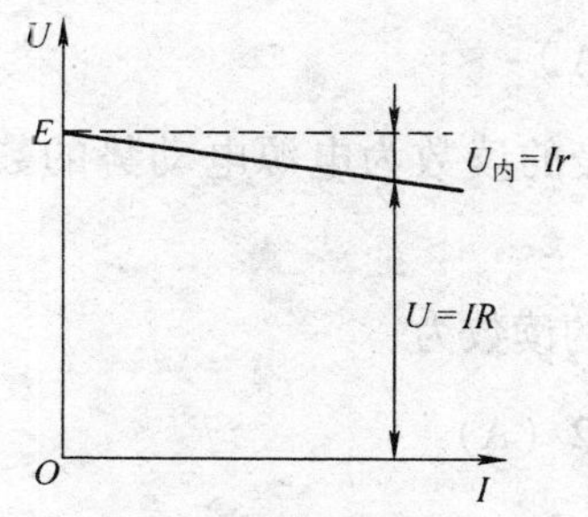

● 图1—30　电源的外特性曲线

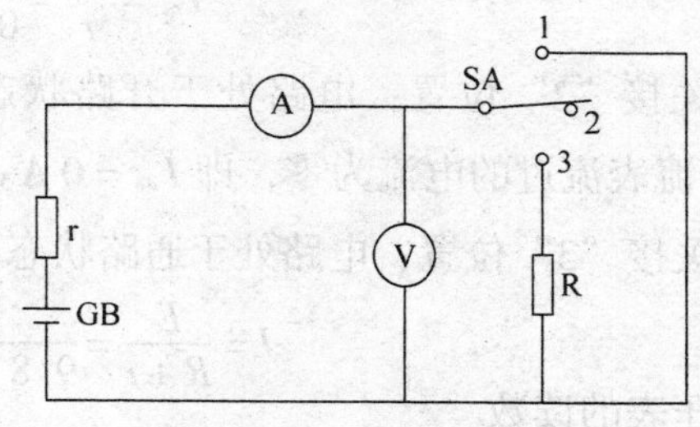

● 图1—31　电路的三种状态

1. 通路

开关SA接到位置“3”时，电路处于通路状态。电路中电流为

$$I = \frac{E}{R + r}$$

端电压与输出电流的关系为

$$U = E - Ir$$

可见，当电源电动势和内阻一定时，端电压随输出电流的增大而下降。通常把通过大电流的负载称为大负载，通过小电流的负载称为小负载。也就是说，当电源的内阻一定，电路接大负载时，端电压下降较多；电路接小负载时，端电压下降较少。

2. 开路（断路）

开关SA接到位置“2”时，电路处于开路状态，相当于负载电阻$R = \infty$或电路中某处连接导线断开，此时电路中电流为零，即电源的开路电压等于电源的电动势。

$$U = E - Ir = E$$

3. 短路

开关SA接到位置“1”时，相当于电源两极被导线直接连接，电路中短路电流$I_{短} = E/r$。由于电源内阻一般都很小，所以短路电流极大，此时电源对外输出电压$U = E - I_{短} r = 0$。

电源短路是严重的故障状态，必须尽量避免发生。但有时在调试和维修电气设备的过程中，有意将电路的某一部分短路，这是为了让与调试过程无关的部分暂时不通过电流，或是为了便于发现故障而采用的一种特殊方法，这种方法也只有在确保电路安全的情况下才能采用。

例3　在如图1—31所示电路中，设内阻$r = 0.2\ \Omega$，电阻$R = 9.8\ \Omega$，电源电动势$E = 2\ \text{V}$，不计电压表和电流表对电路的影响，开关在不同位置时，电压表和电流表的读数各为多少？

解　开关接“1”位置：电路处于短路状态，电压表的读数为零；电流表中流过的短路电流为

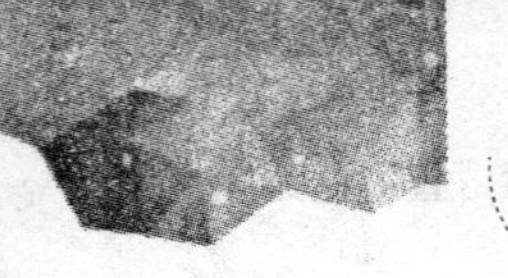

$$I_{短} = \frac{E}{r} = \frac{2}{0.2} = 10\ (\mathrm{A})$$

开关接“2”位置：电路处于开路状态，电压表的读数为电源电动势的数值，即 2 V；电流表流过的电流为零，即 $I_{断} = 0$ A。

开关接“3”位置：电路处于通路状态，电流表的读数为

$$I = \frac{E}{R+r} = \frac{2}{9.8+0.2} = 0.2\ (\mathrm{A})$$

电压表的读数

$$U = IR = 0.2 \times 9.8 = 1.96\ (\mathrm{V})$$

或

$$U = E - Ir = 2 - 0.2 \times 0.2 = 1.96\ (\mathrm{V})$$

实验 1　用万用表测量电阻、电压与电位

万用表是一种多用途、多量程的电工测量仪表。常用的万用表有模拟式和数字式两大类，如图 1—32 所示。数字式万用表读数直观，而模拟式万用表能方便快速地观察近似值或被测数值的变化情况。

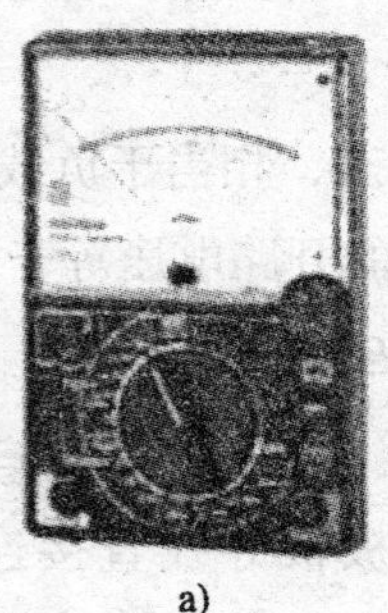

a)

b)

图 1—32　万用表

a）模拟式　b）数字式

一、实验目的

1. 掌握用模拟式万用表测量电阻、直流电压和电位的方法。

2. 培养学生安全用电的意识。

二、实验器材

1. 模拟式万用表 1 块。

2. 9 V 直流电源 1 台。

3. 330 Ω 电阻 2 只、1 kΩ 电阻 2 只、100 Ω 电阻 1 只。

4. 连接导线若干。

三、实验内容与步骤

1. 模拟式万用表介绍

模拟式万用表可以测量电阻阻值、交直流电压和直流电流等参数，如图 1—33 所示。

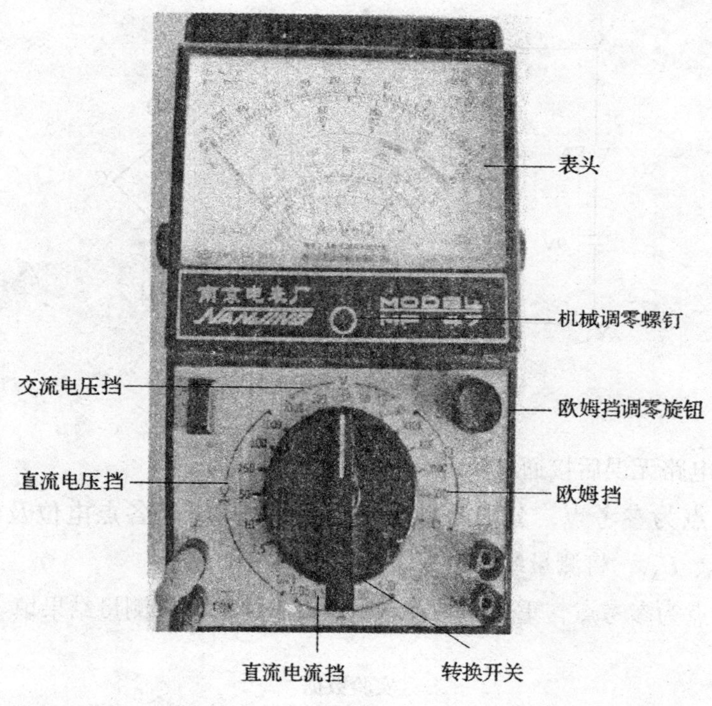

● 图 1—33　模拟式万用表面板

2. 用万用表测量电阻

导体电阻的阻值可以用模拟式万用表的电阻挡测量。万用表电阻挡一般有 $R\times1$、$R\times10$、$R\times100$、$R\times1\text{k}$ 和 $R\times10\text{k}$ 5 个量程。

（1）将选择开关置于 $R\times100$ 挡，将两表笔短接，调整电阻欧姆挡零位调整旋钮，使表针指向电阻刻度线右端的零位（见图 1—34）。

（2）用两表笔分别接触被测电阻两引脚进行测量。正确读出指针所指电阻的数值，再乘以倍率（$R\times100$ 挡应乘 100，$R\times1\text{k}$ 挡应乘 1 000），即为被测电阻的阻值。

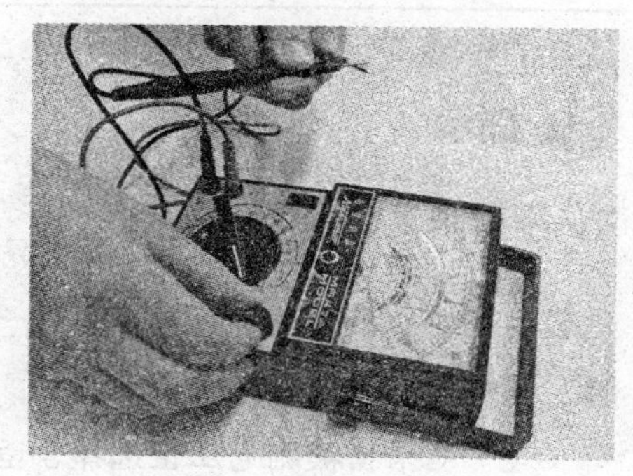

● 图 1—34　万用表电阻挡调零

（3）为使测量较为准确，测量时应使指针指在刻度线中心位置附近。若指针偏角较大，应换用 $R\times1k$ 挡；若指针偏角较小，应换用 $R\times10$ 挡或 $R\times1$ 挡。每次换挡后，应先调整欧姆挡零位调整旋钮，然后再测量。

（4）测量结束后，应拔出表笔，将选择开关置于“OFF”挡或交流电压最大挡位。

3. 用万用表测量直流电压

（1）按照图 1—35 所示连接实验电路。

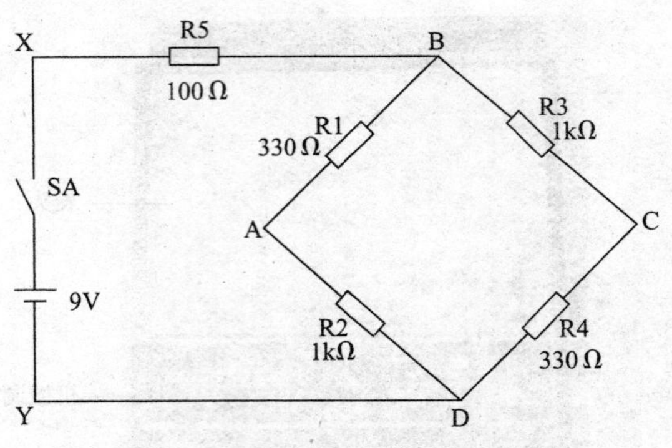

● 图 1—35 实验电路图

（2）检查电路无误后接通电源。

（3）以 D 点为参考点，分别测量 A、B、C、D、X、Y 各点电位及电压 U_{XB}、U_{BC}、U_{BA}、U_{AD}、U_{CD}、U_{XY}，将测量结果填入实验表 1—4 中。

（4）以 B 点为参考点，重新测量各点电位及电压值，将测量结果填入表 1—4 中。

表 1—4 **实验数据**

测量内容 / 参考点	U_A	U_B	U_C	U_D	U_X	U_Y	U_{XB}	U_{BC}	U_{BA}	U_{AD}	U_{CD}	U_{XY}
D 点												
B 点												

提示

（1）在测量直流电压时，应分清被测电压的极性，即**红色表笔接正极，黑色表笔接负极**。如无法区分正负极时应先将一支表笔触牢，另一支表笔轻轻碰触，若指针反向偏转，应对调表笔进行测量。

（2）应根据被测电压值选择合适的电压量程挡位，当被测电压值无法估计时，应选用最大电压量程挡进行粗测，再变换量程进行测量。

（3）测量电位时，将万用表的黑表笔接参考点，红表笔接被测点。若指针正向偏转，则被测点电位为正值；若指针反向偏转，应对调表笔，然后读出数值，此时该点电位为负值。

（4）测量中应与带电体保持安全距离，手不得触及表笔的金属部分，防止触电，同时还要防止短路。

四、实验报告

1. 填写表 1—4。

2. 思考：选择不同参考点时，电路中各点的电位有无变化？这时，任意两点间的电压有无变化？为什么？

§1—4　电功与电功率

搬运工将重物举到高处，这是人力做功，消耗的是体能；使用电动葫芦同样也能把重物举到高处，这是电流做功，消耗的是电能（见图 1—36）。

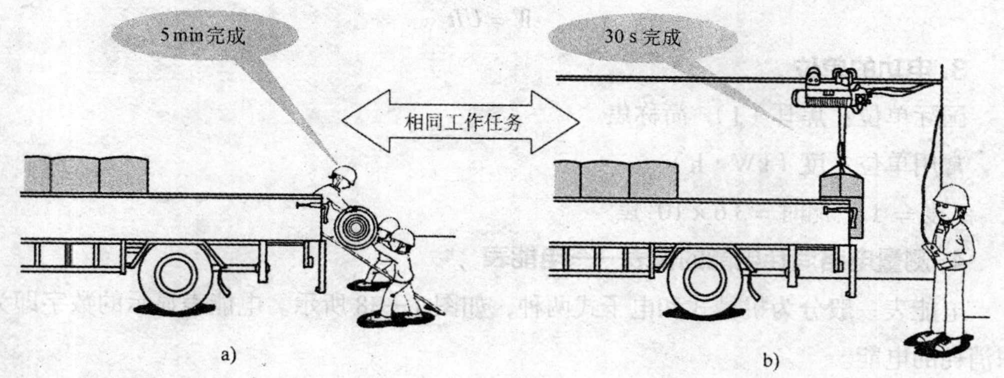

● 图 1—36　人力做功和电流做功

a）人力做功　b）电流做功

在生产、生活的过程中，只要我们注意观察，电流做功的现象随处可见。

一、电功

1. 电功的概念

图 1—37 所示为人们比较熟悉的两种电器——灯泡和电动机。如果给它们接通电源，灯泡就会发光，电动机就能旋转运动。那么灯泡发光和电动机旋转的能量由什么来提供呢？答案是电能。当电流通过灯丝时就做功，电能转化为热能和光能。当电动机通

电时，大部分电能转化为机械能，使电动机旋转起来，剩余的小部分电能以热能的形式消耗在电动机的内部。以上这两种现象都是电流通过用电器把电能转化为其他形式能量的过程，即电流在做功。电流做了多少功，就有多少电能转化为其他形式的能量。

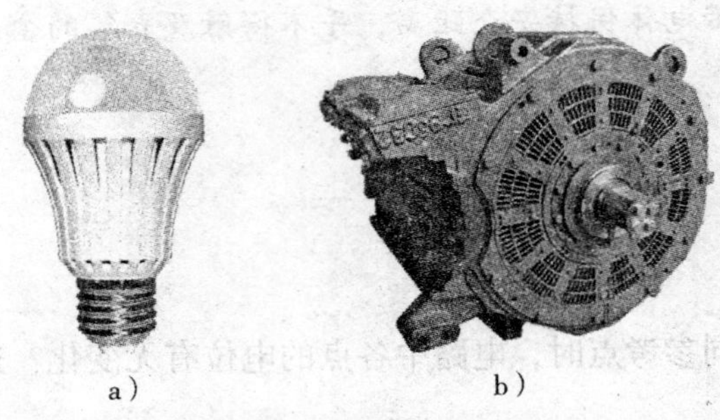

a）　　　　b）

图 1—37　电流通过电器把电能转化为其他形式的能量

a）灯泡　b）电动机

电流所做的功，简称电功，用字母 W 表示。

2. 电功的大小

实验表明，电流在一段电路上所做的功等于这段电路两端的电压 U、电路中的电流 I 和通电时间 t 三者的乘积，即

$$W = UIt$$

3. 电功的单位

国际单位：焦耳（J），简称焦

常用单位：度（kW · h）

1 度＝ 1 千瓦时 $= 3.6 \times 10^6$ 焦

4. 测量电路消耗电能的仪表——电能表

电能表一般分为机械式和电子式两种，如图 1—38 所示。电能表显示的数字即为累积消耗的电能。

a)

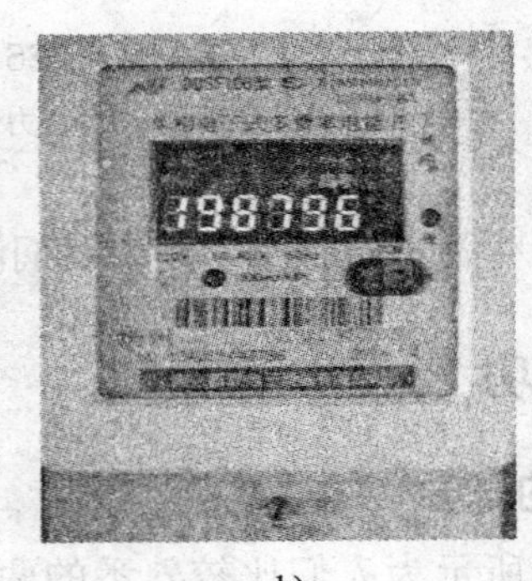

b)

图 1—38　电能表

a）机械式电能表　b）电子式电能表

二、电功率

为了衡量电流做功的快慢，需要引入一个新的物理量，即电功率。

电流在单位时间内所做的功称为电功率，用字母 P 表示，单位为瓦特，计算公式如下：

$$P=\frac{W}{t}$$

对于纯电阻电路，上式还可以写为：$P=UI$，$P=I^2R$ 或 $P=\frac{U^2}{R}$。

各种电气设备的电功率是不同的（图 1—39 列出了几种电气设备的功率）。

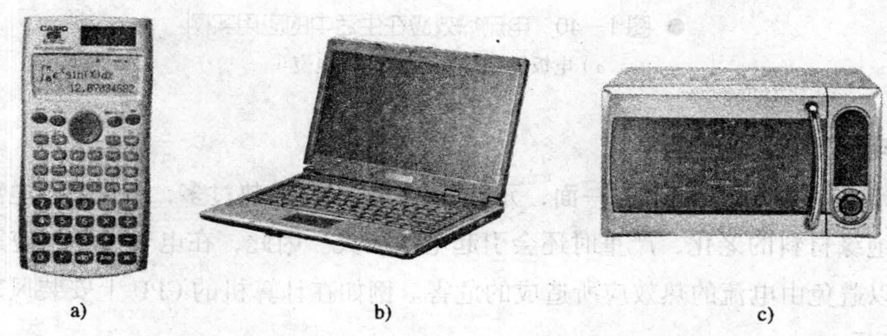

● 图 1—39　几种电气设备的功率

a）0.001 W 的电子计算器　b）60 W 的便携式计算机　c）600 W 的微波炉

三、电流的热效应

电流通过导体时使导体发热的现象称为电流的热效应。也就是说，电流的热效应就是电能转换为热能的效应。

1. 焦耳 – 楞次定律

电流通过导体时导体发的热可以用焦耳 – 楞次定律来计算。

焦耳 – 楞次定律的内容是：电流通过导体产生的热量，与电流的平方、导体的电阻以及通电的时间成正比，即

$$Q=I^2Rt$$

Q 的单位是焦耳（J）。

想一想

灯泡发光一段时间后，用手去触摸灯泡，有什么感觉？为什么？

扫描二维码
查看参考答案

2. 电流热效应的应用

在日常生活中有一些电气设备就是利用电流的热效应制成的，如图 1—40 所示。

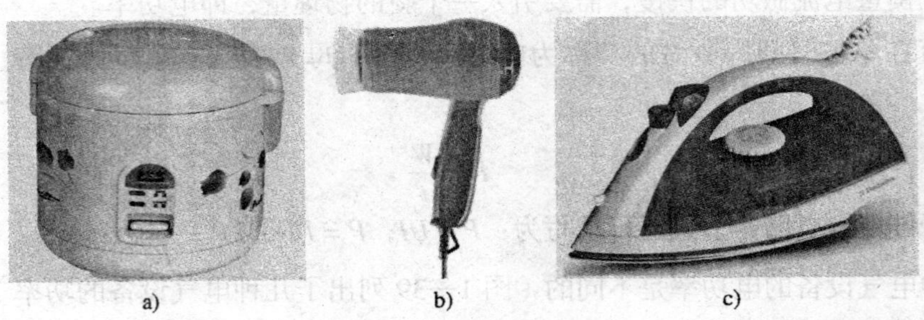

● 图 1—40　电流热效应在生活中的应用实例

a）电饭煲　b）电吹风　c）电熨斗

3. 电流热效应的危害

电流的热效应也有不利的一面，元器件和电气设备发热过多，不仅消耗电能，而且会加速绝缘材料的老化，严重时还会引起电气火灾。因此，在电气设备中应采取防护措施，以避免由电流的热效应所造成的危害。例如在计算机的 CPU 上安装风扇，如图 1—41 所示。

● 图 1—41　计算机 CPU 上的散热措施

四、负载的额定值

电气元件和设备能够长期安全工作时所允许的最大电流、最大电压和最大功率分别称为**额定电流**、**额定电压**和**额定功率**。一般元器件和设备的额定值都标在其明显位置，如图 1—42 所示。

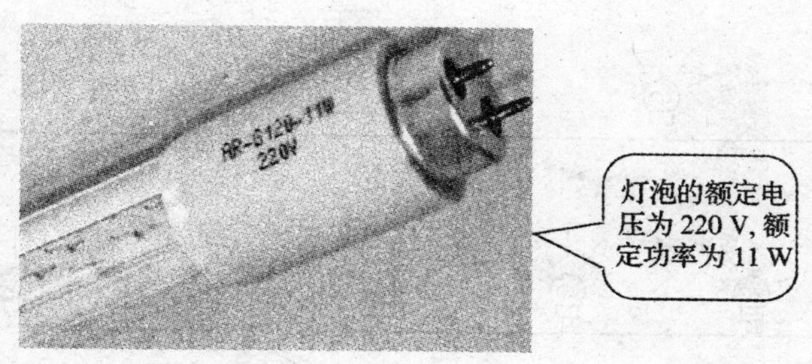

● 图 1—42 灯泡上的额定值

一只额定电压 220 V、额定功率 40 W 的灯泡，接到 220 V 电源上时，它的实际功率为 40 W，正常发光；当电源电压低于 220 V 时，它的实际功率小于 40 W，发光暗淡；当电源电压高于 220 V 时，它的实际功率就会超过 40 W，发光很亮，甚至烧坏灯泡。这说明当实际电压等于额定电压时，实际功率才等于额定功率，用电设备才能安全、可靠、经济、合理地运行。

电气设备在额定功率下的工作状态称为**额定工作状态**，也叫**满载**；低于额定功率的工作状态叫**轻载**；高于额定功率的工作状态叫**过载或超载**。由于过载很容易烧坏用电器，所以一般不允许出现过载。

例 4 有一台计算机的功率为 200 W，这台计算机一天工作 3 小时，若一度电为 0.5 元，一个月（按 30 天算）需要付多少电费?

解 这台计算机一个月消耗的电能为：$200\times10^{-3}\times3\times30=18$（kW·h）= 18（度）

应付电费：$18\times0.5=9$（元）。

§ 1—5 电阻的串联、并联和混联

如果你的音箱不响了，检查后发现有一个 200 Ω 的电阻烧坏了，需要更换，但是你手边只有一个 100 Ω 和几个 30 Ω 的电阻，能否用它们组合起来，使组合的电阻相当于一个 200 Ω 的电阻呢？学习了电阻串并联的知识后，你就会知道这种等效替换是可以实现的。

一、电阻的串联

有一种装饰小彩灯，将许多灯泡依次连接在电路里，所有灯泡同时亮，同时灭（见图 1—43）。像这样把多个元件顺次连接起来，就组成了串联电路。

图 1—44 所示为由三个电阻组成的串联电路。

● 图 1—43　串联而成的装饰小彩灯

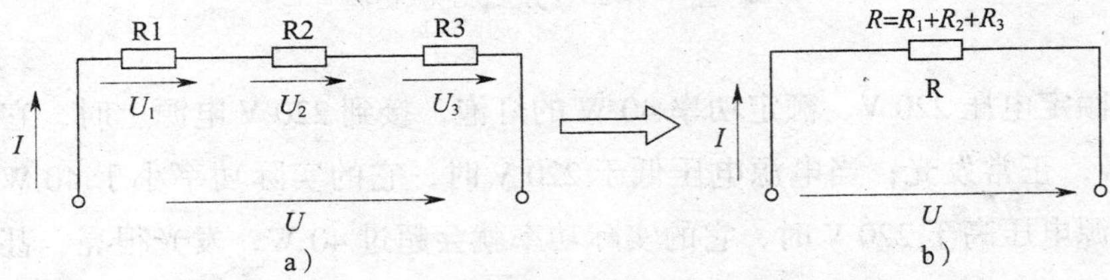

● 图 1—44　电阻的串联电路及对应的等效电路

a）电阻的串联电路　b）等效电路

1. 电阻串联电路的特点

（1）电路中流过每个电阻的电流都相等。

$$I_1=I_2=I_3=\cdots=I_n$$

（2）电路两端的总电压等于各电阻两端的分电压之和，即

$$U=U_1+U_2+\cdots+U_n$$

（3）电路的等效电阻（即总电阻）等于各电阻阻值之和，即

$$R=R_1+R_2+\cdots+R_n$$

（4）电路中各个电阻两端的电压与它的阻值成正比，即

$$\frac{U_1}{R_1}=\frac{U_2}{R_2}=\ldots=\frac{U_n}{R_n}$$

上式表明，在串联电路中，阻值越大的电阻分配到的电压越大；反之电压越小。

若已知 R1 和 R2 两个电阻串联，电路总电压为 U，各电阻的分压公式如图 1—45 所示。

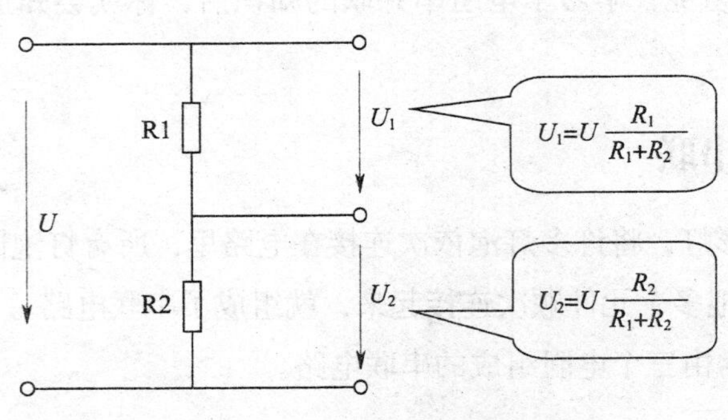

● 图 1—45　两个电阻串联电路

2. 电阻串联电路的实际应用

电阻串联的应用非常广泛，在实际工作中常见的有以下 3 种：

（1）分压作用。电阻通过电流要产生电压降，可以承担电路的一部分电压。如电阻分压器和多量程电压表就是利用了这个原理。

（2）限流作用。由串联电路的特点可以看出：如果在电路中串联一个电阻，那么电路的等效电阻就要增大。在电源电压不变的情况下，电路中的电流将要减小，所以串联电阻可起到限流作用。例如，大型电动机启动时，为了防止启动电流过大，常在启动回路中串入一个启动电阻，以减小启动电流。

（3）采用几个电阻串联来得到阻值较大的电阻。

扫描二维码

查看参考答案

想一想

有一只“110 V，40 W”的白炽灯要接到 220 V 的电路上，应该怎么做呢？

二、电阻的并联

家庭中使用的电灯、电风扇、电视机、电冰箱、洗衣机等电器，是以并联的形式连接在电路中的，各自安装一个开关，可以分别控制，互不影响。如图 1—46 所示，像这样把多个元件连接到电路中相同的两点之间，由同一电压供电，就组成了并联电路。

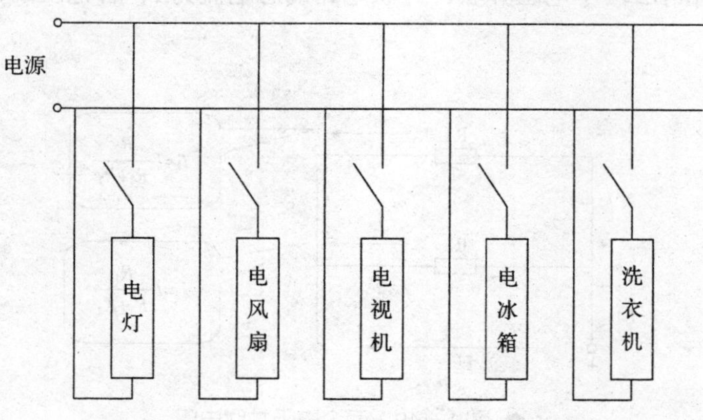

图 1—46　家庭用电器的并联连接

图 1—47 所示为由三个电阻组成的并联电路。

1. 电阻并联电路的特点

（1）电路中各电阻两端的电压相等，且等于电路两端的电压。

$$U_1 = U_2 = U_3 = \cdots = U_n$$

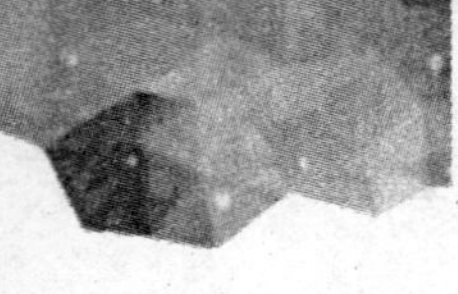

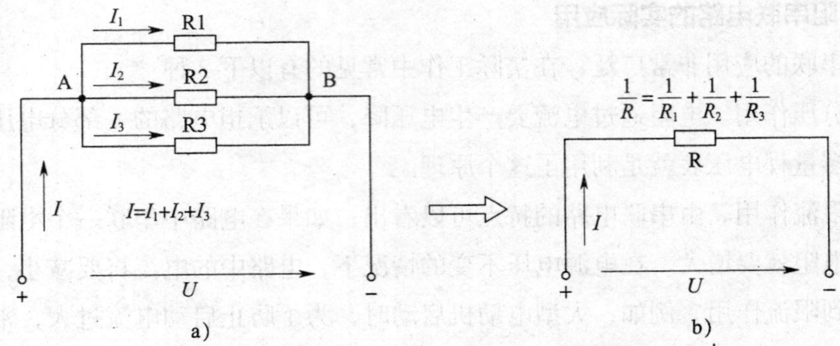

● 图 1—47　电阻的并联电路及对应的等效电路

a）电阻的并联电路　b）等效电路

（2）电路的总电流等于流过各电阻的电流之和，即

$$I = I_1 + I_2 + \cdots + I_n$$

（3）电路的等效电阻（即总电阻）的倒数等于各并联电阻的倒数之和，即

$$\frac{1}{R} = \frac{1}{R_1} + \frac{1}{R_2} + \cdots + \frac{1}{R_n}$$

（4）电路中通过各支路的电流与支路的阻值成反比，即

$$IR = I_1R_1 = I_2R_2 = \cdots = I_nR_n$$

上式表明，阻值越大的电阻所分配到的电流越小，反之电流越大。

若已知 R1 和 R2 两个电阻并联，并联电路的总电流为 I，各电阻的分流公式，如图 1—48 所示。

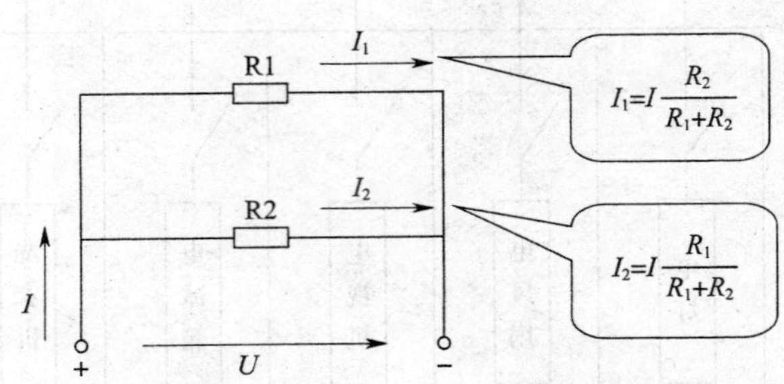

● 图 1—48　两个电阻并联电路

2. 电阻并联电路的实际应用

（1）凡是额定电压相同的负载都采用并联工作方式。这样每个负载都是一个独立的控制回路，任一负载的正常启动或关断都不会影响其他负载的使用。例如，工厂中的电动机、电炉以及各种照明灯具等都是并联工作的。

（2）获得较小阻值的电阻。

（3）扩大电流表的量程。

三、电阻的混联

电路中既有电阻的串联，又有电阻的并联，这种连接方式叫作电阻的混联。混联电路的计算比单纯的串联、并联电路复杂，但只要掌握了串联电路、并联电路的分析方法及特点，按串联与并联的计算方法，一步一步地把电路简化，就可求出总的等效电阻。

例 5 图 1—49a 中 $R_1 = R_2 = R_3 = 2\Omega$，$R_4 = R_5 = 4\Omega$，试求 A、B 间的等效电阻 R_{AB}。

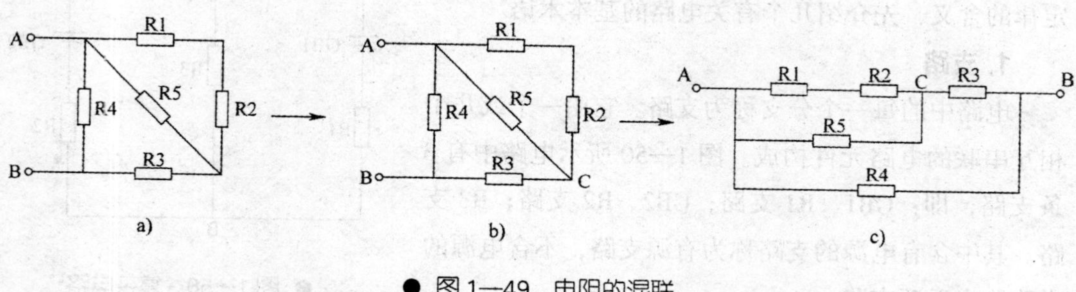

● 图 1—49 电阻的混联

解 （1）为了便于看清各电阻之间的连接关系，在原电路中标出节点 C，如图 1—49b 所示。

（2）将 A、B、C 各点沿水平方向排列，并将 R1~R5 依次填入相应的字母之间。R1 与 R2 串联在 A、C 之间，R3 在 B、C 之间，R4 在 A、B 之间，R5 在 A、C 之间，即可画出等效电路图，如图 1—49c 所示。

（3）由等效电路可求出 A、B 之间的等效电阻，即

$$R_{1,2} = R_1 + R_2 = 2 + 2 = 4\ (\Omega)$$

$$R_{1,2,5} = \frac{R_{1,2} \times R_5}{R_{1,2} + R_5} = \frac{4 \times 4}{4 + 4} = 2\ (\Omega)$$

$$R_{1,2,5,3} = R_{1,2,5} + R_3 = 2 + 2 = 4\ (\Omega)$$

$$R_{AB} = \frac{R_{1,2,5,3} \times R_4}{R_{1,2,5,3} + R_4} = \frac{4 \times 4}{4 + 4} = 2\ (\Omega)$$

由以上实例可知混联电路计算的一般步骤如下：

（1）把串联的电阻和并联的电阻分别用等效电阻代替，逐步简化电路，最终求出电路的等效电阻。

（2）由总等效电阻和电路的端电压计算电路的总电流。

§1—6 基尔霍夫定律

图 1—50 所示电路只有 3 个电阻，2 个电源，电路结构较简单，但不能直接用电阻串、并联化简求解。不能用电阻串、并联化简求解的电路被称为复杂电路。那么，复杂电路用什么方法来求解呢？

一、电路基本概念

分析复杂电路要应用基尔霍夫定律，为了阐明该定律的含义，先介绍几个有关电路的基本术语。

1. 支路

电路中的每一个分支称为支路。它由一个或几个相互串联的电路元件构成。图 1—50 所示电路中有 3 条支路，即：GB1、R1 支路；GB2、R2 支路；R3 支路。其中含有电源的支路称为有源支路，不含电源的支路称为无源支路。

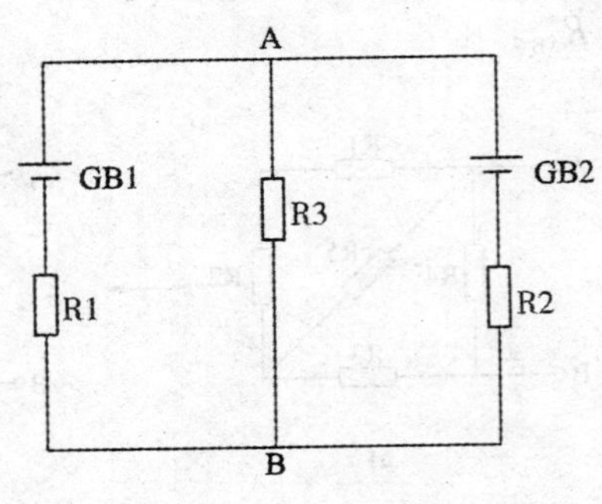

图 1—50 复杂电路

2. 节点

3 条或 3 条以上支路所汇成的交点称为节点。图 1—50 电路中有 A、B 两个节点。

3. 回路和网孔

电路中任一闭合路径都称为回路，一个回路可能只含一条支路，也可能包含几条支路，其中，最简单的回路又称独立回路或网孔。图 1—50 电路中有 3 个回路，2 个网孔。

想一想

如图 1—51 所示电路中有几条支路？几个节点？几个网孔？

扫描二维码
查看参考答案

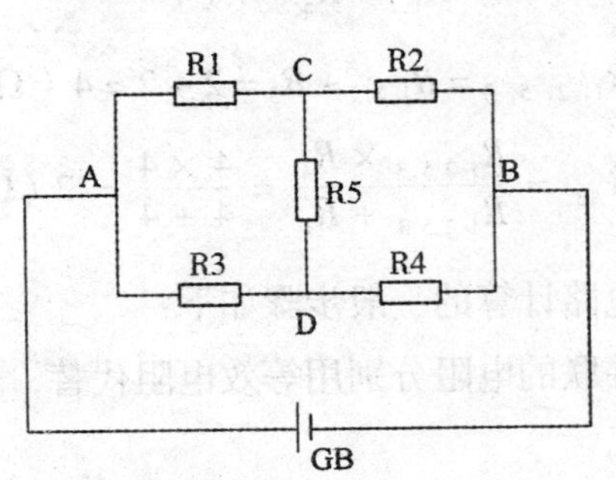

图 1—51 复杂电路

二、基尔霍夫定律

1. 基尔霍夫第一定律

如图 1—52 所示为 A、B、C、D 四个水管，A 和 B 水管中的水流向 C 和 D 水管，则四个水管中的水流量关系是：A + B = C + D。

● 图 1—52　水流

电流类似于水流，如图 1—53 所示，对于节点 O 有

$$I_1 + I_2 = I_3 + I_4 + I_5$$

上式可改成

$$I_1 + I_2 - I_3 - I_4 - I_5 = 0$$

因此得到

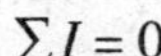

$$\sum I = 0$$

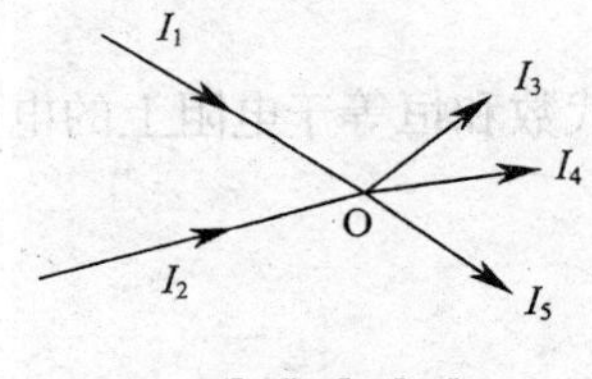

$I_1+I_2=I_3+I_4+I_5$

流入总电流=流出总电流

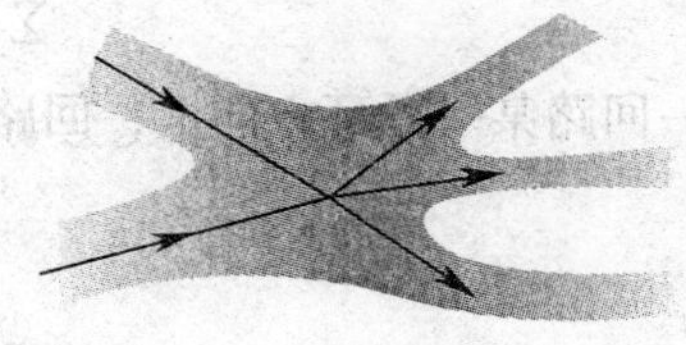

流入总水量=流出总水量

● 图 1—53　电流与水流

即对任一节点来说：**流入（或流出）该节点电流的代数和恒等于零**。推而广之，在任一瞬间，流进某一节点的电流之和恒等于流出该节点的电流之和，即$\sum I_{进} = \sum I_{出}$。

这就是基尔霍夫第一定律，又称节点电流定律。

2. 基尔霍夫第二定律

如图 1—54 所示，人从地面出发，沿楼梯上和下走一周，最终又回到起点，此时这个人移动的高度为零。

如图 1—55 所示电路是一个较复杂的回路，当沿着该回路按某一方向循环一周时，尽管电位有时升高，有时降低，但是起点和终点的电位是一样的，即起点对终点的电位差为零，即电压为零。推而广之，在任一闭合回路中，各段电路电压降的代数和恒等于零。这就是基尔霍夫第二定律，又称回路电压定律，用公式表示为$\sum U = 0$。

如图 1—55 所示，按虚线方向循环一周，根据电压与电流的参考方向可列出

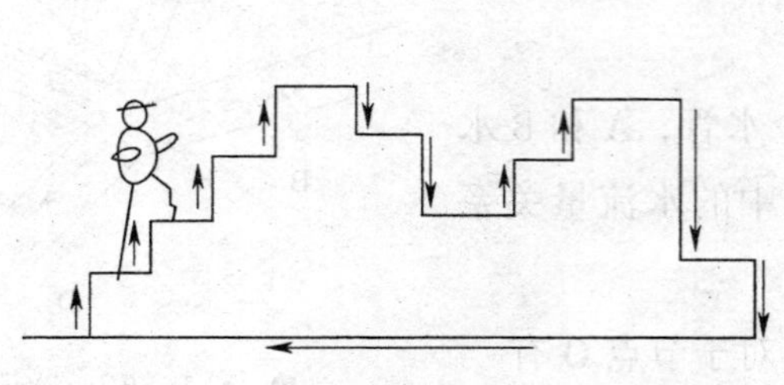
● 图1—54　上下楼梯

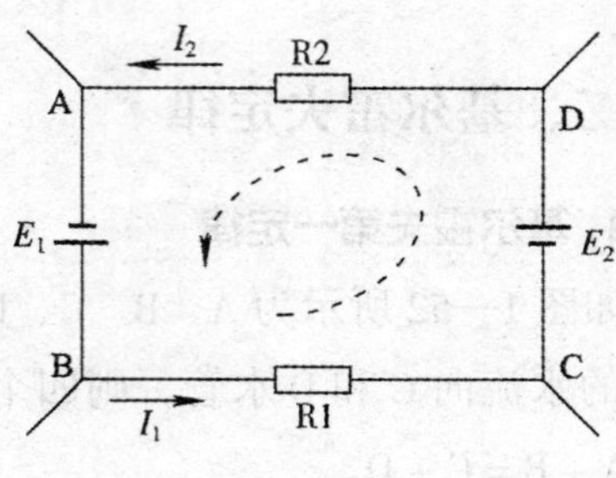

● 图1—55　复杂回路

$$U_{AB}+U_{BC}+U_{CD}+U_{DA}=0$$

即

$$-E_1+I_1R_1-E_2+I_2R_2=0$$

或

$$E_1+E_2=I_1R_1+I_2R_2$$

由此，可得到基尔霍夫第二定律的另一种表示形式

$$\sum E=\sum IR$$

即在任一回路某一循环方向上，回路中电动势的代数和恒等于电阻上的电压降的代数和。

提示

1. 在用公式$\sum U=0$时，凡电流的参考方向与回路循环方向一致时，该电流在电阻上所产生的电压降取正，反之取负。电动势也作为电压来处理，即从电源的正极到负极电压取正，反之取负。

2. 在用公式$\sum E=\sum IR$时，电阻上电压的规定与第一条相同，而电动势的正负号则恰好相反，也就是当循环方向与电动势的方向（即由电源负极通过电源内部指向正极）一致时，该电动势取正，反之取负。

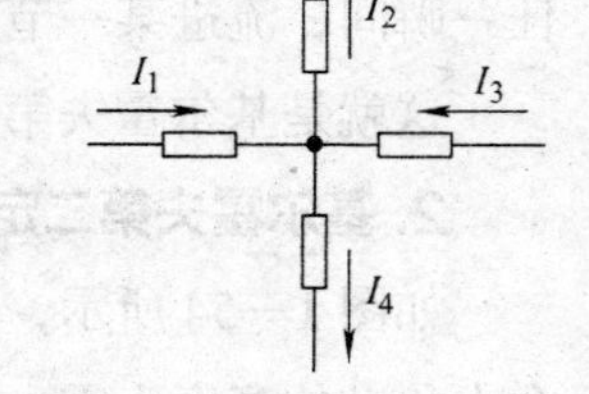

● 图1—56　某段电路

例6　如图1—56所示，已知$I_1=2$ A，$I_2=-3$ A，$I_3=-2$ A，试求I_4。

解　假设流入节点电流为正，则流出节点电流为负。

由基尔霍夫第一定律可知，$\sum I=0$

$$I_1-I_2+I_3-I_4=0$$

代入已知值得

$$2\text{ A}-(-3\text{ A})+(-2\text{ A})-I_4=0$$

可得

$$I_4 = 3\ \text{A}$$

代入已知值所得式中，括号外正负号是由基尔霍夫第一定律根据电流的参考方向确定的，括号内数字前的负号则是表示参考方向与实际电流方向相反。

基尔霍夫第一定律可以推广应用于任一假设的闭合面（广义节点），例如图 1—57 电路中闭合面所包围的是一个三角形电路，它有 3 个节点。应用基尔霍夫第一定律可以列出

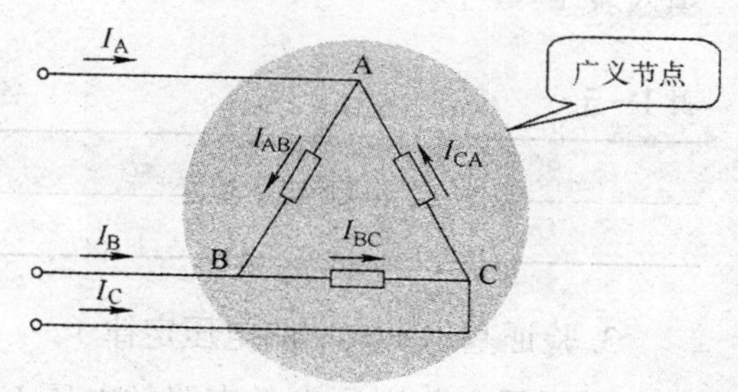

● 图 1—57　三角形电路

$$I_A = I_{AB} - I_{CA}$$
$$I_B = I_{BC} - I_{AB}$$
$$I_C = I_{CA} - I_{BC}$$

上面三式相加得

$$I_A + I_B + I_C = 0$$

或

$$\sum I = 0$$

即流入此闭合面的电流恒等于流出该闭合面的电流。

实验 2　基尔霍夫定律的验证

一、实验目的

1. 验证基尔霍夫电流定律和电压定律，巩固所学理论知识。
2. 加深对参考方向概念的理解。

二、实验设备

1. 直流稳压电源两台，分别为 12 V 和 6 V。
2. 万用表一台。
3. 电阻三个，分别为 100 Ω、100 Ω 和 430 Ω。

三、实验步骤

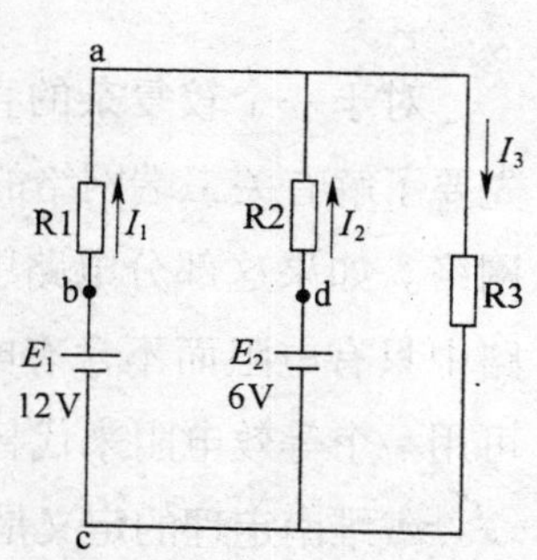

● 图 1—58　基尔霍夫定律验证电路

1. 按照如图 1—58 所示的电路图连接电路。

2. 验证基尔霍夫电流定律

用万用表测量 R1 支路电流 I_1、R2 支路电流 I_2、R3 支路电流 I_3。将上述所得数据填入表 1—5 中。

表 1—5　　**各支路电流**

I_1	I_2	I_3	$\sum I$

3. 验证基尔霍夫回路电压定律

用万用表分别测出各支路的电压 U_{ab}、U_{bc}、U_{cd}、U_{da}。注意电压表正负接线。将上述所得数据填入表 1—6 中。

表 1—6　　**各支路电压**

U_{ab}	U_{bc}	U_{cd}	U_{da}	回路 $\sum U$

提示

在测量过程中，要注意电流的方向和电压的极性，如遇表针反转，要及时对调表笔的位置。

四、实验报告

1. 填写表 1—5 和表 1—6。
2. 思考：实验结果说明了什么？

§1—7　戴维南定理

对于一个较复杂的直流电路，可以采用戴维南定理计算。在介绍戴维南定理之前，先要了解有关二端网络的概念。任何具有两个引出端的电路（也称为网络）都称为二端网络。如果这部分电路中含有电源，则称为有源二端网络，如图 1—59a 所示。如果电路中只有电阻而不含有电源，则称为无源二端网络，如图 1—59b 所示。无源二端网络可用一个等效电阻来代替。

戴维南定理的定义是：任何一个线性有源二端网络对于外电路而言，都可以用一个具有恒定电动势的等效电源和电阻串联来代替，等效电源的电动势 E 等于二端网络的开路电压 U_{AB}，等效电源的内阻 r 等于二端网络内所有电源短路后，网络两端的输入等效电阻 R_{AB}。

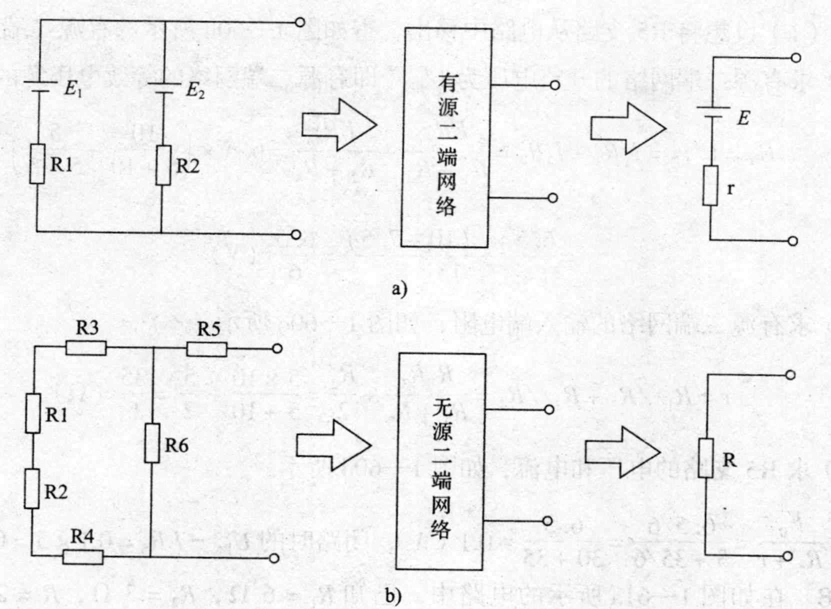

● 图 1—59　二端网络

a）有源二端网络　b）无源二端网络

利用戴维南定理求某一支路电流的步骤如下：

1. 将电路分成有源二端网络和待求支路两部分。

2. 断开待求支路，求出有源二端网络的开路电压 U_{AB}，作为等效电源的电动势 E。

3. 将有源二端网络内的所有电源短路，求出无源二端网络的等效电阻 R_{AB}，作为等效电源的内阻 r。

4. 画出有源二端网络的等效电源图，接通待求支路，利用全电路欧姆定律解得待求支路电流。

例 7　在如图 1—60 所示的桥式电路中，已知 $R_1 = R_2 = R_4 = R_5 = 5\ \Omega$，$R_3 = 10\ \Omega$，$E = 6.5\ \text{V}$，求 R5 支路的电压和电流。

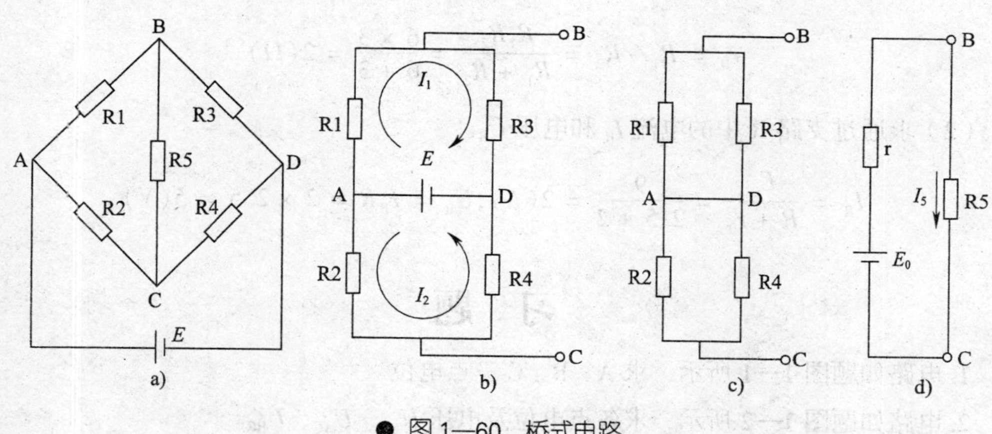

● 图 1—60　桥式电路

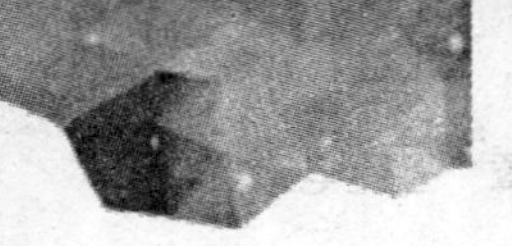

解 （1）设想将 R5 支路从电路中移出，得如图 1—60b 所示的有源二端网络。

（2）求有源二端网络的开路电压为 U'_{BC}（即有源二端网络的等效电压源的电动势 E_0）

$$E_0=U'_{BC}=I_1R_3-I_2R_4=\frac{ER_3}{R_1+R_3}-\frac{ER_4}{R_2+R_4}=6.5\times\left(\frac{10}{5+10}-\frac{5}{5+5}\right)$$

$$=\frac{6.5\times(10-7.5)}{15}=\frac{6.5}{6}\text{（V）}$$

（3）求有源二端网络的输入端电阻，如图 1—60c 所示。

$$r=R_1//R_3+R_2//R_4=\frac{R_1R_3}{R_1+R_3}+\frac{R_2}{2}=\frac{5\times10}{5+10}+\frac{5}{2}=\frac{35}{6}\text{（Ω）}$$

（4）求 R5 支路的电压和电流，如图 1—60d 所示。

$I_5=\frac{E_0}{R_5+r}=\frac{6.5/6}{5+35/6}=\frac{6.5}{30+35}=0.1$（A），闭路时的 $U_{BC}=I_5R_5=0.1\times5=0.5$（V）

例 8 在如图 1—61a 所示的电路中，已知 $R_1=6\ \Omega$，$R_2=3\ \Omega$，$R=2.5\ \Omega$，$E_1=3$ V，$E_2=15$ V，试用戴维南定理求通过支路 R 的电流 I_R 和电压 U_R。

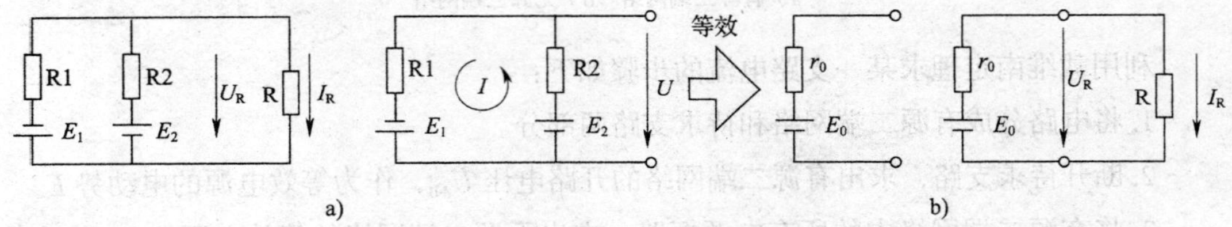

● 图 1—61 电路及其等效电路

解 （1）求等效电压源。断开电阻 R，则电路成为有源二端网络，如图 1—61b 所示。

$$E_0=U=E_2-IR_2=E_2-\frac{E_2+E_1}{R_1+R_2}R_2=15-\frac{15+3}{6+3}\times3=9(\text{V})$$

$$r_0=R_1//R_2=\frac{R_1R_2}{R_1+R_2}=\frac{6\times3}{6+3}=2(\Omega)$$

（2）求通过支路 R 中的电流 I_R 和电压 U_R。

$$I_R=\frac{E_0}{R+r_0}=\frac{9}{2.5+2}=2(\text{A}),U_R=I_RR=2\times2.5=5(\text{V})$$

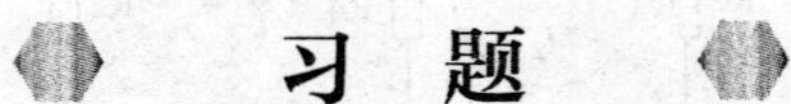

习 题

1. 电路如题图 1—1 所示，求 A、B、C 三点电位。

2. 电路如题图 1—2 所示，求各点电位及电压 U_{AB}、U_{AC}、U_{BC}。

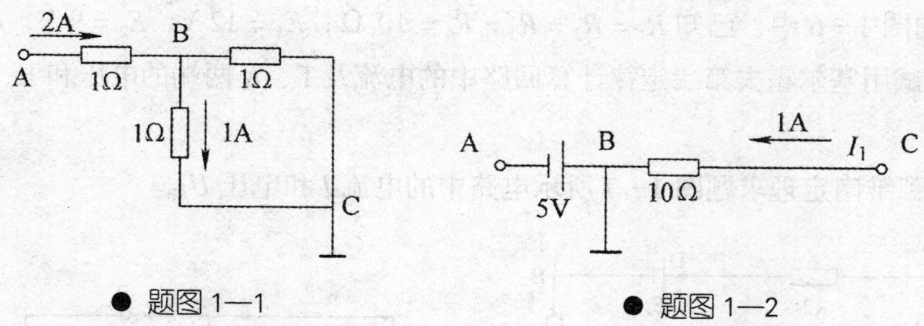

● 题图 1—1 ● 题图 1—2

3. 常用手电筒中的小电珠灯丝电阻 $R=20\ \Omega$，小电珠灯丝正常发光时所需要的电压 $U=2.5$ V，那么小电珠灯丝正常发光时通过的电流是多少？

4. 在题图 1—3 所示电路中 $R_1=R_2=R_3=6\ \Omega$，$E_1=3$ V，$E_2=12$ V，求 A、B 两点间的电压 U_{AB}。

5. 有一盏灯，额定电压 $U=40$ V，正常工作时的电流为 0.5 A，需要串联多大电阻，才能把它接入到 220 V 的照明电路中？电阻的功率多大？

6. 一电解槽两极间的电阻为 0.1 Ω，若在两极间加 25 V 的电压，通过电解槽的电流为 10 A，求：（1）1 min 内，电解槽共从电路吸收多少电能？（2）其中转化为热能的电能有多少？

7. 在题图 1—4 所示电路中，已知 $R_1=20\ \Omega$，$R_2=R_3=30\ \Omega$，$I_2=0.2$ A。求：I、I_1 和 U。

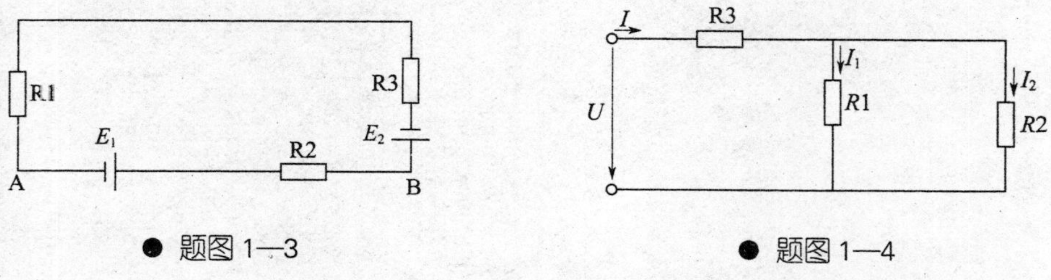

● 题图 1—3 ● 题图 1—4

8. 在题图 1—5 所示电路中，已知 $I_1=25$ mA，$I_3=16$ mA，$I_4=12$ mA，求 I_2、I_5、I_6 的大小和方向。

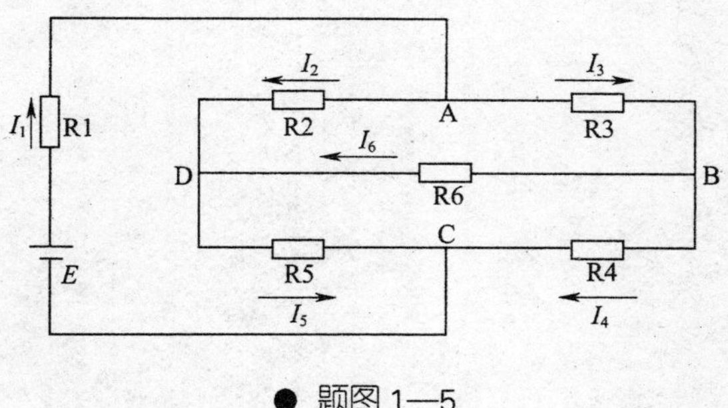

● 题图 1—5

9. 在题图 1—6 中，已知 $R_1 = R_2 = R_3 = R_4 = 10\ \Omega$，$E_1 = 12\ V$，$E_2 = 9\ V$，$E_3 = 18\ V$，$E_4 = 3\ V$。试用基尔霍夫第二定律计算回路中的电流及 F、A 两端的电压和 E、B 两端的电压。

10. 用戴维南定理求题图 1—7 所示电路中的电流 I 和电压 U_{AB}。

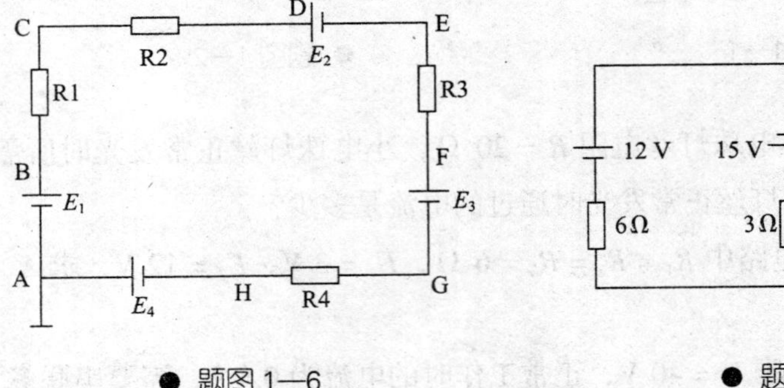

● 题图 1—6　　● 题图 1—7

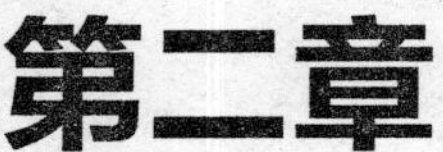

第二章

磁场与电磁感应

§2—1　磁场及其基本物理量

众所周知，磁铁能够吸引小铁钉（见图 2—1a），指南针（见图 2—1b）在地磁场的作用下能指示南、北方向。这些物理现象都是因为磁场的作用，磁铁能吸引铁钉是因为它具有磁性，同样指南针的磁针也有磁性。

a)　　　　　　b)

● 图 2—1　磁场的作用

a）磁铁吸引小铁钉　b）指南针

一、磁体及其性质

某些物体能够吸引铁、镍、钴等金属或它们的合金的性质称为**磁性**。具有磁性的物体称为**磁体**。磁体分为天然磁体和人造磁体两大类。常见的人造磁体有条形磁体、蹄形磁体和磁针等，如图 2—2 所示。

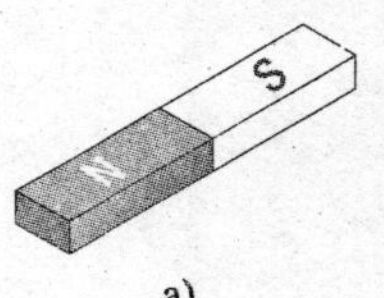

a)

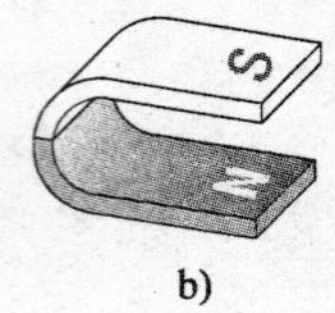

b)

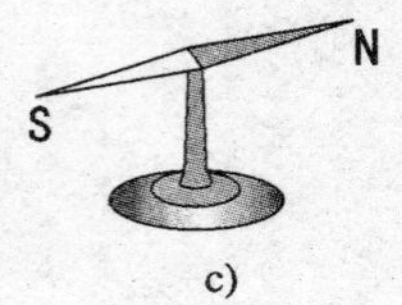

c)

● 图 2—2　常见人造磁体

a）条形磁体　b）蹄形磁体　c）磁针

磁体两端磁性最强的部分称为**磁极**。可以在水平面内自由转动的磁针，静止后总是一个磁极指南，另一个磁极指北。指北的磁极称为北极（N），指南的磁极称为南极（S）。任何磁体都具有两个磁极，而且无论把磁体怎样分割总保持有两个异性磁极，也就是说，N 极和 S 极总是成对出现，如图 2—3 所示。

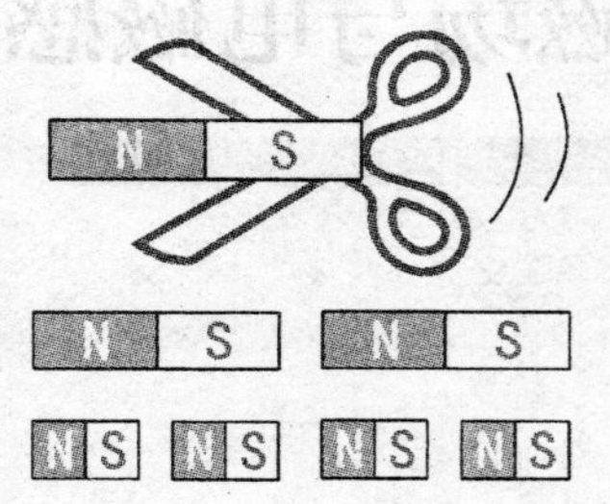

● 图 2—3　磁极都是成对出现的

与电荷间的相互作用力相似，当两个磁极靠近时，它们之间也会产生相互作用的力，其具体规律是：**同名磁极相互排斥，异名磁极相互吸引**。

二、磁场与磁感线

1. 磁场

两个磁极互不接触，却存在相互作用的力，这是为什么呢？原来在磁体周围的空间中存在着一种特殊的物质——磁场，磁极之间的作用力就是通过磁场进行传递的。

在玻璃板上均匀撒一层细铁屑，然后把一块蹄形磁铁放在玻璃板下面，细铁屑在磁场里被磁化成“小磁针”。轻敲玻璃板，使铁屑能在磁场作用下转动，铁屑静止时便会有规则地排列起来，显示出磁场的分布（见图 2—4）。在 N 极和 S 极附近铁屑密集，说明越接近磁极，磁场越强。

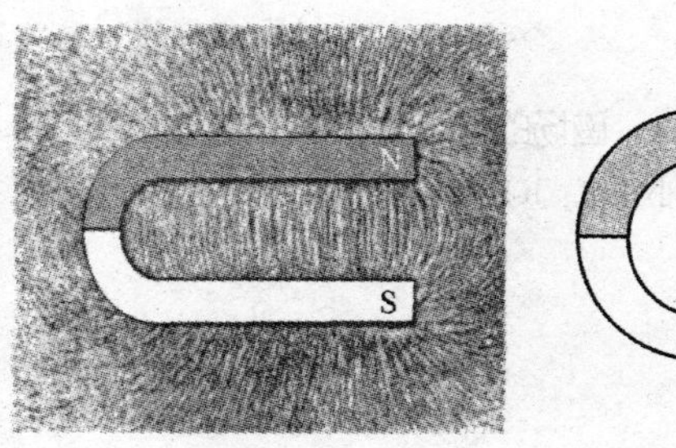

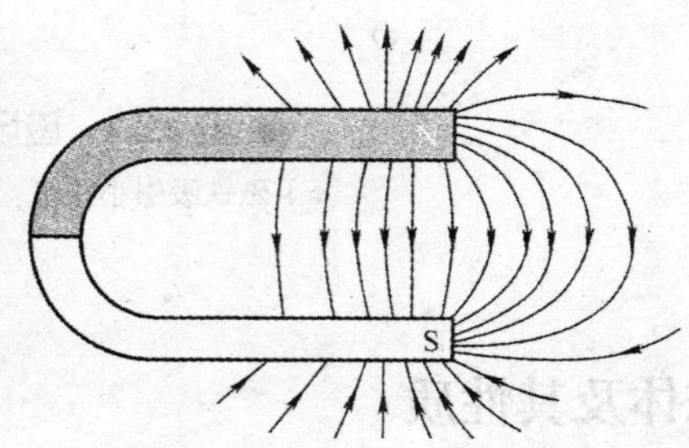

● 图 2—4　用铁屑模拟磁场分布

2. 磁感线

磁场的分布常用磁感线来描述，如图 2—5 所示。

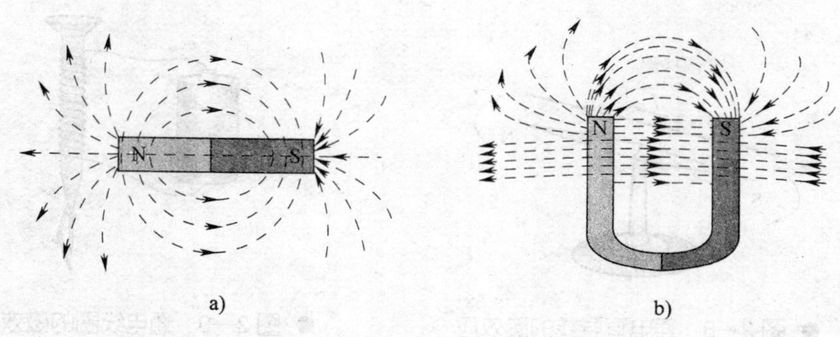

● 图 2—5 磁感线

a）条形磁体的磁感线 b）蹄形磁体的磁感线

所谓磁感线，就是为形象地描述磁场的强弱和方向而在磁场中画出的一些有方向的假想曲线。在这些曲线上，每一点的切线方向就是该点的磁场方向，也就是放在该点的小磁针 N 极所指的方向，如图 2—6 所示。

磁感线的方向定义为：在磁体外部由 N 极指向 S 极，在磁体内部由 S 极指向 N 极。磁感线是闭合曲线。

在磁场的某一区域里，如果磁感线是一些方向相同、分布均匀的平行直线，这一区域和磁场称为**均匀磁场**。距离很近的两个异名磁极之间的磁场除边缘部分外，可以认为是均匀磁场，如图 2—7 所示。

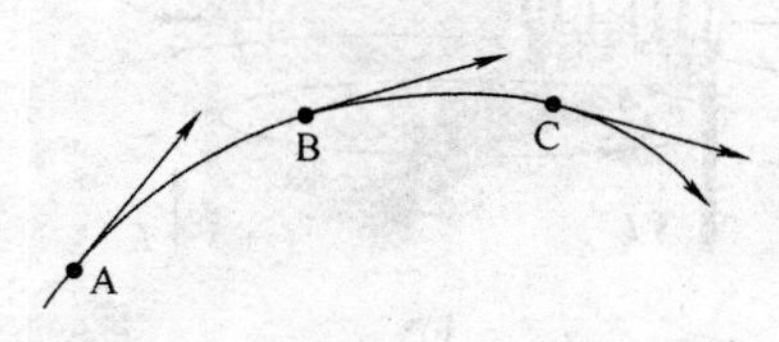

● 图 2—6 磁感线方向与磁场方向

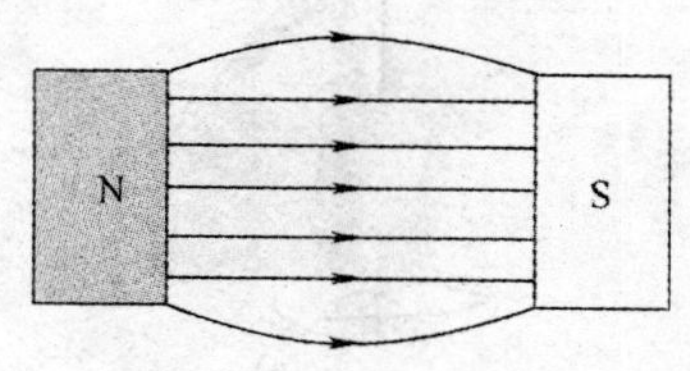

● 图 2—7 均匀磁场

想一想

1. 磁感线的方向总是由 N 极指向 S 极吗？
2. 磁感线上的箭头方向一定和磁场方向相同吗？

扫描二维码
查看参考答案

三、电流的磁场

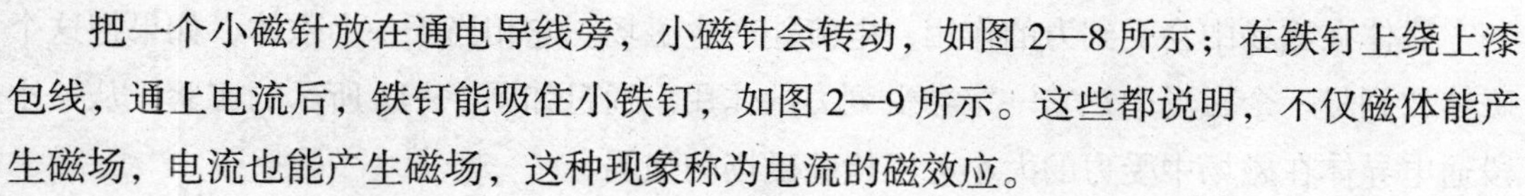

把一个小磁针放在通电导线旁，小磁针会转动，如图 2—8 所示；在铁钉上绕上漆包线，通上电流后，铁钉能吸住小铁钉，如图 2—9 所示。这些都说明，不仅磁体能产生磁场，电流也能产生磁场，这种现象称为电流的磁效应。

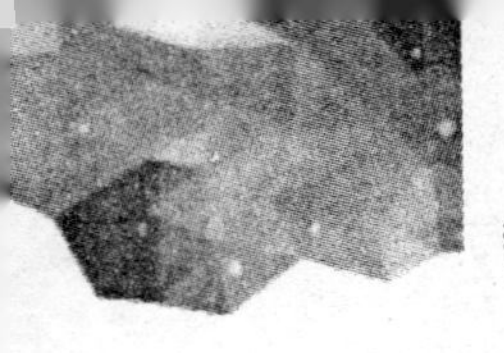

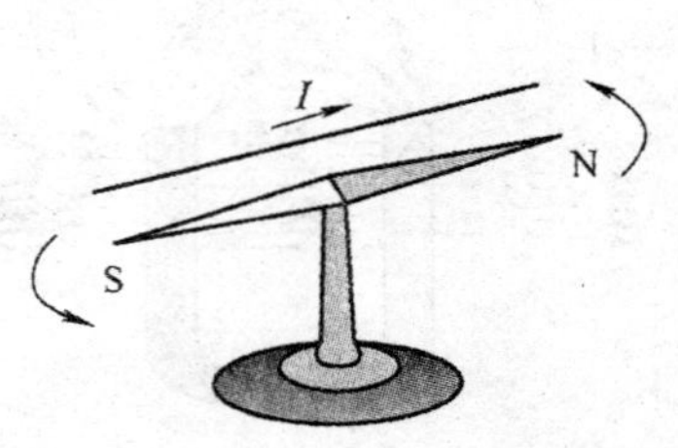

● 图 2—8　通电直导线的磁效应

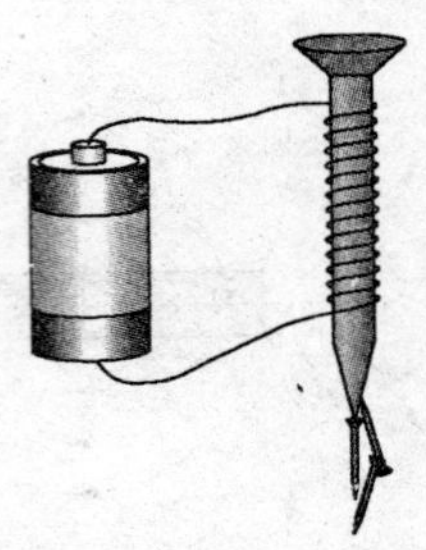

● 图 2—9　通电线圈的磁效应

电流所产生磁场的方向可用右手螺旋定则（也称安培定则）来判断。

1. 通电直导线产生的磁场

如图 2—10a 所示，用右手握住导线，让伸直的大拇指所指的方向跟电流的方向一致，则弯曲的四指所指的方向就是磁场的方向。

2. 通电螺线管产生的磁场

如图 2—10b 所示，用右手握住通电螺线管，让弯曲的四指所指的方向跟电流的方向一致，则大拇指所指的方向就是螺线管内部磁场的方向，也就是通电螺线管的磁场 N 极的方向（通电螺线管相当于一根条形磁体）。

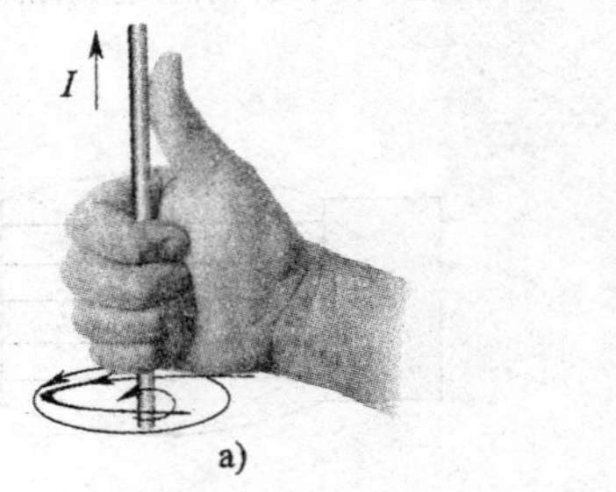

b)

● 图 2—10　电流的磁场

a）直线电流的磁场　b）环形电流的磁场

四、表征磁场的物理量

要定量地研究磁场、磁场的特性及其作用，描述磁场强弱和方向的磁感应强度是磁场最基本的物理量，其次还包括描述磁场在某一范围内的分布及变化的磁通量、描述各种表示媒介质导磁性能的磁导率。

1. 磁感应强度

磁体在磁场中会受到力的作用，电流能产生磁场，它相当于一个磁体，如果把这个磁体放到另一个磁场中，它一定会受到力的作用。通过如图 2—11 所示的实验，从一小段通电导体在磁场中受力的大小可以检验磁场的强弱。

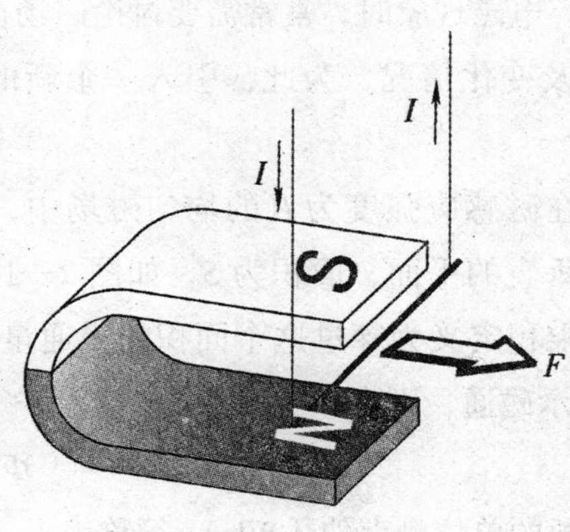

● 图 2—11　磁场对通电导体作用的实验

实验时，首先保持磁场内通电导线的长度不变，改变电流的大小，观察导线摆动情况；然后，保持电流不变，改变磁场内通电导线的长度，继续观察导线摆动情况。比较两次实验结果发现，通电导线长度一定时，电流越大，导线摆动距离越大，说明所受电磁力越大；当电流一定时，磁场内通电导线越长，导线摆动距离越大，说明所受电磁力也越大。

实验结果表明，电流在磁场中所受电磁力的大小 F，既与导线长度 l 成正比，又与电流 I 成正比，即与 I 和 l 的乘积 Il 成正比。在磁场中同一点，F/Il 恒定不变。磁场中不同点的 F/Il 的比值有可能不同，不同的磁场中的该比值也可能不同。因此，这个比值是由磁场本身决定的，可用来表示磁场的强弱。

在磁场中，垂直于磁场方向的通电导线，所受电磁力 F 与电流 I 和导线长度 l 的乘积 Il 的比值称为该处的磁感应强度，用 B 表示，即

$$B = \frac{F}{Il}$$

式中　B——磁感应强度，T；

F——通电导体受到的电磁力，N；

I——导体中的电流，A；

l——导体在磁场中的有效长度，即在磁感线垂直方向上的投影长度，m。

磁感应强度的单位是特斯拉，简称特（T）。

地面附近的磁感应强度是 $0.3 \times 10^{-4} \sim 0.7 \times 10^{-4}$ T，永久磁铁的磁极附近的磁感应强度是 $10^{-3} \sim 1$ T，电动机和变压器铁芯中的磁感应强度为 0.8~1.4 T。

磁感应强度是个矢量，它的方向就是该点的磁场的方向。

磁感线的疏密程度可以大致反映磁感应强度的大小。在同一个磁场的磁感线分布图

上，磁感线越密的地方，磁感应强度越大。

2. 磁通

研究电磁现象时，常常需要讨论磁场在某一范围内的分布及变化情况，为此，引入一个新的物理量——磁通。

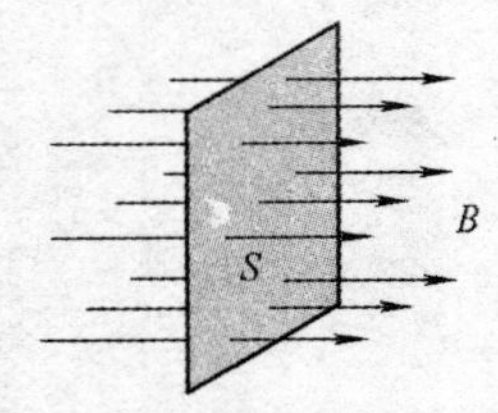

图 2—12 均匀磁场通过与其垂直的平面

设在磁感应强度为 B 的均匀磁场中，有一个与磁场方向垂直的平面，面积为 S，如图 2—12 所示，把 B 与 S 的乘积定义为穿过这个面积的磁通量，简称**磁通**。用 Φ 表示磁通，则有

$$\Phi = BS$$

磁通的单位是韦伯（Wb），简称韦。

当面积一定时，通过该面积的磁感线越多，磁感应强度越大，则磁通越大。这个物理量在电气工程应用中具有极其重要的意义。例如，要想提高变压器、电动机、电磁铁等的工作效率，应尽可能地减少漏磁通，同时在铁芯截面一定的条件下增强磁场的磁感应强度。

从 $\Phi = BS$，可以得到 $B = \dfrac{\Phi}{S}$。这表示磁感应强度等于穿过单位面积的磁通，所以**磁感应强度**又称**磁通密度**，单位为 Wb/m^2。

3. 磁导率

（1）概念

做一个简单的小实验（见图 2—13）：在一个通电线圈内插入一根铁棒，接着用该线圈去吸引大头针，然后，在通电电流不变的条件下，将通电线圈中的铁棒换成同直径的铜棒，再用该线圈去吸引大头针。对比不同材料棒的通电线圈吸引大头针的情况，会发现它们的吸力不同，前者（铁芯棒）比后者（铜芯棒）大得多。这表明不同的媒介质对磁场的影响不同，影响的程度与媒介质的导磁性能有关。

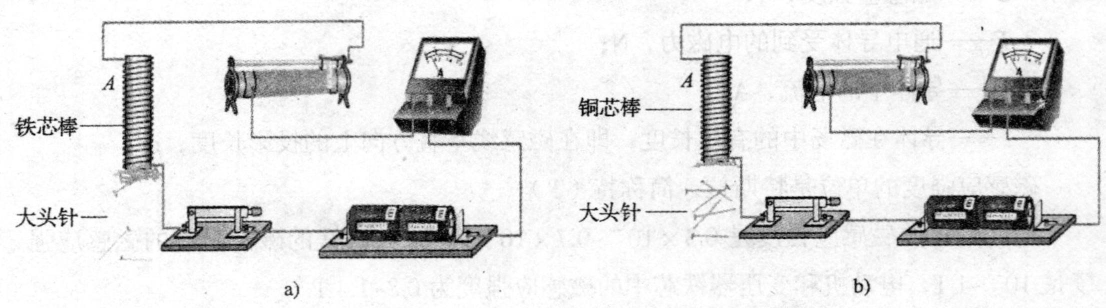

图 2—13 通电线圈吸引大头针实验

a）铁芯棒通电线圈吸引大头针 b）铜芯棒通电线圈吸引大头针

磁导率就是一个用来表示媒介质导磁性能的物理量，用 μ 表示，其单位为亨 / 米（H/m）。由实验测得真空中的磁导率 $\mu_0 = 4\pi \times 10^{-7}$ H/m，为一常数。

自然界中大多数物质对磁场的影响甚微，只有少数物质对磁场有明显的影响。为了比较媒介质对磁场的影响，把任一物质的磁导率与真空的磁导率的比值称作**相对磁导率**，用 μ_r 表示，即

$$\mu_r = \frac{\mu}{\mu_0}$$

相对磁导率只是一个比值。它表明在其他条件相同的情况下，媒介质中的磁感应强度是真空中磁感应强度的多少倍。

（2）按照相对磁导率分类

根据相对磁导率的大小，可把物质分为三类，见表 2—1。

表 2—1 **物质按照相对磁导率的分类**

分类	相对磁导率	实例
顺磁物质	μ_r 稍大于 1	空气、铝、铬、铂等
反磁物质	μ_r 稍小于 1	氢、铜等
铁磁物质	μ_r 远大于 1，可达几百甚至数万以上，且不是一个常数	铁、钴、镍、硅钢、坡莫合金、铁氧体等

其中，顺磁物质与反磁物质一般被称为**非铁磁性材料**。铁磁物质被广泛应用于电工技术及计算机技术等方面。例如，磁卡就是利用磁性载体记录英文与数字信息，用来标志身份或其他用途的卡片。

（3）磁化及应用

使原来没有磁性的物质具有磁性的过程称为**磁化**。只有铁磁物质才能被磁化，这是因为铁磁物质可以看作是由许多被称为磁畴的小磁体所组成的。在无外磁场作用时，磁畴排列杂乱无章，磁性互相抵消，对外不显磁性（见图 2—14a）；但在外磁场作用下，磁畴就会沿着外磁场方向变成整齐有序的排列，所以整体也就具有了磁性（见图 2—14b）。当外磁场消失后，磁畴又呈杂乱无章状的现象称为**退磁**。

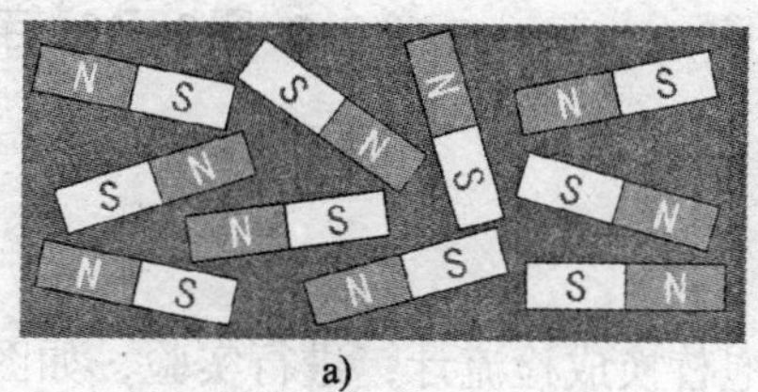

a)　　b)

● 图 2—14　铁磁物质的磁化

a）不显磁性的磁畴　b）被磁化的磁畴

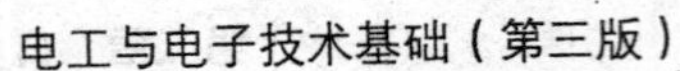

不同铁磁材料的用途不同，一般可分为三类，见表2—2。

表2—2　　铁磁材料的用途

名称	特点	典型材料及用途
硬磁材料	不易磁化、不易退磁	碳钢、钴钢等，适合制作永久磁铁，如扬声器的磁钢等
软磁材料	容易磁化、容易退磁	硅钢、铸钢、铁镍合金等，适合制作交流电设备，如交流电动机、变压器、继电器等设备中的铁芯
矩磁材料	很易磁化、很难退磁	锰镁铁氧体、锂锰铁氧体等，适合制作磁带、计算机的磁盘等

工程应用

计算机硬盘（见图2—15）就是利用电磁原理工作的。磁粉附着在铝合金硬盘盘片的表面上，这些磁粉被划分成称为磁道的若干个同心圆，在每个同心圆的磁道上就好像有无数的任意排列的小磁铁，当这些小磁铁受到来自磁头的磁力影响时，其排列的方向会随之改变。利用磁头的磁力控制指定的一些小磁铁的方向，可以使每个小磁铁都用来存储信息。

图2—15　计算机硬盘

§2—2　电磁感应定律

如图2—16所示为手摇发电电筒，它不需要电池，手晃即亮，使用方便，既美观又环保。那么，它是如何发光的呢？

手摇发电电筒内部结构如图2—17所示。电筒的电源不是电池。在壳体上安装了一个空心金属线圈，随着手来回晃动电筒，其底部内活动的强力磁铁往复穿过线圈，线圈内就产生了电流，点亮了灯泡。为什么磁铁反复穿过线圈会产生电流呢？

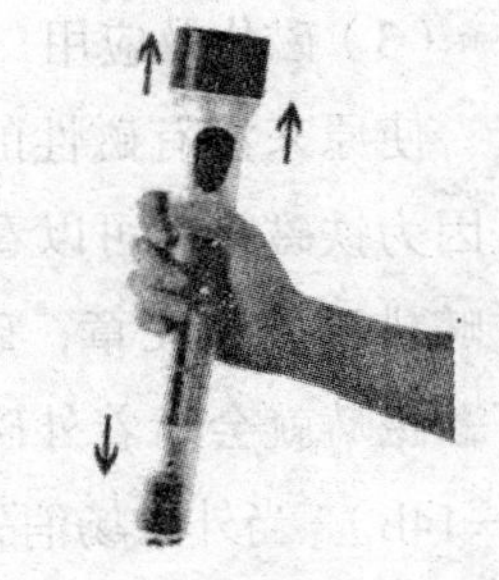
图2—16　手摇发电电筒

一、感应电流的产生及方向判断

1. 电磁感应现象

采用和手摇发电电筒相似的电路，将灯泡替换成检流计，进行实验，如图2—18所示。当条形磁铁静止放置在线圈中时，检流计的指针指示零点，不发生偏转。但是，如果将条形磁铁迅速地插入或拔出线圈时，检流计的指针会向不同方向发生偏转。这说

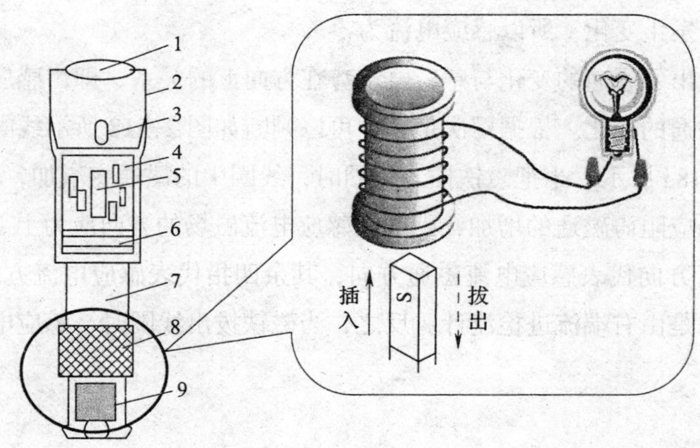

图 2—17 手摇发电电筒的结构原理示意图

1—聚焦镜片 2—电筒壳体 3—灯泡（发光二极管） 4—电路板 5—铜片开关 6—预留的电池仓 7—橡胶减振圈 8—线圈 9—强力磁铁

明，在条形磁铁运动过程中，线圈中产生了电流。这种利用磁场产生电流的现象称为电磁感应现象，产生的电流称为感应电流。产生感应电流的电动势称为**感应电动势**。

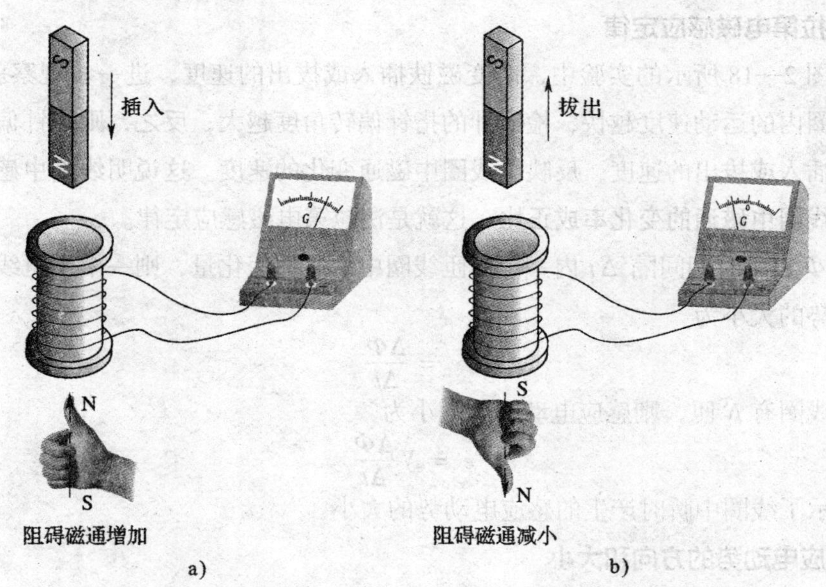

图 2—18 电磁感应实验

a）磁铁插入线圈 b）磁铁拔出线圈

2. 利用楞次定律判断感应电流方向

以上实验表明：磁铁的插入和拔出导致线圈中的磁通发生了变化，这是线圈回路中产生感应电动势和感应电流的根本原因。如果将铁芯放置在线圈中后静止不动，由于线

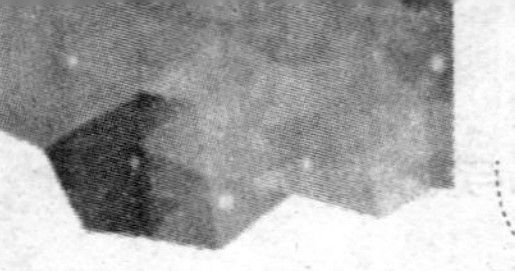

圈中的磁通量不发生变化，所以感应电流为零。

楞次定律指出了磁通的变化与感应电动势在方向上的关系，即：**感应电流产生的磁通总是阻碍原磁通的变化**。根据楞次定律，可以判断如图 2—18 所示线圈中感应电流的方向。如图 2—18a 所示，当把磁铁插入线圈时，线圈中的磁通将增加，根据楞次定律，感应电流的磁场应阻碍磁通的增加，则线圈感应电流磁场的方向应为上 N 下 S；用右手螺旋定则（拇指方向代表感应电流磁通方向，其余四指代表感应电流方向），可判断出感应电流的方向是由右端流进检流计。反之，当磁铁拔出线圈时，感应电流由左端流入检流计。

提示

如果把线圈看成是一个电源，则感应电流流出端（见图 2—18a 线圈的下端）为电源的正极。

二、感应电动势及方向判断

1. 法拉第电磁感应定律

在如图 2—18 所示的实验中，改变磁铁插入或拔出的速度，进一步观察就会发现：磁铁在线圈内的运动速度越快，检流计的指针偏转角度越大；反之，则指针偏转角度越小。磁铁插入或拔出的速度，反映了线圈中磁通变化的速度。这说明**线圈中感应电动势的大小与线圈中磁通的变化率成正比**。这就是法拉第电磁感应定律。

用 $\Delta\Phi$ 表示时间间隔 Δt 内一个单匝线圈中的磁通变化量，则一个单匝线圈产生的感应电动势的大小为

$$e = \frac{\Delta\Phi}{\Delta t}$$

如果线圈有 N 匝，则感应电动势的大小为

$$e = N\frac{\Delta\Phi}{\Delta t}$$

这表示了线圈中瞬时产生的感应电动势的大小。

2. 感应电动势的方向和大小

如图 2—19 所示，连接检流计的直导体，在均匀磁场中切割磁感线，使检流计指针偏转，说明回路中产生了感应电流。直导体产生的感应电动势方向可用右手定则判断，如图 2—20 所示。平伸右手，大拇指与其余四指垂直，让磁感线穿入掌心，大拇指指向导体运动方向，则其余四指所指的方向就是感应电动势的方向。

导体在磁场中切割磁感线时，如果其运动方向与磁感线方向有一夹角 α（见图 2—21），则导体中的感应电动势为

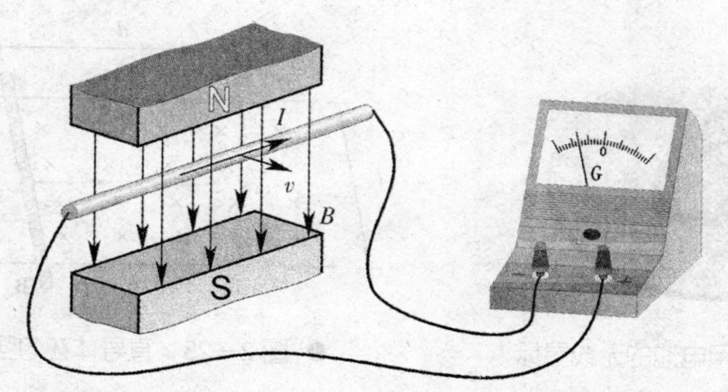

● 图 2—19　导体切割磁感线产生感应电动势

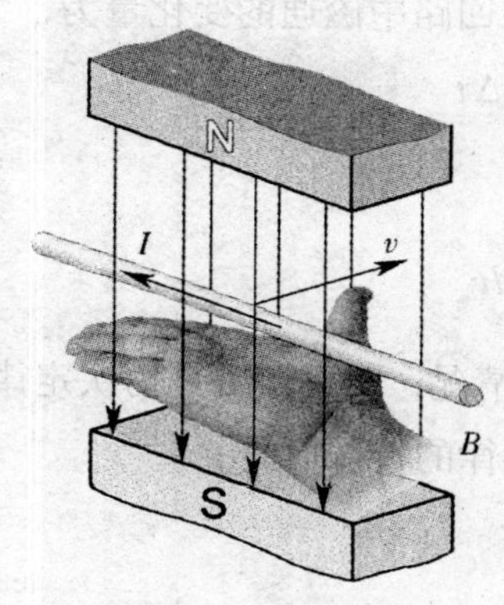

● 图 2—20　右手定则判断感应电动势方向　● 图 2—21　导体运动方向与磁感线方向夹角 α

$$e = Blv\sin\alpha$$

上式中 l 为直导体长度，v 为直导体速度。由上式可知，当导体的运动方向与磁感线垂直时（$\alpha = 90°$），导体中产生的感应电动势最大，$e = Blv$；当导体的运动方向与磁感线平行时（$\alpha = 0°$），导体中产生的感应电动势为零。

工程应用

电磁感应在计算机上有很多应用，比如有一种不用电池的无线鼠标，它之所以可以不用电池，是因为鼠标和鼠标垫分别装有电磁感应线圈，通过二者的电磁感应作用，产生电能为鼠标供电，如图 2—22 所示。

例　如图 2—23 所示，在磁感应强度为 B 的匀强磁场中，有一长度为 l 的直导体 AB，可沿平行导电轨道滑动。当导体以速度 v 向左匀速运动时，试确定导体中感应电动势的方向和大小。

● 图 2—22 不用电池的无线鼠标

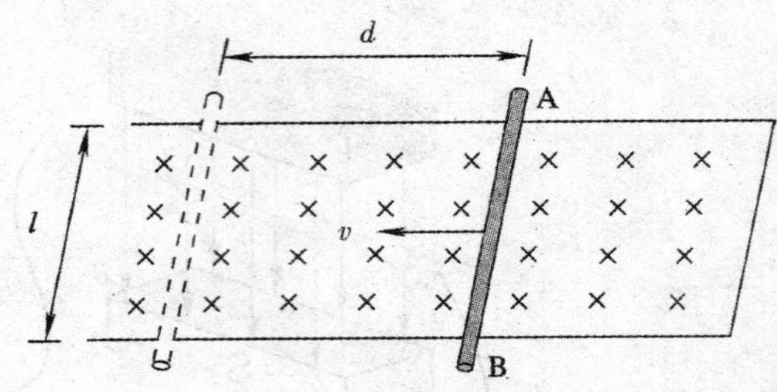

● 图 2—23 直导体在匀强磁场中运动

解 （1）导体向左运动时，导电回路中磁通将增加，根据楞次定律判断，导体中感应电动势的方向是 B 端为正，A 端为负。用右手定则判断，结果相同。

（2）设导体在 Δt 时间内向左移距离为 d，则导电回路中磁通的变化量为

$$\Delta\Phi = B\Delta S = Bld = Blv\Delta t$$

所以感应电动势为

$$e = \frac{\Delta\Phi}{\Delta t} = \frac{Blv\Delta t}{\Delta t} = Blv$$

由此例可以看出，直导体是线圈不到 1 匝的特殊情况，右手定则是楞次定律的特殊形式；$e = Blv$（及 $e = Blv\sin\alpha$）也是法拉第电磁感应定律的特殊形式。

实验 3　楞次定律的验证

一、实验目的

1. 验证楞次定律。
2. 熟悉楞次定律的应用。

二、实验器材

1. 空心的筒形线圈 1 个。
2. 用软铁棒做铁芯的筒形线圈（外径小于空心线圈的内径）1 个。
3. 磁棒或条形磁铁 1 个。
4. 开关 1 个。
5. 电池 1 组。
6. 滑动变阻器 1 个。
7. 灵敏电流计 1 块。

8. 导线若干。

三、实验步骤

1. 磁铁与线圈间有相对运动时

（1）首先查清线圈绕向。

（2）按图 2—24 接好线路，图中 PG 为灵敏电流计。

（3）用楞次定律分析，当磁棒插入和抽出时，检流计指针应如何偏转，观察实验现象是否与分析结果相符。

2. 载流一次线圈和二次线圈相对运动时

（1）按图 2—25 连接线路，具有软铁芯的线圈作为一次线圈，空心的筒形线圈作为二次线圈。

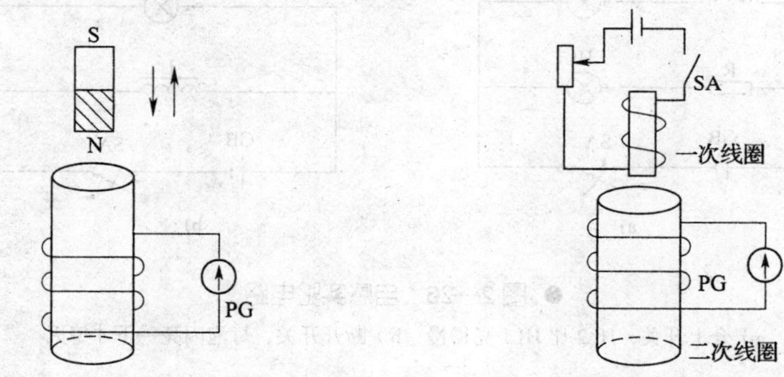

● 图 2—24 磁铁与线圈相对运动 ● 图 2—25 一次线圈与二次线圈相对运动

（2）查清一次、二次线圈绕向。

（3）用楞次定律分析，一次线圈插入和抽出二次线圈时，检流计指针应如何偏转，然后合上开关 SA，并迅速将一次线圈插入和抽出二次线圈，观察实验现象是否与分析相符。注意：实验现象观察完毕时，应立即断开开关 SA，以防通电时间过长而无谓耗电或使线圈发热。

3. 当一次线圈电流发生变化时

（1）将实验图 2—25 中的一次线圈放入二次线圈中。

（2）先分析当开关 SA 合上与打开的瞬间以及滑动变阻器阻值增大和减小时，检流计指针应如何偏转，然后观察以上四种情况的实验现象是否与分析相符。

四、实验报告

1. 由实验结果分析感应电流的大小与哪些因素有关。

2. 总结实验过程、应用楞次定律判断感应电动势（或感应电流）方向的方法及规律。

§2—3　自感与互感

如图 2—26a 所示的电路中，HL1 和 HL2 是完全相同的两只灯泡，线圈 L 的阻值和电阻 R 的阻值相等。当开关 SA 闭合后，灯泡 HL1 立即正常发光，而 HL2 却是慢慢变亮。

如图 2—26b 所示电路中，合上开关 SA 后灯泡正常发光后，再断开开关 SA，灯泡先闪亮一下，然后才熄灭。

为什么会出现上述现象呢？

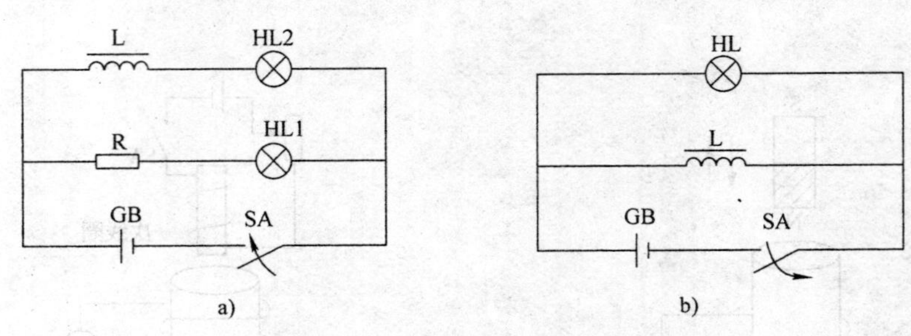

● 图 2—26　自感实验电路

a）合上开关，HL2 比 HL1 亮得慢　b）断开开关，灯泡闪亮一下才熄灭

一、自感现象

如图 2—26a 所示电路中，由于灯泡 HL2 与线圈 L 串联，开关合上后通过线圈 L 的电流由零开始增大，穿过线圈 L 的磁通也随之增加。根据楞次定律可知，感应电动势要阻碍线圈中电流的增大，因此灯泡 HL2 必然要比 HL1 亮得慢些。

如图 2—26b 所示电路中，断开开关后，通过线圈 L 的电流突然减小，穿过线圈 L 的磁通也很快减少，线圈中必然要产生一个感应电动势，以阻碍电流的减小。由于线圈 L 与灯泡 HL 在电路中并联，在电源已被切断的情况下，依然组成回路。线圈 L 中瞬间产生的较强感应电动势，使该回路中瞬间通过较大的感应电流，所以灯泡会突然闪亮。

从上述两个实验可以看出，当线圈中的电流发生变化时，线圈中就会产生感应电动势，这个电动势总是阻碍线圈中原来电流的变化。这种由于流过线圈本身的电流发生变化而引起的电磁感应现象称为自感现象，简称自感。在自感现象中产生的感应电动势称为自感电动势，用 e_L 表示，自感电流用 i_L 表示。

二、自感系数与自感电动势

1. 自感系数

当线圈通入电流后，这个电流使每匝线圈产生的磁通称为自感磁通。当同一电流通入结构不同的线圈时，所产生的自感磁通量是不相同的。为了衡量不同线圈产生自感磁通的能力，引入自感系数（简称自感，也称**电感**）这一物理量，用 L 表示，它在数值上等于线圈中通过单位电流所产生的自感磁通。即

$$L = \frac{N\Phi}{I}$$

式中　N——线圈的匝数；

Φ——每一匝线圈的自感磁通，Wb。

L 的单位是亨利，用 H 表示。常采用较小的单位毫亨（mH）和微亨（μH）。

线圈的电感是由线圈本身的特性决定的。线圈越长，单位长度上的匝数越多，截面积越大，电感就越大。有铁芯的线圈，其电感要比同参数下的空心线圈的电感大得多。

2. 自感电动势

自感现象是电磁感应现象的一种特殊情况，它同样遵从法拉第电磁感应定律。将 $N\Phi = LI$ 代入 $e_L = N\dfrac{\Delta\Phi}{\Delta t}$，可得自感电动势大小的计算式为

$$e_L = L\frac{\Delta i}{\Delta t}$$

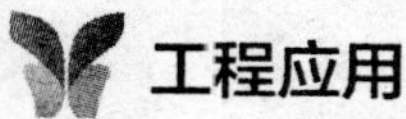

工程应用

便携式计算机用的电源线上有一个磁环（见图 2—27），这个磁环就是一个电感，它是用来抗干扰的。

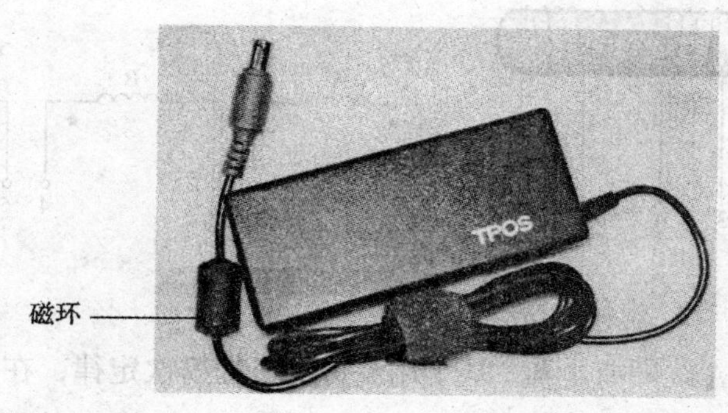

● 图 2—27　便携式计算机上的电源

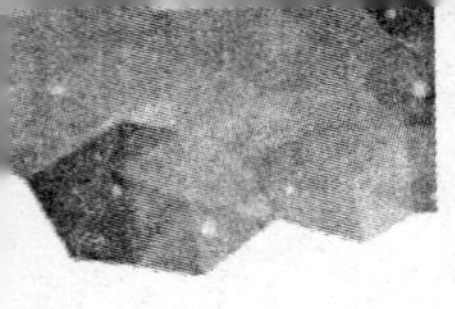

三、互感现象和互感电动势

观察如图 2—28 所示互感现象的实验电路。在开关 SA 闭合或断开的瞬间，以及改变可调电阻 RP 的阻值时，检流计的指针都会发生偏转。这是因为，线圈 A 中的电流变化引起线圈的磁通发生变化，该磁通的变化又影响相邻的线圈 B，从而使线圈 B 中产生感应电动势和感应电流。

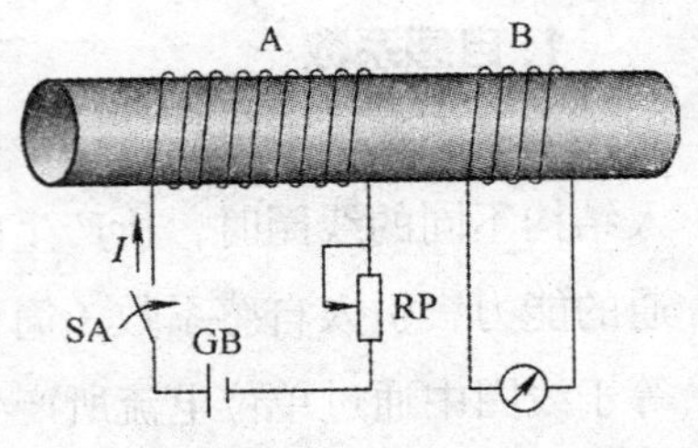

● 图 2—28　两个线圈间的互感

由一个线圈中的电流发生变化而使另一线圈中产生电磁感应的现象称为**互感现象**，简称**互感**。由互感产生的感应电动势称为**互感电动势**，用 e_M 表示。

$$e_M = M\frac{\Delta i_A}{\Delta t}$$

式中，M 称为**互感系数**，其单位和自感系数相同，也是亨（H）。

线圈 B 中互感电动势的大小不仅与线圈 A 中电流变化率的大小有关，而且还与两个线圈的结构以及它们之间的相对位置有关。当两个线圈相互垂直时，互感电动势最小。当两个线圈互相平行，且第一个线圈的磁通变化全部影响到第二个线圈时（也称全耦合），互感电动势最大。

四、互感线圈的同名端

应用互感可以很方便地将能量或信号由一个线圈传递到另一个线圈。当两个或两个以上线圈彼此耦合时，常常需要知道互感电动势的极性。

例如，分析如图 2—29 所示互感线圈，判断在开关 SA 闭合瞬间各线圈感应电动势的极性。

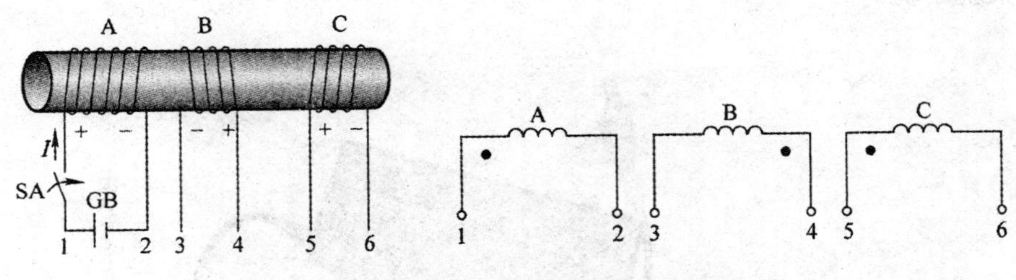

● 图 2—29　互感线圈的同名端

SA 闭合瞬间，A 线圈有电流 I 从 1 端流进，根据楞次定律，在 A 线圈两端产生自感电动势，极性为左正右负。所以，可确定 B 线圈的 4 端和 C 线圈的 5 端皆为自感电动势的正端。

由于线圈绕向一致而产生感应电动势的极性始终保持一致的端子，称为线圈的**同名端**，用“·”或“*”表示。因此，利用线圈同名端，可以很容易地判断出互感电动势的极性，以及了解线圈的绕向。

工程应用

手机的无线充电利用了互感原理，如图 2—30 所示，在充电器上装有发送线圈，手机上安装受电线圈，当发送线圈中通入交流电时，手机的受电线圈中产生感应电流，对手机进行充电，目前无线充电技术已经较为成熟。

● 图 2—30　手机无线充电

 **习　题** 

1. 判断题图 2—1 中各小磁针的偏转方向。

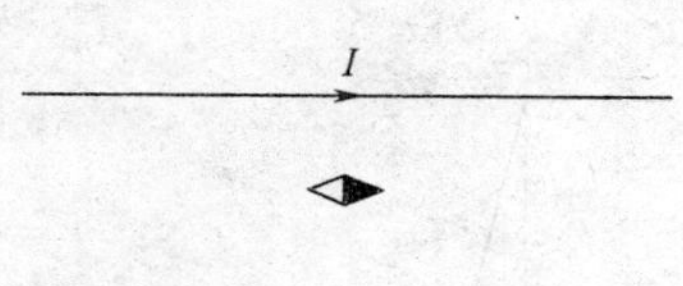

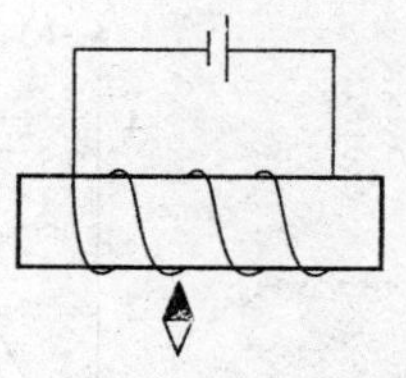

● 题图 2—1

2. 在题图 2—2 中，标出电源的正负极性或电流产生的磁场方向。

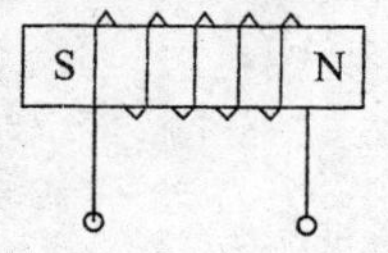

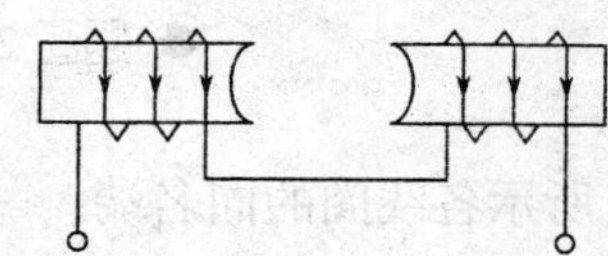

● 题图 2—2

3. 如题图 2—3 所示，导体或线圈在均匀磁场中按图示方向运动，是否会产生感应电动势？如产生，其方向如何？

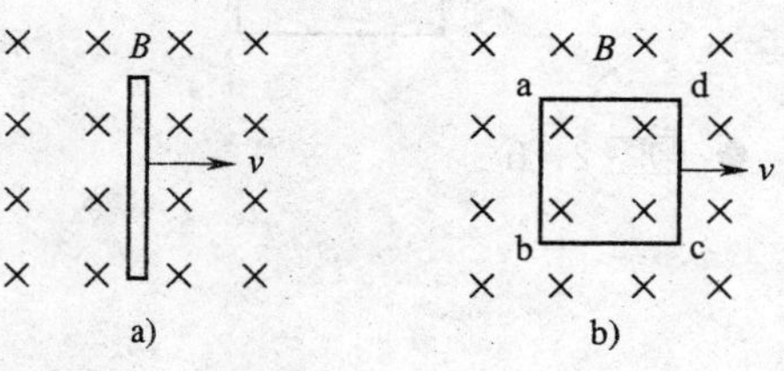

● 题图 2—3

4. 如题图 2—4 所示，箭头表示磁铁插入和拔出线圈的方向，试根据楞次定律标出图中电流计的偏转方向。

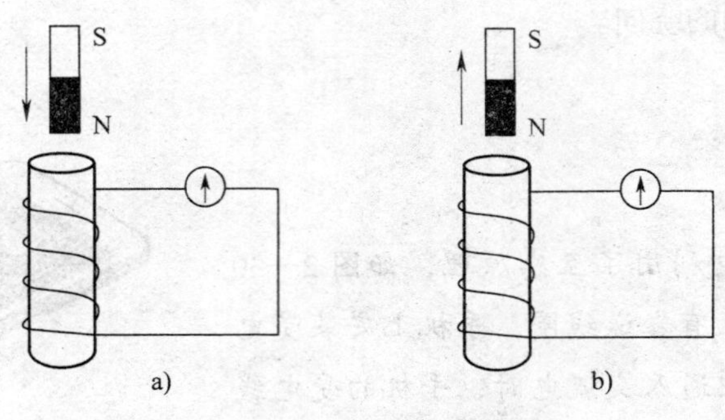

题图 2—4

5. 在一自感线圈中通入如题图 2—5 所示电流，前 2 s 内产生的自感电动势为 1 V，则线圈的自感系数是多少？第 3 s、第 4 s 内线圈产生的自感电动势是多少？第 5 s 内线圈产生的自感电动势是多少？

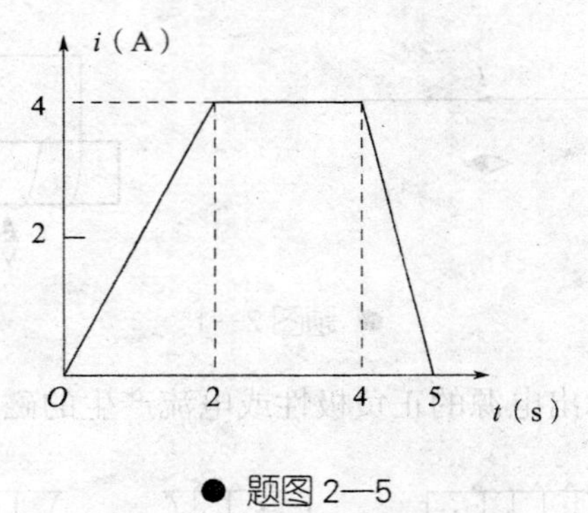

题图 2—5

6. 标出题图 2—6 所示各线圈的同名端。

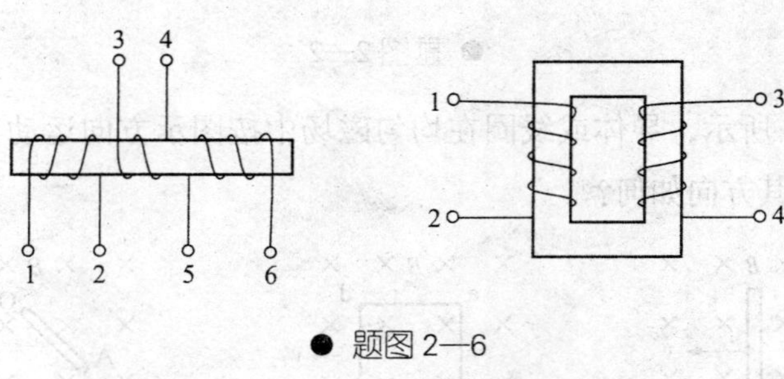

题图 2—6

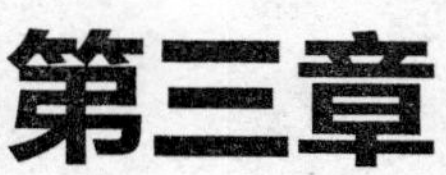

第三章 正弦交流电路

如图 3—1 所示是人们日常生活中经常使用的电源，它们提供的电能形式有什么不同呢？手机电池提供的是直流电，而墙上的插座提供的是交流电。这一章将讲述有关交流电的知识。

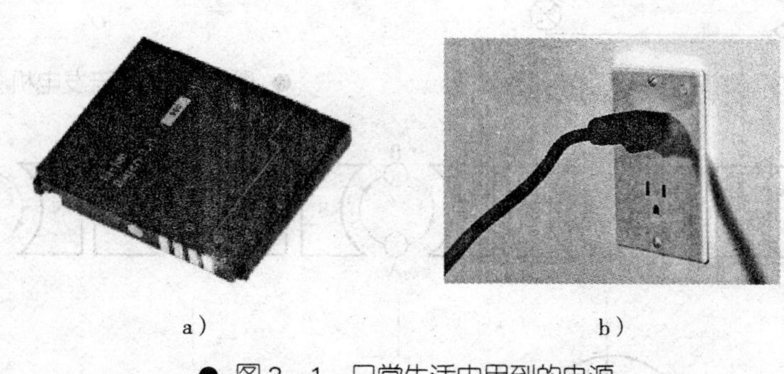

a）　　b）

● 图 3—1　日常生活中用到的电源

a）手机电池　b）插座

§ 3—1　正弦交流电的基本概念

一、交流电的产生及交流电概念

交流电可以由交流发电机（见图 3—2）提供。

如图 3—3 所示为交流发电机的工作示意图，当线圈在匀强磁场中以角速度 ω 逆时针匀速转动时，由于导线切割磁感线，线圈中将产生感应电动势（见图 3—4）。当线圈平面垂直于磁感线时，各边都不切割磁感线，没有感应电动势产生，此平面称为中性面。正弦交流电的产生过程如图 3—5 所示。

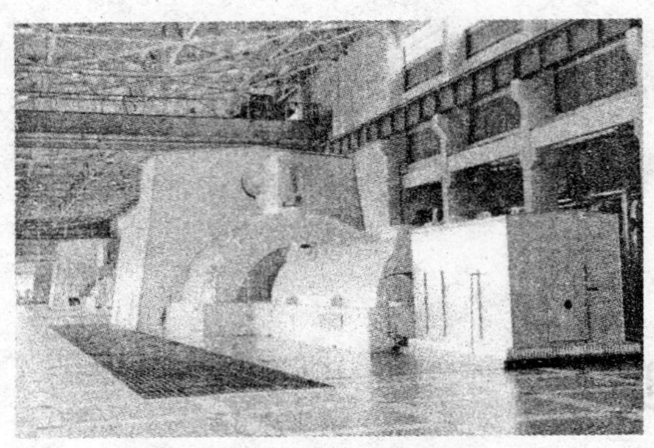

● 图3—2　交流发电机

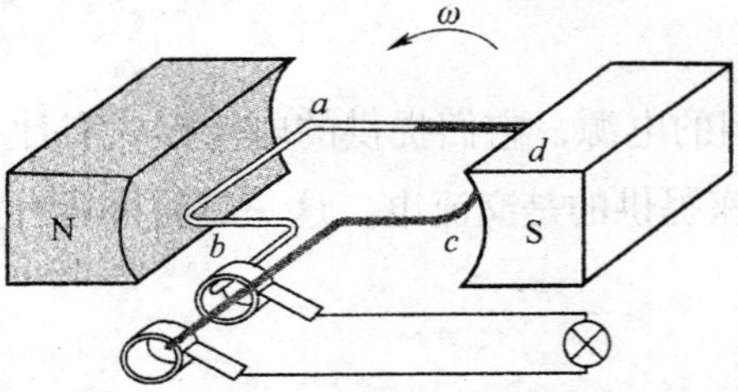
ω
a
d
N
b
c
S

● 图3—3　交流发电机工作示意图

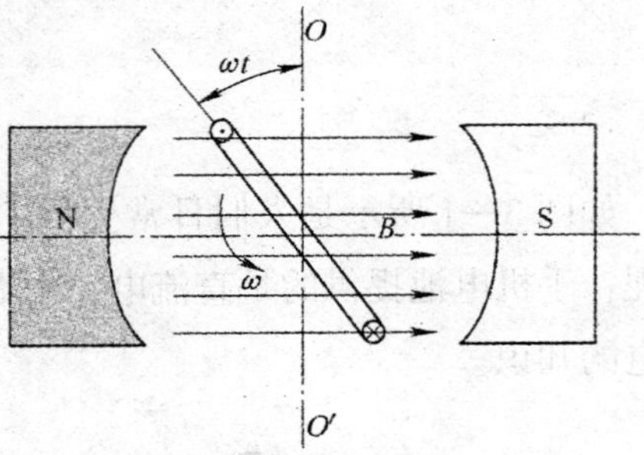
O
ωt
N
B
S
ω
O′

● 图3—4　交流发电机原理图

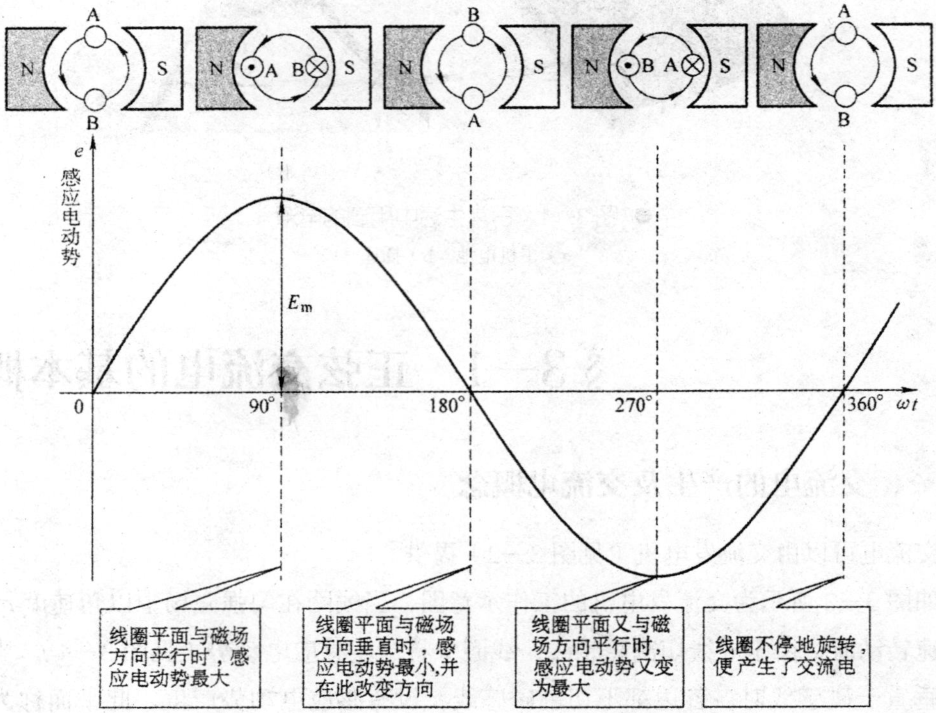
A
N
S
B
e
感应电动势
Em
0
90°
180°
270°
360°
ωt
线圈平面与磁场方向平行时，感应电动势最大
线圈平面与磁场方向垂直时，感应电动势最小,并在此改变方向
线圈平面又与磁场方向平行时，感应电动势又变为最大
线圈不停地旋转，便产生了交流电

● 图3—5　正弦交流电的产生过程

线圈从中性面开始转动，此时 ab、cd 边的速度方向与磁感线平行，线圈中没有感应电动势，也没有感应电流。

当线圈平面逆时针转过 90°，即线圈平面与磁感线平行时，ab、cd 边的线速度方向都跟磁感线垂直，即两边都垂直切割磁感线，这时感应电动势最大，线圈中的感应电流也最大。

转过 180° 时，线圈又处于中性面位置，线圈中没有感应电动势。

当线圈转过 270° 时，ab、cd 边的瞬时速度方向与 90° 时相反，产生的感应电动势方向也相反。

转过 360° 时线圈又处于起始位置，线圈中没有感应电动势。

由此可见，交流发电机产生的交流电的方向和大小是不断改变的。

那么，交流电和直流电有什么区别呢？

如图 3—6a 所示为干电池和蓄电池提供的直流电的波形，如图 3—6b 所示为墙上插座提供的交流电的波形。交流电与直流电的根本区别是：直流电的方向不随时间的变化而变化，交流电的方向和大小随时间的变化而变化。

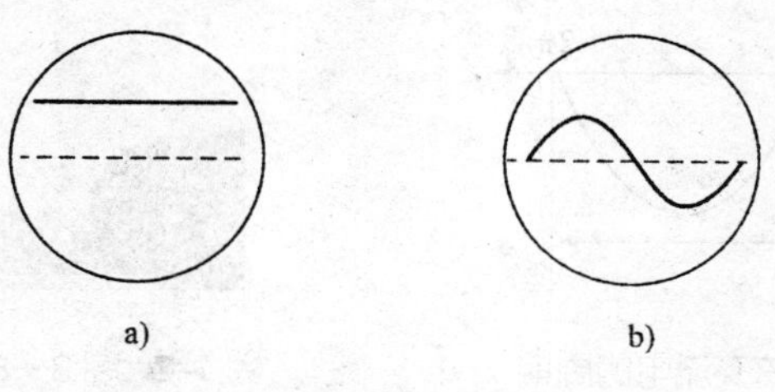

● 图 3—6　直流电和交流电波形

a）直流电　b）正弦交流电

二、交流电的感应电动势和感应电流

设磁感应强度为 B，磁场中线圈一边的长度为 l，线圈从中性面开始转动，经过时间 t，线圈转过的角度为 ωt，这时，其单侧线圈切割磁感线的线速度 v 与磁感线的夹角也为 ωt，所产生的感应电动势 $e_1 = Blv\sin\omega t$。所以整个线圈所产生的感应电动势为

$$e = 2Blv\sin\omega t$$

其中，$2Blv$ 为感应电动势的最大值，设为 E_m，则

$$e = E_m\sin\omega t$$

上式为正弦交流电电动势的**瞬时值表达式**，也称为**解析式**。正弦交流电压、电流表达式与此相似。

电压瞬时值表达式 $u = U_m\sin\omega t$

电流瞬时值表达式 $i = I_m\sin\omega t$

三、表征交流电的物理量

由于正弦交流电的大小和方向随时间的变化而变化，而且是周期性变化的，因此表征交流电的物理量就比直流电复杂，包括周期、频率和角频率，最大值、有效值和平均值，以及相位、初相位。

1. 周期、频率和角频率

（1）周期

交流电每重复变化一次所需的时间，称为交流电的周期。用符号 T 表示，单位是秒（s）（见图 3—7）。

交流发电机的转子做圆周运动，因此，交流电的周期相当于游乐场里的摩天轮（见图 3—8），坐在游乐场摩天轮上转一圈，即是完成一个周期。

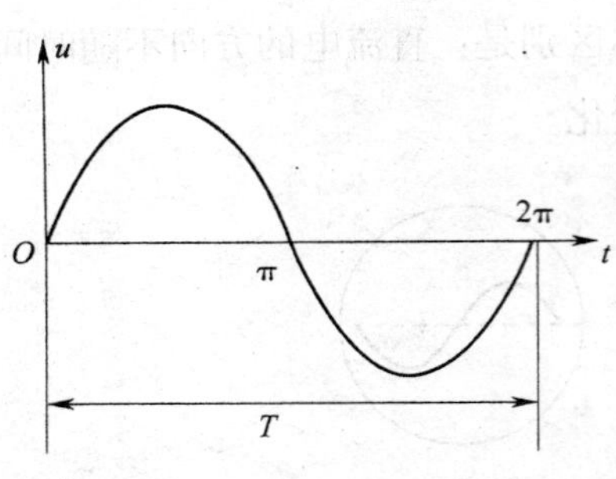

图 3—7　正弦交流电的周期

图 3—8　游乐场摩天轮

（2）频率

交流电在 1 秒内重复变化的次数，称为交流电的频率。用符号 f 表示，单位是赫兹（Hz）。频率与周期的关系如下：

$$f = \frac{1}{T} \text{ 或 } T = \frac{1}{f}$$

例如，我国大部分地区动力和照明用电的标准频率为 50 Hz（习惯上称为工频），少数国家或地区，如美国、日本等采用 60 Hz 的频率。

（3）角频率

正弦交流电 1 秒内变化的电角度，用符号 ω 表示，单位是弧度 / 秒（rad/s）

$$\omega = \frac{2\pi}{T} = 2\pi f$$

想一想

我国交流电的周期和角频率各是多少？

扫描二维码
查看参考答案

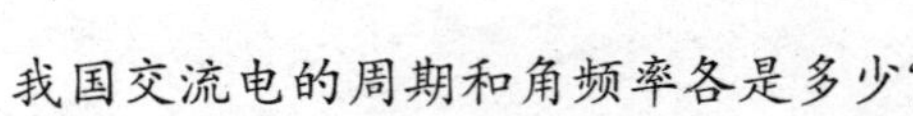

2. 最大值、有效值和平均值

（1）最大值

正弦交流电在一个周期所能达到的最大瞬时值，又称峰值或幅值（见图 3—9）。

最大值用大写字母加下标 m 表示，如 E_m、U_m、I_m。

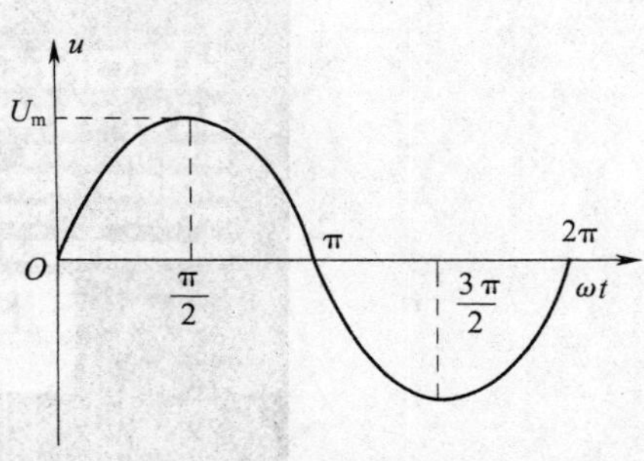

● 图 3—9 正弦交流电的最大值

（2）有效值

因为交流电的大小是随时间变化的，所以在研究交流电功率时，采用最大值就不方便了，通常是用有效值来表示。有效值是这样规定的：使交流电和直流电加在同样阻值的电阻上，若在相同的时间内产生的热量相同，就把这一直流电的数值叫作该交流电的有效值（见图 3—10）。

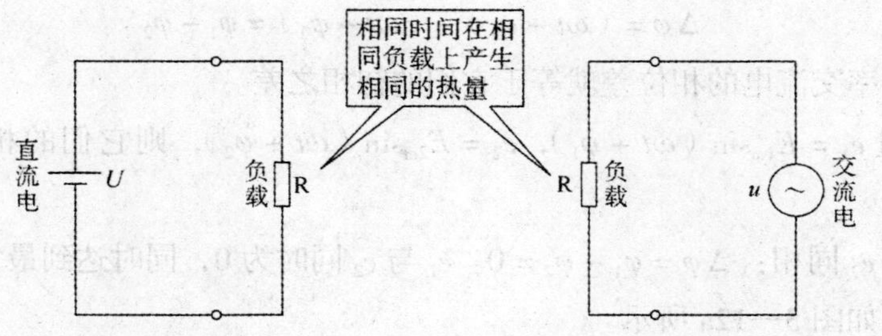

● 图 3—10 交流电的有效值

有效值用大写字母表示，如 E、U、I。

正弦交流电的有效值和最大值之间有如下关系：

$$有效值=\frac{1}{\sqrt{2}}\times 最大值\approx 0.707\times 最大值$$

通常说民用电路的电压是 220 V，便是指有效值。各种使用交流电的电气设备上所标的额定电压和额定电流的数值，交流电流表和交流电压表测量的数值，也都是有效值。以后提到交流电的数值，凡没有特别说明的，都是指有效值。

如图 3—11 所示的液晶电视机的铭牌上标的额定电压 220 V 是有效值。

3. 相位与相位差

（1）相位

在 $e=E_m\sin(\omega t+\varphi_0)$ 中，$(\omega t+\varphi_0)$ 表示在任意时刻线圈平面与中性面所成的角度，这个角度称为**相位角**，也称**相位**或**相角**，它反映了交流电变化的进程。其中，φ_0 为正弦量 $t=0$ 时的相位，称为**初相位**，也称**初相角**或**初相**。

● 图3—11　液晶电视的铭牌

（2）相位差

两个同频率交流电的相位之差称为相位差，用符号 $\Delta\varphi$ 表示，即

$$\Delta\varphi=(\omega t+\varphi_1)-(\omega t+\varphi_2)=\varphi_1-\varphi_2$$

两个同频率交流电的相位差就等于它们的初相之差。

设正弦量 $e_1=E_{1m}\sin(\omega t+\varphi_1)$，$e_2=E_{2m}\sin(\omega t+\varphi_2)$，则它们的相位关系有五种情况。

1）e_1 与 e_2 同相：$\Delta\varphi=\varphi_1-\varphi_2=0$。$e_1$ 与 e_2 同时为 0，同时达到最大值，不为 0 时方向总相同，如图 3—12a 所示。

2）e_1 与 e_2 正交：$\Delta\varphi=\varphi_1-\varphi_2=\pm 90°$。$e_1$ 与 e_2 其中之一达到最大值时，另一个则为 0，如图 3—12b 所示。

3）e_1 超前 e_2：$0<\Delta\varphi=\varphi_1-\varphi_2<180°$。$e_1$ 比 e_2 先达到最大值，如图 3—12c 所示。

4）e_1 滞后 e_2：$-180°<\Delta\varphi=\varphi_1-\varphi_2<0$。$e_2$ 比 e_1 先达到最大值，如图 3—12d 所示。

5）e_1 与 e_2 反相：$\Delta\varphi=\varphi_1-\varphi_2=\pm 180°$。$e_1$ 与 e_2 其中之一达到正的最大值时，另一个达到负的最大值，如图 3—12e 所示。

综上所述，正弦交流电的最大值反映了正弦量的变化范围，角频率反映了正弦量的变化快慢，初相位反映了正弦量的初始状态。最大值、角频率和初相位称为**正弦交流电的三要素**。

例 1　已知交流电电压为 $u=220\sqrt{2}\sin(314t+30°)$ V，求该交流电的角频率、周期、频率、最大值、有效值和初相位。

解　角频率 $\omega=314$ rad/s

周期 $T=\dfrac{2\pi}{\omega}=\dfrac{2\times 3.14}{314}=0.02$（s）

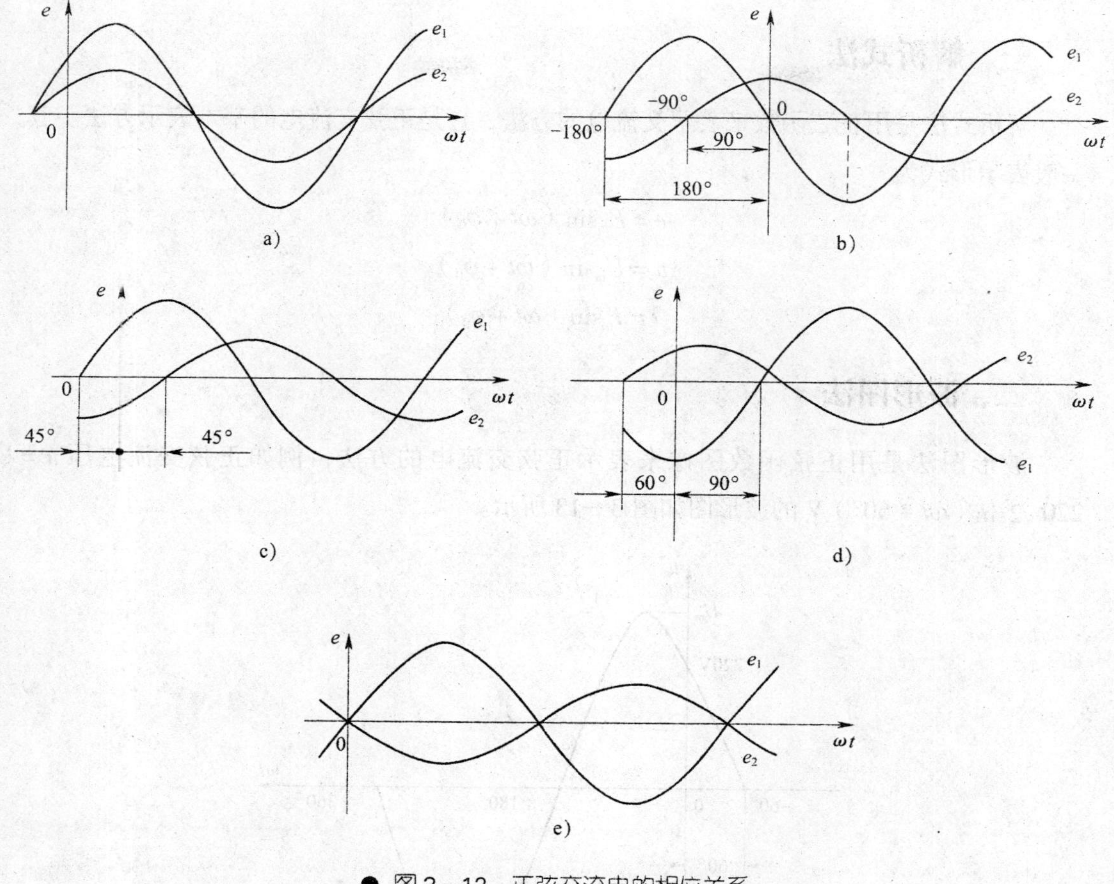

● 图 3—12　正弦交流电的相位关系

a）同相（$\Delta\varphi=0$）b）正交（$\Delta\varphi=\pm90°$）c）e_1 超前 e_2（图中 $\Delta\varphi=90°$）
d）e_1 滞后 e_2（图中 $\Delta\varphi=-150°$）e）反相（图中 $\Delta\varphi=\pm180°$）

频率 $f=\frac{1}{T}=\frac{1}{0.02}=50\ (\text{Hz})$

最大值 $U_m=220\sqrt{2}=311\ (\text{V})$

有效值 $U=\frac{U_m}{\sqrt{2}}=\frac{220\sqrt{2}}{\sqrt{2}}=220\ (\text{V})$

初相位 $\varphi_0=30°$

§ 3—2　正弦交流电的表示方法

为了便于分析计算交流电路，通常可用解析式、波形图、相量图和符号法四种方法来表示正弦交流电。本节主要介绍前三种方法。

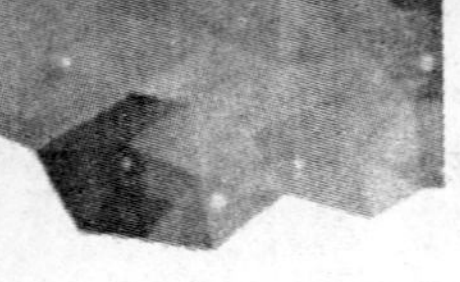

一、解析式法

解析式法是用正弦函数来表示交流电的方法，它是正弦交流电的基本表示方法。其一般表示形式为

$$e = E_m \sin(\omega t + \varphi_0)$$
$$u = U_m \sin(\omega t + \varphi_0)$$
$$i = I_m \sin(\omega t + \varphi_0)$$

二、波形图法

波形图法是用正弦函数图像来表示正弦交流电的方法，例如正弦交流电压 $u = 220\sqrt{2}\sin(\omega t + 60°)$ V 的波形图如图 3—13 所示。

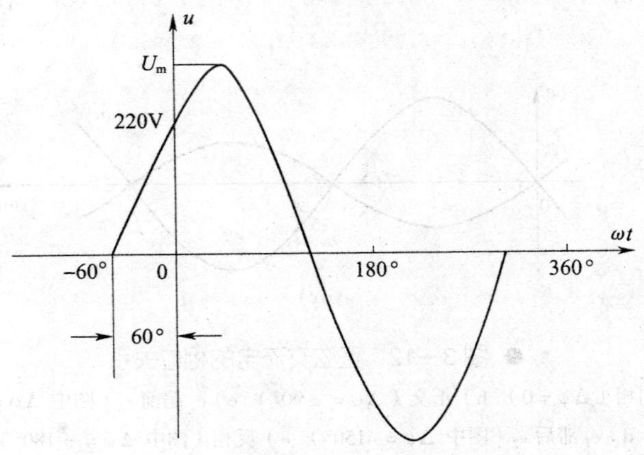

● 图 3—13 正弦交流电波形图表示法

三、相量图表示法

正弦交流电也可以用相量图来表示，相量图表示法就是用一个在直角坐标中绕原点不断旋转的相量来表示正弦交流电的方法。现以正弦电动势 $e = E_m \sin(\omega t + \varphi_0)$ 为例说明如下：如图 3—14 所示，在直角坐标系，作一矢量 OA，其长度为正弦电动势 e 的最大值 E_m，它的起始位置与 X 轴正方向的夹角等于初相 φ_0，并以正弦电动势的角频率 ω 为角速度逆时针匀速旋转，则在任一瞬间旋转矢量与 X 轴的夹角为正弦电动势的相位 $(\omega t + \varphi_0)$，它在 Y 轴的投影（Oa）即为该电动势的瞬时值。

例如，当 $t = 0$ 时，旋转矢量在 Y 轴上的投影为 e_0，对应于图 3—14 中的电动势波形 a 点，$t = t_1$ 时，矢量与 X 轴夹角为 $(\omega t_1 + \varphi_0)$，此时，矢量在 Y 轴上的投影为 e_1，对应于波形图上的 b 点，如果矢量旋转一周，就与该正弦交流电一个周期的波形正好对应。可见，旋转矢量能完全反映正弦交流电的三要素及变化规律。

为了与力学矢量相区别，把表示正弦交流电的这一矢量称为相量。

表示正弦交流电的相量用 $\dot{E}_m$、$\dot{U}_m$、$\dot{I}_m$ 表示。但实际中应用更多的是有效值相量（见图 3—15），即将有向线段 OA 的长度定为正弦量的有效值，相应的相量符号则改为 $\dot{E}$、$\dot{U}$、$\dot{I}$。

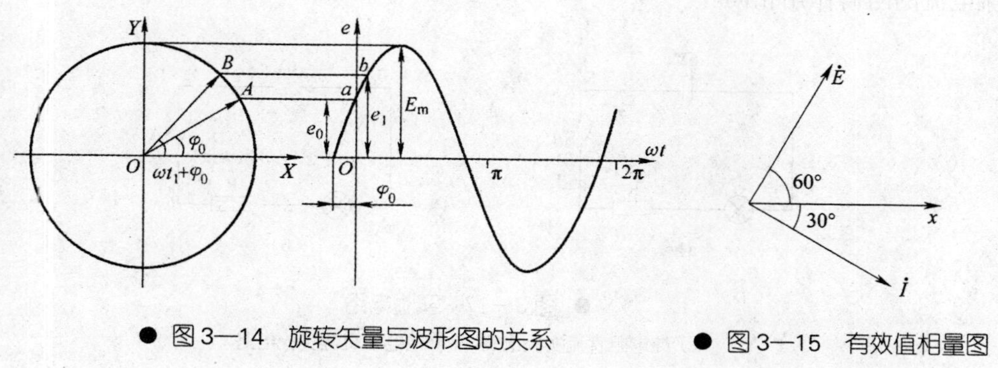

● 图 3—14　旋转矢量与波形图的关系　　● 图 3—15　有效值相量图

提示

表示正弦交流电的相量与力学中的矢量不同，它只是相位随时间变化的量，虽然加、减运算也遵循平行四边形法则，但与方向无关。

应用相量图时注意以下几点：

1. 同一相量图中，各正弦交流电的频率应相同。
2. 同一相量图中，相同单位的相量应按相同比例画出。
3. 一般取直角坐标轴的水平正方向为参考方向，逆时针转动的角度为正，反之为负。有时为了方便起见，也可在几个相量中任选一个作为参考相量，并省略直角坐标轴。
4. 用相量表示正弦交流电后，它们的加、减运算可按平行四边形法则进行。
5. 正弦量的相量图、波形图、解析式是正弦量的几种不同的表示方法，它们有一一对应的关系，但在数学上并不相等，如表达式 $e=E_m\sin(\omega t+\varphi_0)=\dot{E}$ 是错误的。

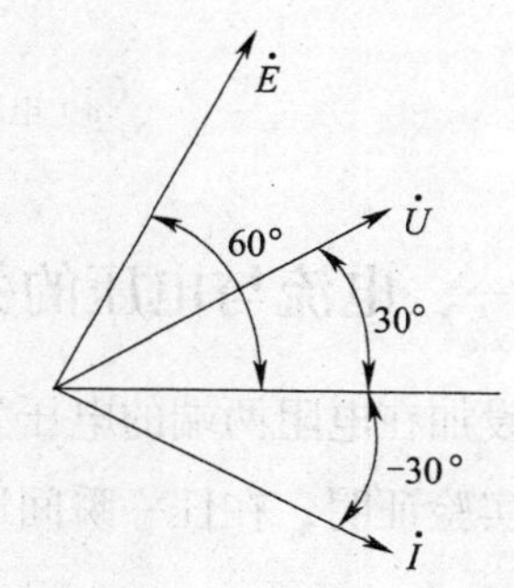

● 图 3—16　正弦量的有效值相量图

例 2　用相量图表示下列各正弦量

$e=60\sin(\omega t+60^\circ)$ V，$u=30\sin(\omega t+30^\circ)$ V，

$i=5\sin(\omega t-30^\circ)$ A

解　各正弦量有效值相量图如图 3—16 所示。

§3—3 纯电阻电路

在如图 3—17 所示电路中，串入相同的电阻，分别用 6 V 交、直流电源点亮 6 V 灯泡。开关 SA 闭合后，可以看到，两个灯泡的亮度相同，这表明电阻对直流电流和对交流电流的阻碍作用相同。

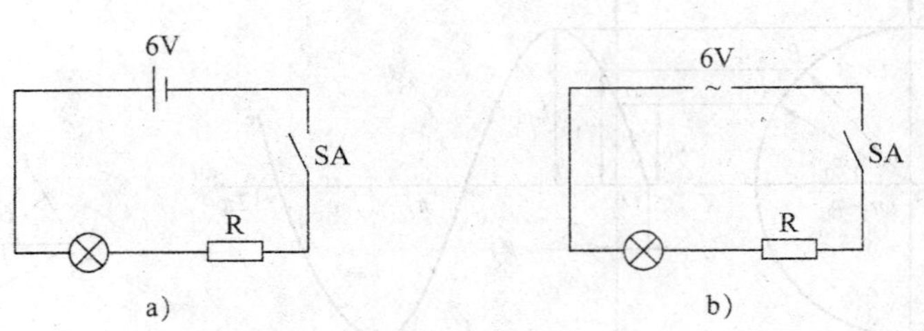

● 图 3—17 实验电路

a）纯电阻直流实验电路 b）纯电阻交流实验电路

交流电路如果只有电阻，这种电路称为纯电阻电路（见图 3—18a），如电热炉、白炽灯等都可以近似地看成是纯电阻电路。

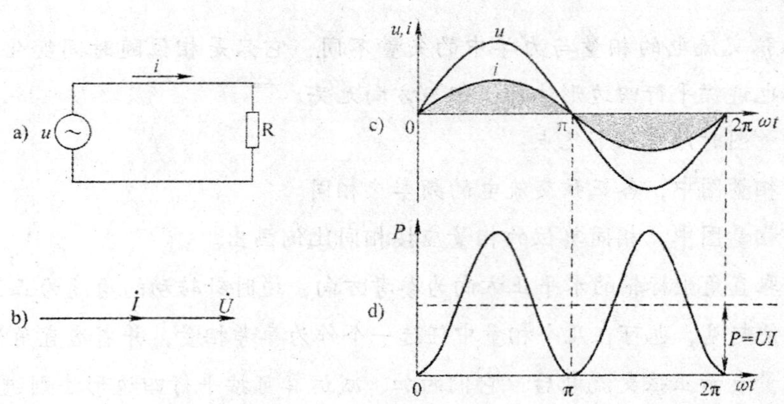

● 图 3—18 纯电阻电路

a）电路图 b）相量图 c）波形图 d）功率曲线图

一、电流与电压的关系

设加在电阻两端的电压为 $u=U_m\sin\omega t$

实验证明，在任一瞬间通过电阻的电流 i 仍可用欧姆定律计算，即

$$i=\frac{u}{R}=\frac{U_m\sin\omega t}{R}$$

可见在纯电阻电路中，**电流 i 与电压 u 是同频率、同相位的正弦量**。相量图如图 3—18b 所示。

由上式可知，通过电阻的最大电流为

$$I_m = \frac{U_m}{R}$$

把上式两边同除以$\sqrt{2}$，则得

$$I = \frac{U}{R}$$

这说明，**在纯电阻电路中，电流与电压的瞬时值、最大值、有效值都符合欧姆定律**。

二、功率

瞬时功率曲线如图 3—18d 所示，P 在任一瞬间的数值都大于零或等于零，这说明电阻总是消耗功率，因此电阻是**耗能元件**。

由于瞬时功率时刻变动，不便计算，通常用电阻在交流电一个周期内消耗的功率的平均值来表示功率的大小，称为平均功率，又称**有功功率**，用 P 表示，单位仍是 W。

电压、电流用有效值表示时，平均功率 P 的计算与直流电路相同，即

$$P = UI = I^2R = \frac{U^2}{R}$$

例 3　一只“220 V，1 000 W”的电炉接在电压 $u = 220\sqrt{2}\sin(314t)$ V 的交流电源上，试求流过电炉的电流 I 和该电炉的电阻 R 是多少？

解　根据 $P = UI$

得 $I = \frac{P}{U_R} = \frac{1\,000}{220} \approx 4.5$（A）

$$R = \frac{U}{I} = \frac{U^2}{P} = \frac{220^2}{1\,000} = 48.4(\Omega)$$

§3—4　纯电感电路

如图 3—19 所示直流电路的灯泡比交流电路中的灯泡亮，这表明电感线圈对直流电和对交流电的阻碍作用不同。对于直流电，起阻碍作用的只是线圈的电阻；对于交流电，除了线圈的电阻外，电感也起阻碍作用。

电感对交流电的这种阻碍作用的大小用感抗来衡量。

感抗的大小与哪些因素有关呢？继续做以下实验：

（1）把铁芯从线圈中取出（线圈的自感系数减小），灯泡就变亮；重新把铁芯插入

线圈，灯泡就变暗。可见线圈的自感系数 L 越大，感抗就越大。

（2）保持电源电压大小不变，改变频率，发现频率越高，灯光越暗，可见交流电的频率越高，线圈的感抗越大。

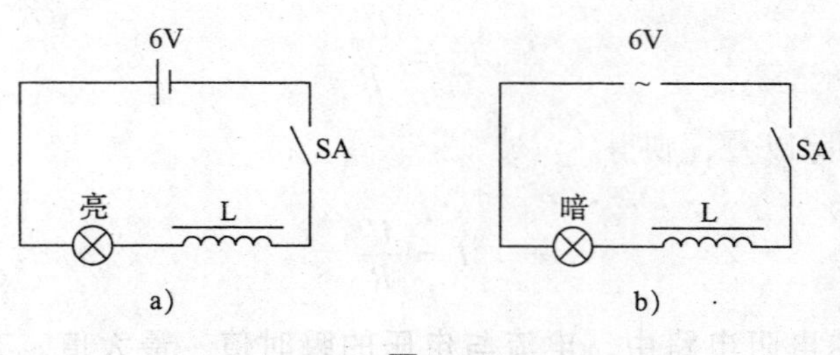

● 图3—19

a）纯电感直流实验电路　b）纯电感交流实验电路

感抗的计算式为：$X_L = 2\pi fL = \omega L$

上式中的 X_L、f、L 的单位应分别用欧（Ω）、赫（Hz）、亨（H）。例如，自感系数是 1 H 的线圈，对于直流电，$f = 0$，$X_L = 0$；对于 $f = 50$ Hz 的交变电流，$X_L = 314$ Ω；对于 $f = 500$ kHz 的交变电流，$X_L = 3.14$ MΩ。电感线圈在电路中有“通直流、阻交流”或“通低频、阻高频”的特性。

一、电压与电流的关系

1. 电压与电流的数量关系

由电阻很小的电感线圈组成的交流电路，可以近似地看作纯电感电路。

当电感对交流电的阻碍作用用感抗表示、交流电压和电流用有效值表示时，电感两端电压与电感电流的大小关系具有欧姆定律的形式，即

$$I = \frac{U}{X_L}$$

提示

感抗只是电压与电流最大值或有效值的比值，而不是电压与电流瞬时值的比值，即 $X_L \neq \frac{u}{i}$，从电压与电流的波形图可以看出，u 和 i 的任意时刻的比值是不同的。

2. 电压与电流的相位关系

如图 3—20a 所示电路图，电压和电流波形图如图 3—20c 所示，在 i 由零增加的瞬间，电压 u_L 的值最大，随着电流的增加，电压逐渐减小，当 i 达到最大值时，电压为零，依次类推，**电压超前电流** 90°，电压、电流相量图如图 3—20b 所示。

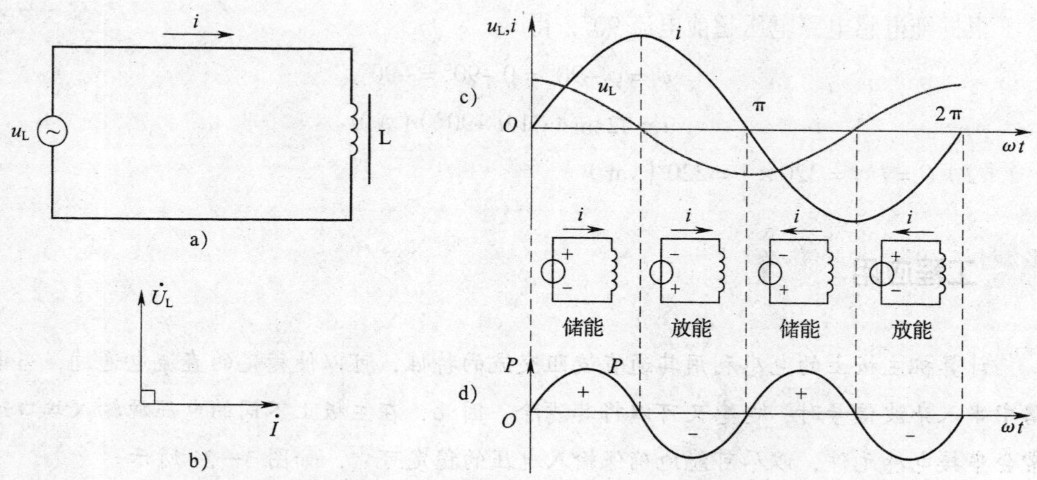

● 图 3—20 纯电感交流电路

a）电路图 b）相量图 c）波形图 d）功率曲线图

二、功率

瞬时功率在一个周期内，有时为正值，有时为负值（见图 3—20d）。瞬时功率为正值，说明电感从电源吸收能量转换为磁场能储存起来。瞬时功率为负值，说明电感又将磁场能量转换为电能返还给电源。

瞬时功率在一个周期内吸收的能量与释放的能量相等，也就是说纯电感电路不消耗能量，电感是一种**储能元件**。

通常用瞬时功率的最大值来反映电感与电源之间转换能量的规模，称为**无功功率**，用 Q_L 表示，单位名称是乏，符号为 var，其计算式为

$$Q_L = U_L I = I^2 X_L = \frac{U_L^2}{X_L}$$

提示

无功功率并不是“无用功率”，“无功”两字的实质是指元件间发生了能量的互逆转换，而元件本身没有消耗电能。

例 4 一个 0.7 H 空心电感线圈接在 $u = 220\sqrt{2}\sin(\omega t)$ V 的电源上，$f = 50$ Hz，忽略其电阻。求：（1）电流的瞬时值表达式；（2）电路的无功功率。

解 （1）$X_L = 2\pi fL = 2\pi \times 50 \times 0.7 \approx 220$（Ω）

$$I = \frac{U}{X_L} = \frac{220}{220} = 1 \text{（A）}$$

根据纯电感电路电压超前电流 90°，得

$$\varphi_i = \varphi_u - 90° = 0 - 90° = -90°$$

$$i = \sqrt{2}\sin(314t - 90°)\ (\text{A})$$

（2）$Q = U_L I = 220 \times 1 = 220\ (\text{var})$

工程应用

计算机主板上的电感利用其通直流阻交流的特性，可以使稳定的直流电通过，当电路中串入杂波信号时，电感又可以将其滤除。因此，在主板上不同的电压源输入端口通常会串接电感元件，以尽可能地确保输入电压的稳定可靠，如图 3—21 所示。

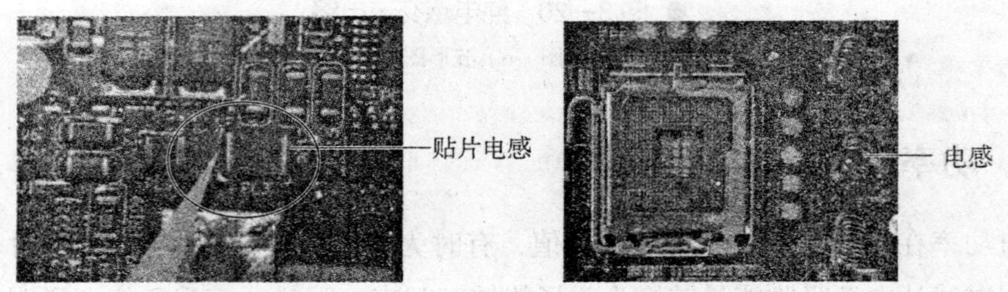

图 3—21 计算机主板上的电感器

§ 3—5 纯电容电路

在如图 3—22 所示的电路中，有两块平行放置的金属极板 C，其间夹着电介质（作为电气绝缘物质，如玻璃、空气、纸、云母等），E 是内阻很小的直流电源（6 V），HL 为小灯泡。

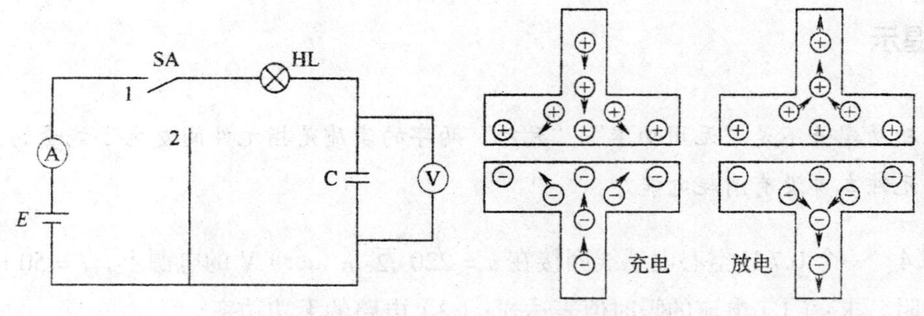

图 3—22 含电容的直流实验电路

当开关 SA 置于接点“1”时，电源便向金属极板 C 充电。开始时灯泡较亮，然后迅速变暗，从电流表可以观察到充电电流由大到小的变化，从电压表可以观察到C两端电压由小到大的变化。灯泡很快就熄灭，电流表指针回到零，电压表所示电压值接近于电源电动势，这表明金属极板C已充满了电荷。

然后将开关置于接点“2”，灯泡闪亮了一下，很快就熄灭。负极板上的负电荷在两极板间电场力的作用下不断移出，与正极板的正电荷中和，金属极板两端的电压也随之下降，直至两极板上电荷完全中和。这时两极板间电压为零，电路中电流也为零。

这种能够储存电能的元件（金属极板）被称为**电容器**。电容器在各种电气设备中是常用的元件之一，比如在手机充电器里就用到电容器（见图3—23），电容器最大的特性就是充放电。

将上述直流实验电路中的灯和电容接入6 V交流电源（见图3—24），发现灯HL一直亮着，说明交流电能“通过”电容器，同时电容器对交流电有阻碍作用。电容对交流电的阻碍作用称为**容抗**，用X_C表示，容抗的单位也是欧姆（Ω）。

● 图3—23　手机充电器上的电容器

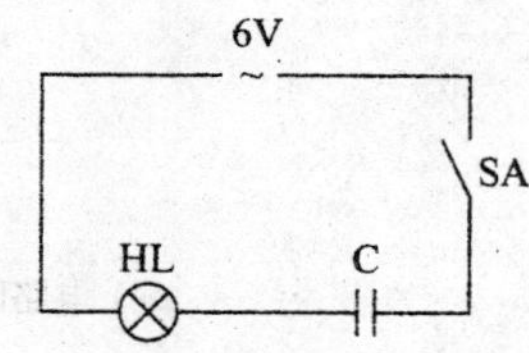

● 图3—24　含电容的交流实验电路

容抗的大小与哪些因素有关呢？继续进行以下实验：

（1）换用电容量更大的电容器，发现电容量越大，灯泡越亮。可见电容器的电容量越大，容抗越小。

（2）保持电源电压大小不变，改变频率，发现频率越高，灯光越亮，可见交流电的频率越高，电容器的容抗越小。

容抗的计算式为：$X_C = \dfrac{1}{2\pi fC} = \dfrac{1}{\omega C}$

把电容器接到交流电源上，如果电容器的电阻和分布电感忽略不计，则可以把电路近似地看成是纯电容电路，如图3—25a所示。

一、电压与电流的关系

纯电容电路欧姆定律的表达式为

$$I = \frac{U}{X_C}$$

由电压、电流波形图（见图 3—25c）可知，在 u_C 从零增大的瞬间，电流 i 最大，随着电压的增加，电流逐渐减小，当电压为最大值时，电流为零，依次类推，**电流超前电压 90°**，电压、电流相量图如图 3—25b 所示。

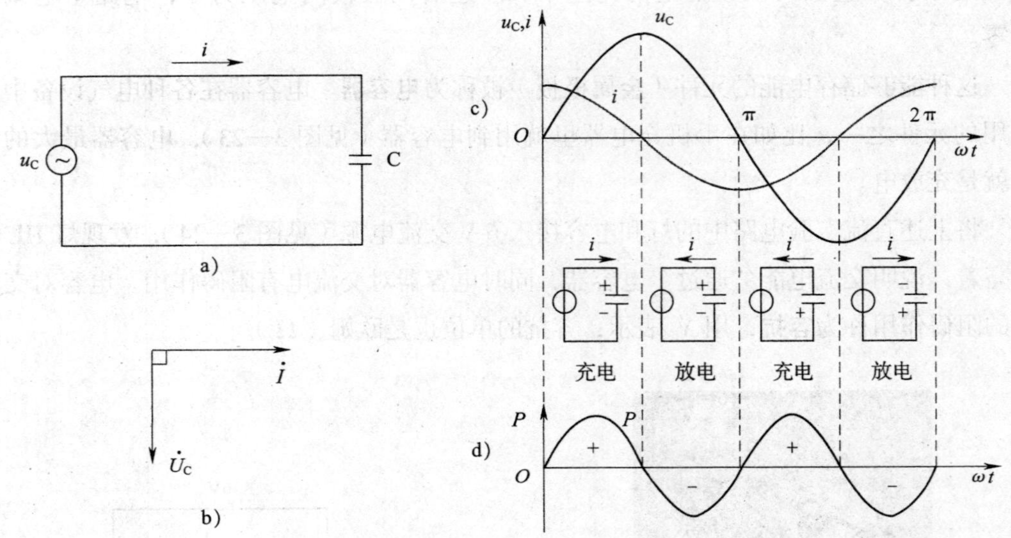

● 图 3—25　纯电容交流电路

a）电路图　b）相量图　c）波形图　d）功率曲线图

二、功率

纯电容电路的功率曲线如图 3—25d 所示。与电感一样，电容也是储能元件，纯电容电路不消耗功率，平均功率为零。纯电容电路的无功功率为

$$Q_C = U_C I = I^2 X_C = \frac{U_C^2}{X_C}$$

工程应用

电容作为主板上主要的滤除干扰和稳定电压的电子元件，它的质量直接影响到主板工作的稳定性。常用的主板电容有钽电解电容、铝电解电容、贴片电容等，如图 3—26 所示。

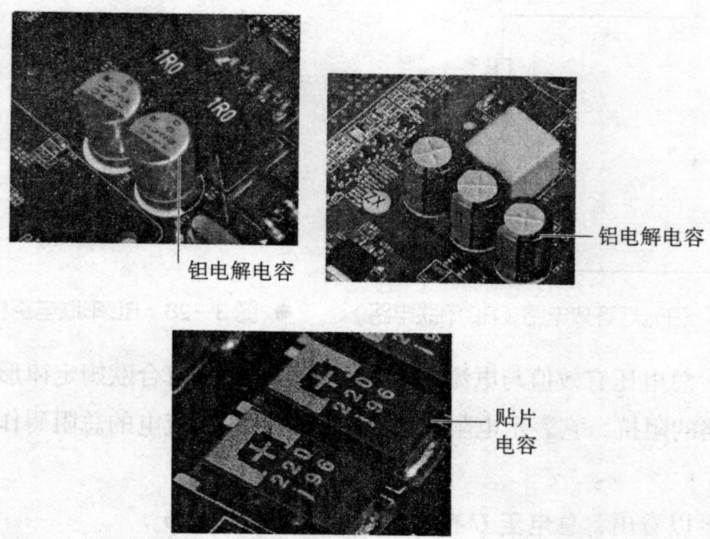

● 图 3—26 计算机主板上的电容器

§ 3—6 串联电路

荧光灯电路是一个典型的单相 RL 串联电路，R 是荧光灯灯丝的等效电阻，L 是荧光灯镇流器的等效电感，如图 3—27 所示。如果用万用表的交流电压挡测量荧光灯镇流器两端电压和灯丝两端电压，会发现两个电压加起来不是 220 V，这是为什么呢？下面来分析一下 RL 串联电路的特点。

一、RL 串联电路

1. 电压与电流的关系

RL 串联电路总电压瞬时值等于各个元件上电压瞬时值之和，即

$$u = u_R + u_L$$

对应的相量关系为

$$\dot{U} = \dot{U}_R + \dot{U}_L$$

根据相量图（见图 3—28）可得

$$U = \sqrt{{U_R}^2 + {U_L}^2} = \sqrt{(IR)^2 + (IX_L)^2} = I\sqrt{R^2 + X_L^2}$$

令 $Z = \sqrt{R^2 + {X_L}^2}$

则电压与电流的大小关系为

$$I = \frac{U}{Z}$$

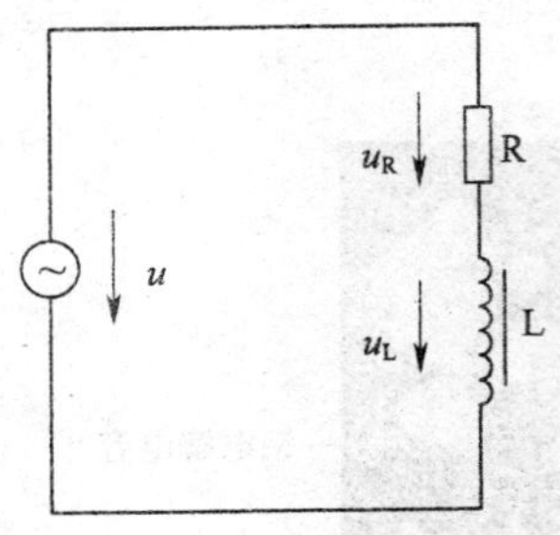

● 图3—27　日光灯等效电路（RL 串联电路）

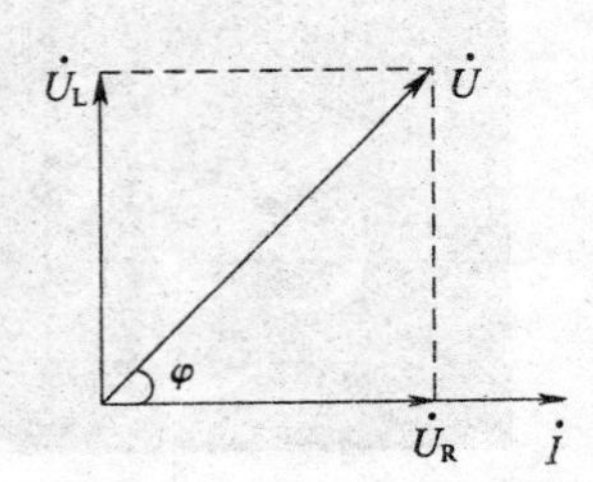

● 图3—28　RL 串联电路相量图

可以看出，总电压有效值与电流有效值之间的关系仍符合欧姆定律形式。

Z 称为电路的阻抗，它表示电阻和电感串联电路对交流电的总阻碍作用。阻抗的单位是 Ω。

从相量图可以看出，**总电压 $\dot{U}$ 在相位上比电流 $\dot{I}$ 超前 φ。**

由 $\cos\varphi = \dfrac{U_R}{U} = \dfrac{R}{Z}$　　可得 $\varphi = \arccos\dfrac{R}{Z}$

2. 功率

在电阻、电感串联电路中，既有耗能元件，又有储能元件，既有有功功率，又有无功功率。

（1）有功功率

整个电路消耗的有功功率等于电阻消耗的有功功率，即

$$P = U_R I$$

根据图 3—28 知 $U_R = U\cos\varphi$，代入上式得

$$P = U_R I = UI\cos\varphi$$

（2）无功功率

整个电路的无功功率也就是电感上的无功功率，即 $Q = U_L I = UI\sin\varphi$。

（3）视在功率

电源输出的总电流与总电压有效值的乘积叫作电路的视在功率，用 S 表示，即 $S = UI$。

视在功率不是表示交流电路实际消耗的功率，而是表示电源可能提供的最大功率，或指电源设备的容量。

为了区别于有功功率和无功功率，视在功率的单位为 V · A。

二、RLC 串联电路

由电阻、电感和电容串联构成的 RLC 串联电路，如图 3—29 所示。

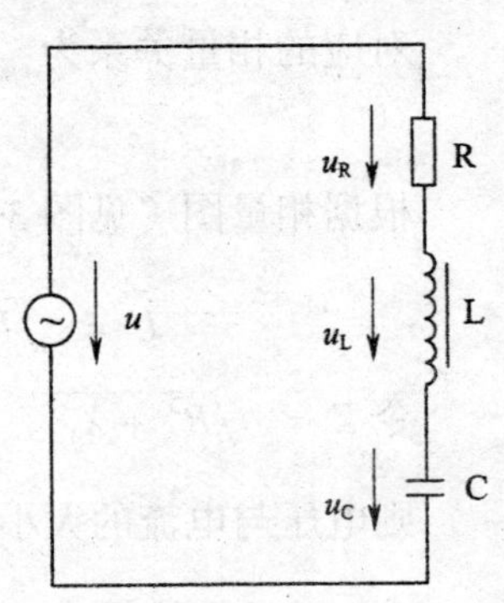

● 图3—29　RLC 串联电路

1. 电压与电流的关系

RLC 串联电路的总电压瞬时值等于各个元件上电压瞬时值之和，即

$$u = u_R + u_L + u_C$$

对应的相量关系为

$$\dot{U} = \dot{U}_R + \dot{U}_L + \dot{U}_C$$

由相量图 3—30 可得

$$U = \sqrt{U_R^2 + (U_L - U_C)^2} = \sqrt{(IR)^2 + (IX_L - IX_C)^2}$$

$$= I\sqrt{R^2 + (X_L - X_C)^2} = IZ$$

$$Z = \sqrt{R^2 + (X_L - X_C)^2}$$

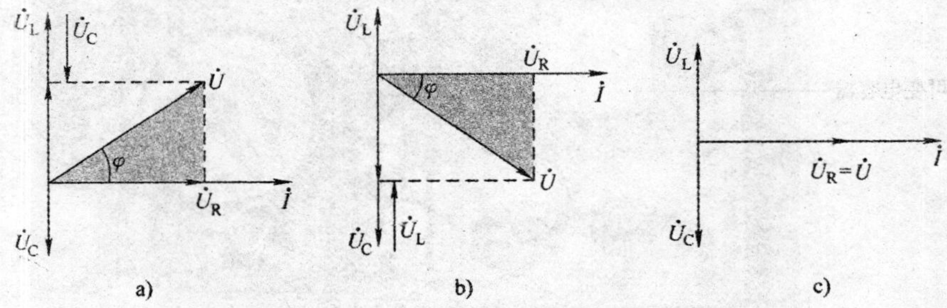

● 图 3—30　RLC 串联电路相量图

a）$U_L > U_C$　b）$U_L < U_C$　c）$U_L = U_C$

总电压 $\dot{U}$ 与电流 $\dot{I}$ 的相位关系可由相量图得

$$\cos\varphi = \frac{U_R}{U} = \frac{R}{Z}$$

或 $\tan\varphi = \dfrac{U_L - U_C}{U_R} = \dfrac{X_L - X_C}{R}$

由上式可知，当 R、L、C 参数不同时，RLC 串联电路可能出现以下三种情况：

（1）电感性电路

当 $X_L > X_C$ 时，则 $U_L > U_C$，阻抗角 $\varphi > 0$，电路呈电感性。

（2）电容性电路

当 $X_L < X_C$ 时，则 $U_L < U_C$，阻抗角 $\varphi < 0$，电路呈电容性。

（3）电阻性电路

当 $X_L = X_C$ 时，则 $U_L = U_C$，阻抗角 $\varphi = 0$，电路呈电阻性。电感和电容的无功功率正好互相补偿，这种电路状态称为串联谐振。

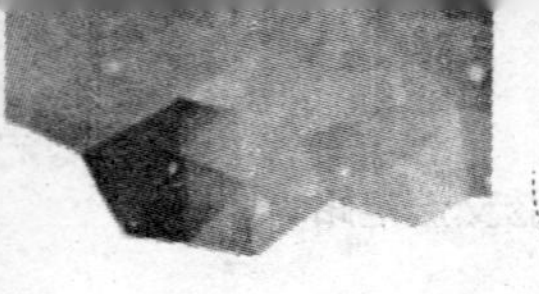

工程应用

收音机收听电台就是利用了串联谐振的原理。收音机的调节旋钮能调节一个可变电容器的电容量（见图 3—31），通过调节电容量使电容的容抗与电感的感抗相等，此时发生谐振，对某个频率的电台信号的阻抗最小，则该电台的信号被收音机接收进来，而其他信号未发生谐振，阻抗很大，就被抑制掉了。

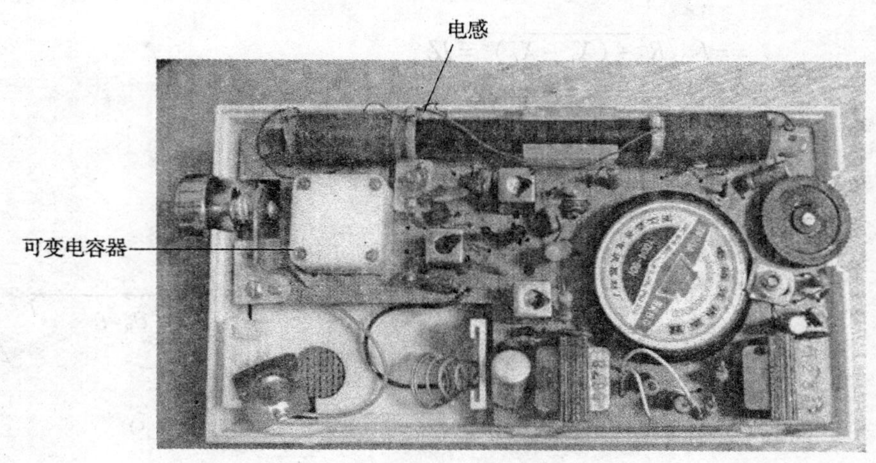

图 3—31　收音机电路板

2. 功率

（1）有功功率

RLC 串联电路的有功功率即为电阻消耗的功率，即：$P=U_{\mathrm{R}}I=UI\cos\varphi$

（2）无功功率

由于电感和电容两端的电压任何时刻都是反相的，所以电感和电容瞬时功率符号也是相反的，当电感吸收能量时，电容释放能量；电容吸收能量时，电感释放能量，所以电路的无功功率为电感和电容上的无功功率之差，即

$$Q=Q_{\mathrm{L}}-Q_{\mathrm{C}}=U_{\mathrm{L}}I-U_{\mathrm{C}}I=I^2(X_{\mathrm{L}}-X_{\mathrm{C}})=UI\sin\varphi$$

（3）视在功率

视在功率即电源输出功率 $S=UI$。

负载消耗的功率要视实际运行中负载的性质和大小而定。视在功率 S 与有功功率 P 和无功功率 Q 的关系为

$$S=\sqrt{P^2+Q^2},P=S\cos\varphi,Q=S\sin\varphi$$

$\cos\varphi=\dfrac{P}{S}$ 称为功率因数，表示电源功率被利用的程度。

例 5　已知线圈的电阻 $R=4\ \Omega$，感抗 $X_L=3\ \Omega$，该线圈与一容抗 $X_C=6\ \Omega$ 的电容器串联，电源电压为 $u=220\sqrt{2}\sin(314t+45°)$ V，求：

（1）电路的阻抗。

（2）电路的电流 i。

（3）U_R、U_L、U_C。

（4）电路的有功功率、无功功率和视在功率。

解　（1）$Z=\sqrt{R^2+(X_L-X_C)^2}=\sqrt{4^2+(3-6)^2}=5\ (\Omega)$

（2）$I=\dfrac{U}{Z}=\dfrac{220}{5}=44\ (\text{A})$

因 $X_C>X_L$，电路为容性，

$\tan\varphi=\dfrac{X_L-X_C}{R}=\dfrac{3-6}{4}=-\dfrac{3}{4}$

$\varphi=-37°$

所以　$i=44\sqrt{2}\sin(314t-37°)$（A）

（3）$U_R=IR=44\times4=176$（V）

$U_L=IX_L=44\times3=132$（V）

$U_C=IX_C=44\times6=264$（V）

（4）电路的有功功率：$P=I^2R=44^2\times4=7\ 744$（W）

无功功率：$Q=I^2(X_L-X_C)=44^2\times(6-3)=5\ 808$（var）

视在功率：$S=IU=44\times220=9\ 680$（V·A）

§3—7　并联电路

一般常见的并联电路是电感线圈（等效为 RL 串联电路）与电容的并联电路，电子技术中的并联谐振电路就属于这种电路，如图 3—32 所示。

一、电流与电压的关系

图 3—32 中两支路的端电压为同一电压，故以电压为参考量，即

$$u=U_m\sin\omega t$$

线圈支路中的电流及其相位角为

$$I_1=\frac{U}{Z_1}=\frac{U}{\sqrt{R^2+X_L^2}},\varphi_1=\arctan\frac{X_L}{R}$$

电容支路中的电流及其相位为

$$I_2=\frac{U}{X_C}，\dot{I}_2 超前 \dot{U}90°$$

根据基尔霍夫定律有 $i=i_1+i_2$

总电流与各支路电流的相量关系为 $\dot{I}=\dot{I}_1+\dot{I}_2$

根据图 3—33 所示相量图

可得 $I_R=I_1\cos\varphi_1$，$I_L=I_1\sin\varphi_1$

总电流的大小 $I=\sqrt{(I_1\cos\varphi_1)^2+(I_1\sin\varphi_1-I_2)^2}$

总电流相量滞后总电压的角度为

$$\varphi=\arctan\frac{I_1\sin\varphi_1-I_2}{I_1\cos\varphi_1}$$

总电流 I 确定后，电路的功率可根据下式求得

$$\begin{cases}S=IU\\P=IU\cos\varphi\\Q=IU\sin\varphi\end{cases}$$

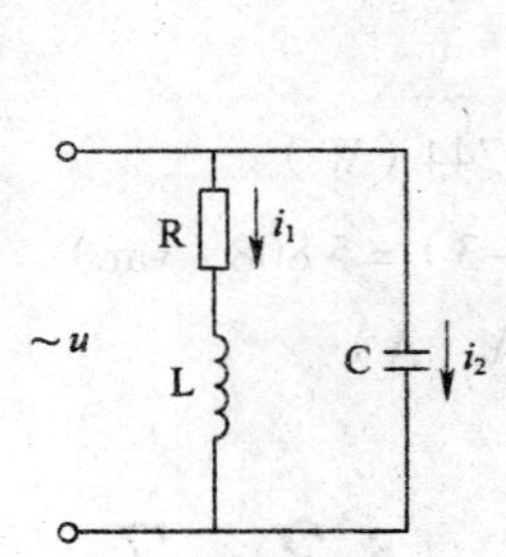

● 图 3—32　并联谐振电路

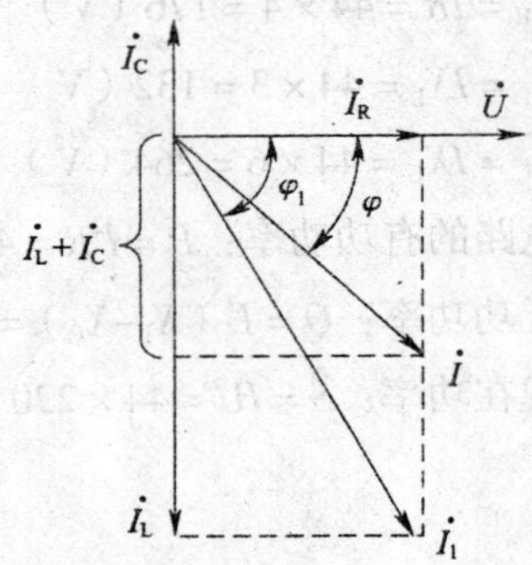

● 图 3—33　并联电路相量图

二、并联谐振

1. 并联谐振

根据公式 $\varphi=\arctan\frac{I_1\sin\varphi_1-I_2}{I_1\cos\varphi_1}$ 可以得出：当 $I_1\sin\varphi_1=I_2$ 时，$\varphi=0$，即总电流与电压同相，电路呈电阻性，这时的电路状态为并联谐振状态，简称并联谐振。并联谐振在电工电子技术中有广泛的应用。

2. 并联谐振的特点

（1）总阻抗最大，且为纯电阻性，其值为

$$Z=\frac{R^2+X_L^2}{R}$$

（2）总电流最小，且与电压同相，其值为

$$I = I_R = I_1\cos\varphi_1$$

例 6　有一感性负载，功率 $P = 20$ kW，功率因数 $\cos\varphi_1 = 0.6$，电源电压 $U = 380$ V，电源频率 $f = 50$ Hz，试求：

（1）电路中电流的大小。

（2）若并联一个 $C = 374\ \mu F$ 的电容，这时电路中的总电流、功率因数各是多少？

解　（1）电路中的电流为 $I_1 = \dfrac{P}{U\cos\varphi_1} = \dfrac{20\times10^3}{380\times0.6} \approx 87.7$（A）

（2）并联电容后，电容支路的电流为

$$I_2 = \frac{U}{X_2} = U\omega C = 380\times2\times3.14\times50\times374\times10^{-6} \approx 44.6\ (\text{A})$$

电路总电流为

$$I = \sqrt{(I_{RL}\cos\varphi_{RL})^2 + (I_{RL}\sin\varphi_{RL} - I_C)^2}$$

$$= \sqrt{(87.7\times0.6)^2 + (87.7\times\sqrt{1-0.6^2} - 44.6)^2} \approx 58.5\ (\text{A})$$

总电流滞后电压的角度为

$$\varphi = \arctan\frac{I_1\sin\varphi_1 - I_C}{I_1\cos\varphi_1} = \arctan\left(\frac{87.7\times\sqrt{1-0.6^2} - 44.6}{87.7\times0.6}\right) \approx 25.9°$$

功率因数 $\cos\varphi = \cos25.9° \approx 0.9$

可见，给 RL 电路并联电容，可减小电路的总电流，提高功率因数。

实验 4　用示波器观察正弦交流电

一、实验目的

1. 掌握示波器的使用方法。

2. 熟悉示波器面板上各控制开关、旋钮的名称和作用。

3. 利用示波器观察“标准方波信号”波形，学习测量波形振幅和周期（频率）的基本方法。

二、实验器材

1. 双踪示波器 1 台，如图 3—34 所示。

2. 低频信号发生器 1 台，如图 3—35 所示。

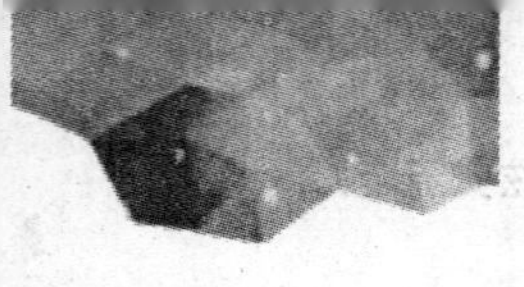

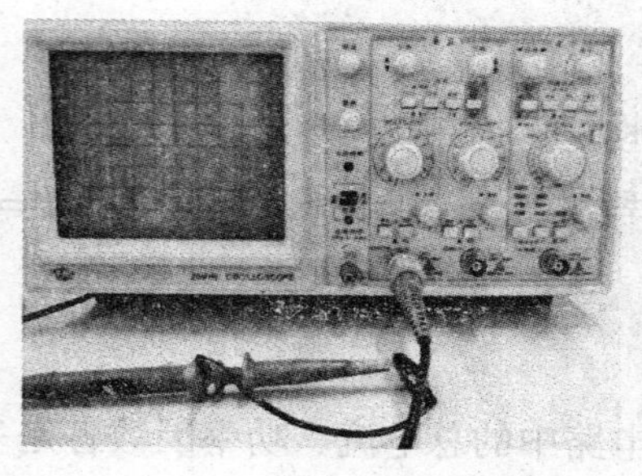

● 图 3—34　双踪示波器

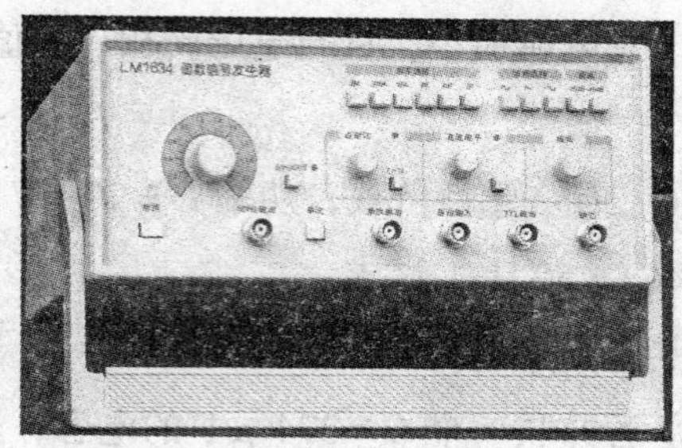

● 图 3—35　低频信号发生器

三、实验说明

示波器是一种用途广泛的电子测量仪器。它既可以定性观察电压、电流的波形，还可以定量测定信号的电压、周期、频率、相位等。

四、示波器测量原理

1. 电压的测量

如图 3—36 所示，直接从示波器屏幕上读出被测电压所占的格数 h，再换算成电压值，即 $U_m = D_Y \times h$。

式中，U_m 为被测电压的振幅（V）；D_Y 是示波器 Y 轴的偏转灵敏度（V/div）（注意将示波器输入衰减微调旋钮顺时针旋到底，置于 CAL 位置）；h 为被测电压最大值所占格数（div），通常 1 div 的长度等于 1 cm。

例如，若输入通道垂直衰减开关的灵敏度置于 2 V/div 挡，屏幕上显示被测电压最大值的高度为 2 div，则

电压的最大值为 $U_m = 2\ \text{div} \times 2\ \text{V/div} = 4\ \text{V}$

电压的有效值为 $U = \dfrac{U_m}{\sqrt{2}} = \dfrac{4}{\sqrt{2}}\ \text{V} \approx 2.83\ \text{V}$

2. 周期和频率的测量

如图 3—37 所示，直接从示波器屏幕上读出被测信号一个周期所占的格数，再换算成周期值，即 $T = D_x \times h$。

式中，T 为被测信号的周期；D_x 为示波器扫描速度开关的偏转灵敏度（注意：将扫描速度微调旋钮置于 CAL 位置）；h 为被测信号一个周期所占的格数。

例如，若扫描速度开关的偏转灵敏度置于 0.2 ms/div 挡，屏幕显示被测信号一个周期所占的格数为 5 div，则周期和频率分别为 $T = 0.2\ \text{ms/div} \times 5\ \text{div} = 1.0\ \text{ms}$，$f = 1/T = 1\,000\ \text{Hz}$。

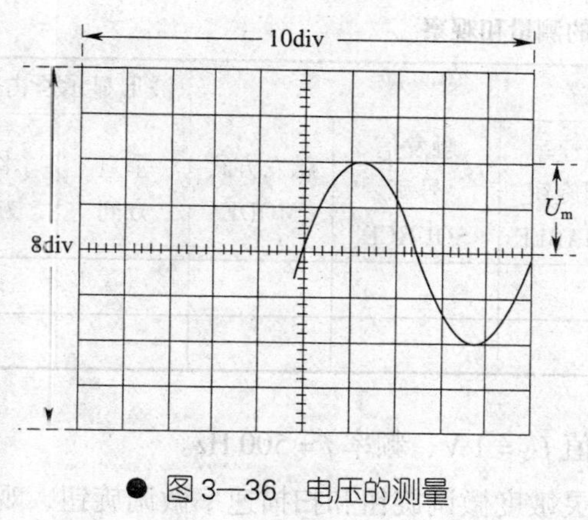

● 图 3—36 电压的测量

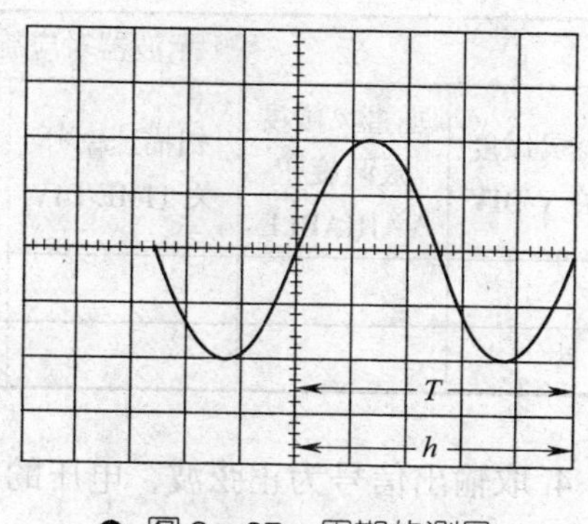

● 图 3—37 周期的测量

五、实验步骤

1. 熟悉示波器面板上各旋钮的作用，调出一条清晰的水平扫描基线。

2. 观察示波器 CAL 端子输出的标准方波信号波形，将观察到的信号波形定量画在坐标纸上，并计算出该方波信号的周期、频率和方波信号的峰 - 峰值 $U_{p\text{-}p}$。

3. 参考图 3—38 接线。调节信号发生器，使输出为正弦波信号，输出电压的有效值 U_s 和频率 f 按表 3—1 取值，用示波器观察 u_s 波形，在示波器上显示一个或多个稳定的信号波形，并将有关参数记录在表 3—2 中。

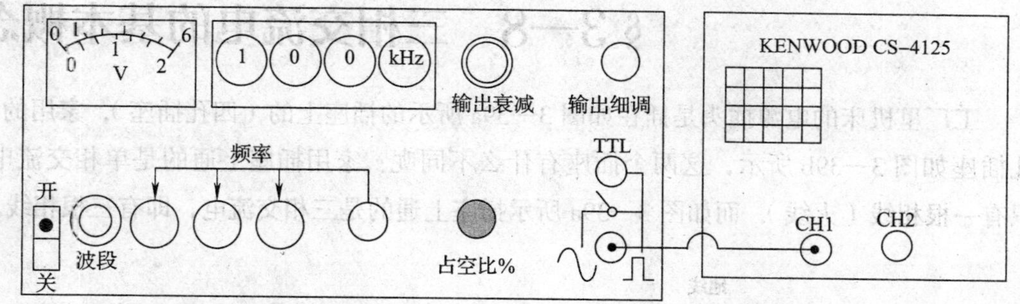

● 图 3—38 信号源与示波器的连接

表 3—1 **正弦波输出电压和频率**

电源电压	4 V	1 V
输出信号频率	100 Hz	2 kHz
信号源输出衰减	0 dB	10 dB

表 3—2　　电压波形的测量和观察

示波器对应旋钮位置						波形显示所占格数	
垂直灵敏度开关 V/DIV	垂直灵敏度微调旋钮 VARIABLE	扫描速率开关 TIME/DIV	扫描速率微调旋钮 VARIABLE	触发信号源 SOURCE	触发方式 MODE	垂直方向	水平方向

4. 取输出信号为正弦波，电压的有效值 $U_s = 1$ V、频率 $f = 500$ Hz。

（1）顺时针改变触发电平旋钮、垂直灵敏度微调旋钮和扫描速率微调旋钮，观察波形的变化，用文字叙述变化过程。

（2）逆时针改变触发电平旋钮、垂直衰减微调旋钮和扫描速率微调旋钮，观察波形的变化，用文字叙述变化过程。

（3）改变触发极性，观察波形的变化，用文字叙述变化过程。

六、实验报告

1. 填写实验表 3—2。
2. 写出实验步骤 4 的观察结果。

§3—8　三相交流电的基本概念

工厂里机床的电源插头是插在如图 3—39a 所示的插座上的（四孔插座），家用的两孔插座如图 3—39b 所示，这两个插座有什么不同呢？家用插座上通的是单相交流电，只有一根相线（火线），而如图 3—39a 所示插座上通的是三相交流电，即有三根相线。

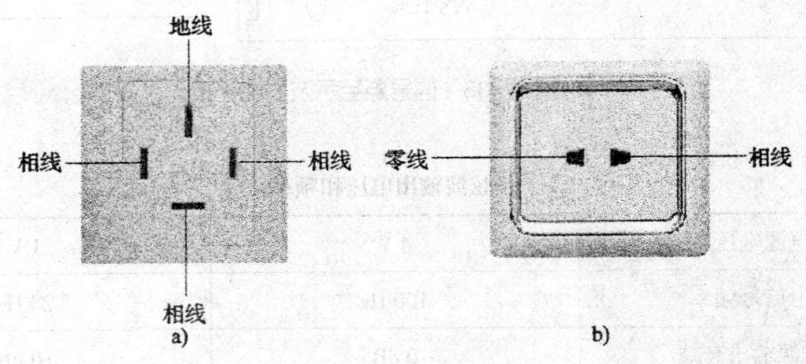

图 3—39　插座面板

a）三相插座　b）单相插座

一、三相交流电的产生

三相交流发电机的结构示意图如图 3—40 所示，它主要由定子和转子组成。转子是电磁铁，定子有三个绕组（U1U2、V1V2 和 W1W2），它们在空间位置上彼此相隔 120°，转子在原动机带动下以角速度 ω 做匀速转动时，三相定子绕组切割磁感线，产生三个对称的正弦交流电动势。三个正弦交流电动势的最大值相等，频率相同，相位彼此相差 120°，其解析式如图 3—41a 所示，波形图如图 3—41b 所示。

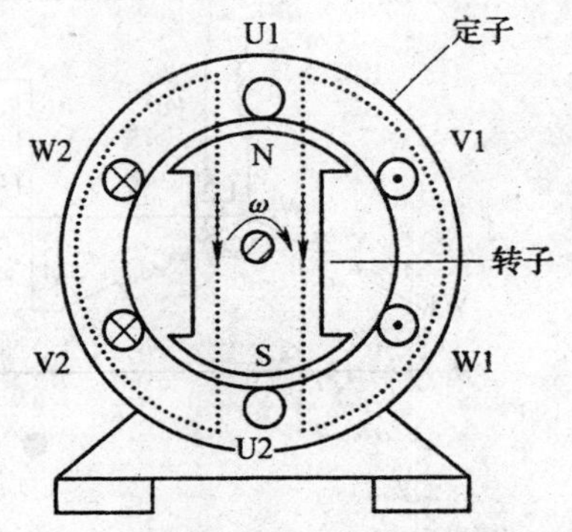

● 图 3—40　三相交流发电机结构示意图

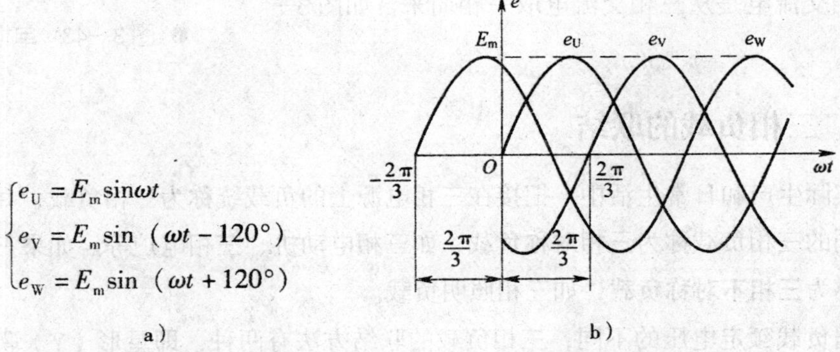

● 图 3—41　三相交流电的解析式和波形图

a）解析式　b）波形图

三个交流电动势到达最大值（或零）的先后顺序称为相序。如按 U → V → W → U 的次序循环为正序；按 U → W → V → U 的次序循环则称为负序。

二、三相四线制

发电机的每个绕组各接上一个负载，就得到三个独立的单相电路，构成三相六线制，由于需要六根导线，很不经济。目前在低压供电系统中多采用三相四线制供电，如图 3—42 所示。

将发电机三个绕组的末端连在一起，成为一个公共点（称为中性点），从中性点引出一条输电线，称为中性线，简称中线，用 N 表示。中性线通常与大地相连，称为零线。

从发电机三个绕组的始端引出的输电线，称为相线，俗称火线，用 L1、L2、L3 表示。

三相四线制供电可送出两种电压，一种是相线与相线之间（如 L1、L2、L3 之间）的电压，称为线电压，分别为 u_{UV}、u_{VW}、u_{WU}；另一种是相线与零线之间（如 L1、L2、L3

与 N 之间）的电压，称为相电压，分别为 u_U、u_V、u_W。

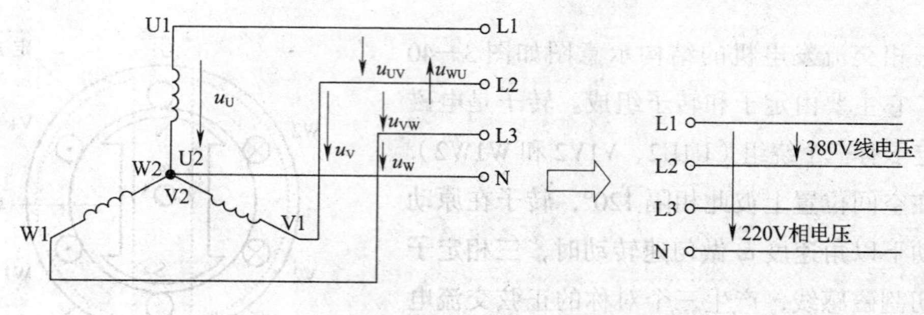

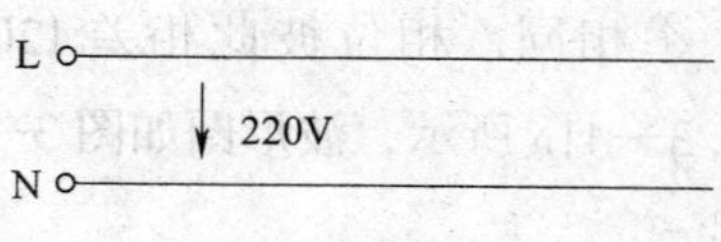

图 3—42　三相四线制电路

这两种电压在大小上的关系是 $U_{线} = \sqrt{3}\, U_{相}$，$U_{线} =$ 380 V，$U_{相} = 220$ V。

单相交流电是从三相交流电取一相而来，如图 3—43 所示。

L
220V
N

图 3—43　单相交流电

三、三相负载的联结

在实际生产和日常生活中，把接在三相电源上的负载统称为三相负载，并且把各相负载相同的三相负载称为**三相对称负载**，如三相电动机、三相电炉等。如果三相负载不同，则称为**三相不对称负载**，如三相照明负载。

根据负载额定电压的不同，三相负载的联结方法有两种，即星形（Y）联结和三角形（△）联结。其目的是使负载实际承受的电压等于负载的额定电压。

1. 三相负载的星形（Y）联结

将三相负载分别接在三相电源的一根相线与中线（零线）之间的接法称为星形（用“Y”标记）联结。

由图 3—44 可看出，负载两端电压等于电源的相电压，电源的线电压为负载相电压的 3 倍，$U_{Y线} = \sqrt{3}\, U_{Y相}$。

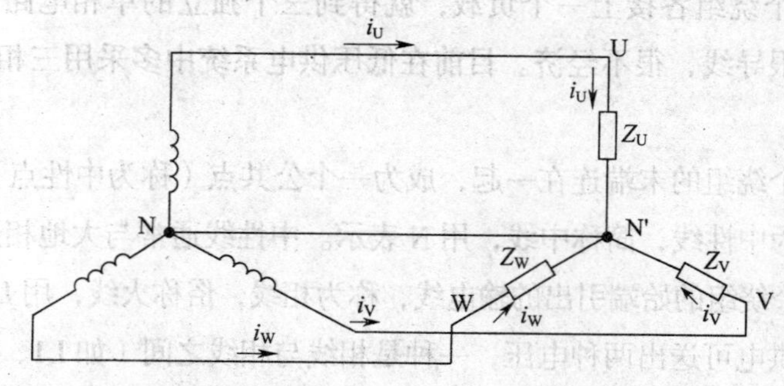

图 3—44　三相负载的星形联结

三相电路中，流过每根相线的电流叫线电流，流过每相负载的电流叫相电流，流过中线的电流叫中线电流，在星形（Y）联结中，线电流等于相电流，即：$I_{Y线}=I_{Y相}$。

中线是不允许断开的。通常在高压输电时，由于三相负载都是对称的三相变压器，所以都采用了三相三线制，而在低压供电系统中，由于三相负载经常变动（如照明电路中的灯具经常要开和关），是不对称负载，这时，只有当中线存在时，才能保证三相电路成为三个互不影响的独立回路，不会因负载的变动而相互影响。当中线断开后，各相电压不再相等。计算和实际测量都证明，阻抗较小的相电压低，阻抗大的相电压高，这可能烧坏接在相电压升高线路的电器。所以在三相负载不对称的低压供电系统中，**不允许在中线上安装熔断器和开关**，而且中线常用钢丝制成，以加强其力学强度，避免中线断开引起事故。

2. 三相负载的三角形联结

将三相负载分别接在三相电源的每两根相线之间的接法称为三角形联结（常用“△”标记），如图 3—45 所示。

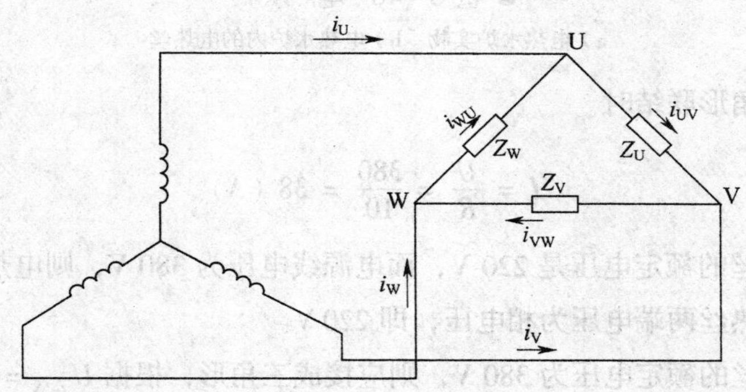

● 图 3—45　三相负载的三角形联结

由于各相负载是接在两根相线之间的，因此负载的相电压和电源的线电压大小相等，即

$$U_{△线}=U_{△相}$$

线电流与相电流的大小关系是：$I_{△线}=\sqrt{3}\,I_{△相}$

例 7　电热水炉（见图 3—46a）利用炉膛内的电热丝（见图 3—46b）来加热注入的冷水，该电热水炉接在线电压为 380 V 的三相电源中，电热丝的电阻为 10 Ω。求：

（1）试分别计算电热丝作星形和三角形联结时的相电流。

（2）若电热丝的额定电压是 220 V，应该接成什么形式的联结？

（3）若电热丝的额定电压为 380 V，又该接成什么形式的联结？

解　（1）电热丝作星形联结时

$$I=\frac{U}{R}=\frac{220}{10}=22\ (\text{A})$$

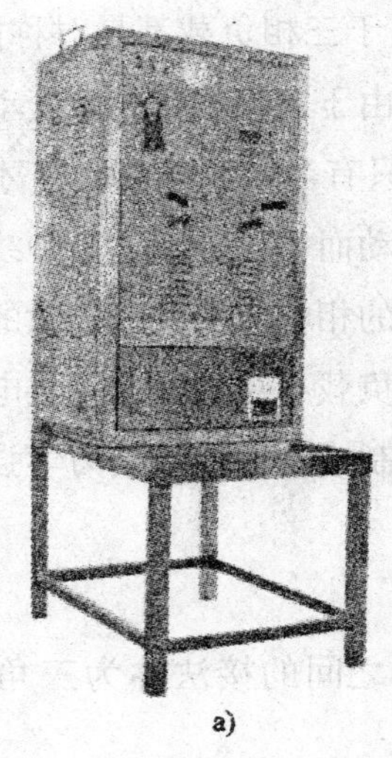

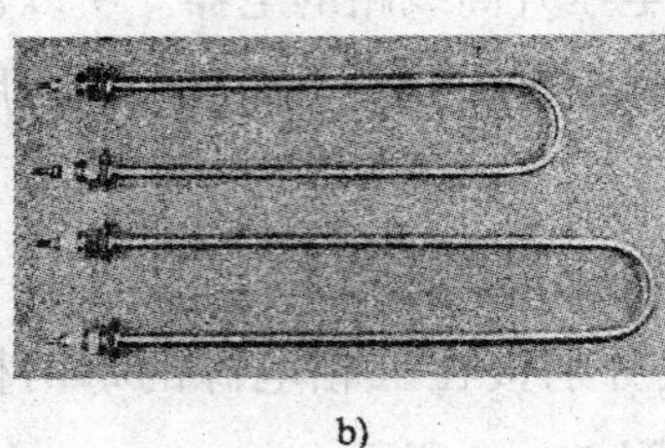

a)　　b)

● 图 3—46　电热水炉

a）电热水炉实物　b）电热水炉内的电热丝

电热丝作三角形联结时

$$I=\frac{U}{R}=\frac{380}{10}=38\ (\text{A})$$

（2）若电热丝的额定电压是 220 V，而电源线电压为 380 V，则电热丝应接成星形。因为此时每个电热丝两端电压为相电压，即 220 V。

（3）若电热丝的额定电压为 380 V，则应接成三角形，根据 $U_{\triangle线}=U_{\triangle相}$，电热丝两端电压为 380 V。

§ 3—9　安全用电常识

电能的广泛应用，给人类生产和生活带来了极大的方便，但是如果使用不当，就会危及人身安全和设备安全（见图 3—47），甚至造成大面积的停电事故或引发火灾。因此学习安全用电知识是十分重要的。

● 图 3—47　触电事故

案例：某工厂有一位操作工人，在生产过程中碰到一台漏电的电动机外壳而意外身亡。后来调查事故时发现该工厂存在严重的安全问题，比如电动机未采用保护接地，工厂内未安装漏电保护器等。

该案例中，由于工厂管理人员缺乏安全用电常识，造成了人身死亡的重大事故。

触电事故往往发生得很突然，且在极短时间内就会造成严重的后果。因此，要防止触电事故的发生，操作人员应严格遵守各种电气设备的操作规程和操作步骤，同时在生产中须采取必要的安全措施。

要避免触电，首先要了解哪些情况会造成触电。

一、触电类型

1. 单相触电

人站在大地上，人体触及一根相线（或漏电的电气设备），而电源中性点是接地的，此时电流通过人体流入大地，人体承受的电压是相电压 220 V（见图 3—48）。

2. 两相触电

人体同时触及两根相线，此时电流从一根相线通过人体流到另一根相线，作用于人体的电压是线电压 380 V，危险性比单相触电更大（见图 3—49）。

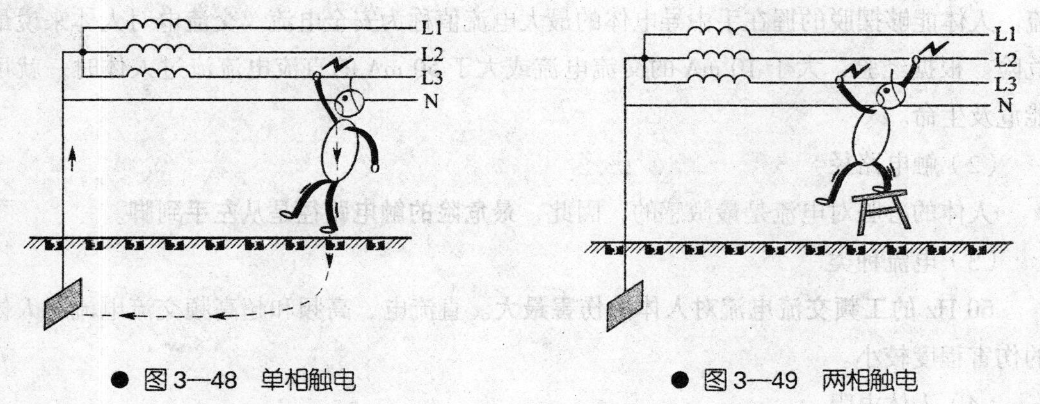

● 图 3—48　单相触电　　● 图 3—49　两相触电

3. 跨步电压触电

在高压导线断落掉地处，在大地周围形成电场（见图 3—50），当人走进电场区域，两脚踩在 A、B 两点时，由于 A、B 的电场强度不同，便形成**跨步电压**。因此，发现高压线掉落地面时应尽量不要靠近；若误入该区域，应双脚并拢或单脚跳离，以避免形成跨步电压。

二、安全电流与电压

触电给人造成的伤害程度不尽相同，有时候人只是感觉手麻了一下，有时候却是致命的，那么影响人体触电受伤害程度的因素有哪些呢？

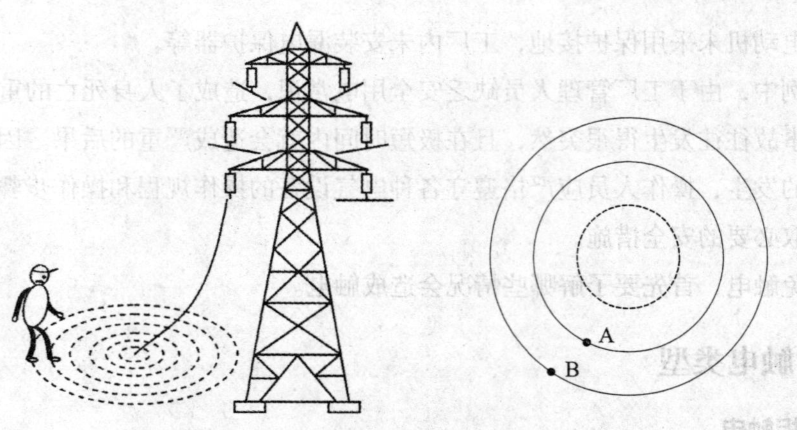

● 图 3—50　跨步电压触电

1. 影响人体触电受伤害程度的因素

（1）电流的大小和持续的时间

触电电流越大，持续的时间越长，对人体的伤害越严重。

按照电流通过人体的不同生理反应，触电电流可分为感知电流、摆脱电流和致命电流。人体能够摆脱的握在手中导电体的最大电流值称为安全电流。交流电对人体来说最危险。根据经验，大于 10 mA 的交流电流或大于 50 mA 的直流电流流过人体时，就可能危及生命。

（2）触电路径

人体的心脏对电流是最敏感的，因此，**最危险的触电路径是从左手到脚**。

（3）电流种类

50 Hz 的工频交流电流对人体的伤害最大。直流电、高频和超高频交流电流对人体的伤害程度较小。

（4）人体电阻

触电时流过人体的电流取决于作用于人体的电阻和人体的电压。影响人体电阻的因素很多，其中皮肤越潮湿，人体电阻越小。

2. 安全电压

加在人体上一定时间内不致造成伤害的电压称为安全电压。通常规定**交流 36 V 及以下、直流 48 V 及以下为安全电压**。在有较高触电危险的场合按要求应全部使用安全电压，例如，机床的照明灯、小型手持电动工具、普通移动式照明灯具等都使用 36 V 电压，在潮湿、高温、有导电尘埃环境中应使用 12 V 电压等。

我国把安全电压的额定值分为 42 V、36 V、24 V、12 V 和 6 V 共五个等级。

三、防止触电的技术措施

防止触电的技术措施主要有采用**保护接地、保护接零和漏电保护器**。

1. 保护接地

将电气设备的金属外壳与大地可靠地连接，称为保护接地（见图 3—51）。它适用于 1 kV 以下中性点不接地的三相供电系统。

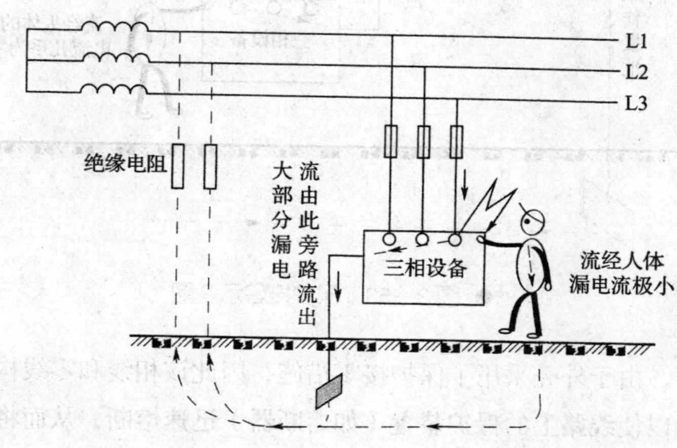

● 图 3—51　保护接地示意图

当人体触及带电的外壳时，人体相当于接地电阻的一条并联支路，由于人体电阻远远大于接地电阻，所以通过人体的电流很小，从而避免了触电事故。

各种电气设备上都会采用保护接地，比如计算机电源线插头的最上面一个电极就是接地极（见图 3—52）。

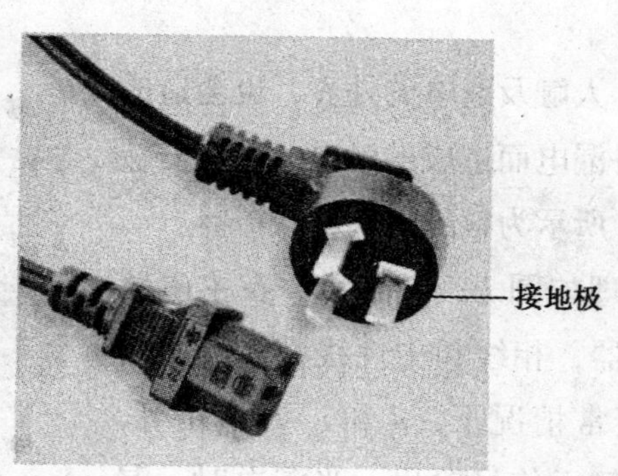

● 图 3—52　计算机电源线

2. 保护接零

将电气设备在正常情况下不带电的外露导电部分与供电系统中的零线相接，称为保护接零（见图 3—53）。保护接零适用于中性点直接接地的三相供电系统。

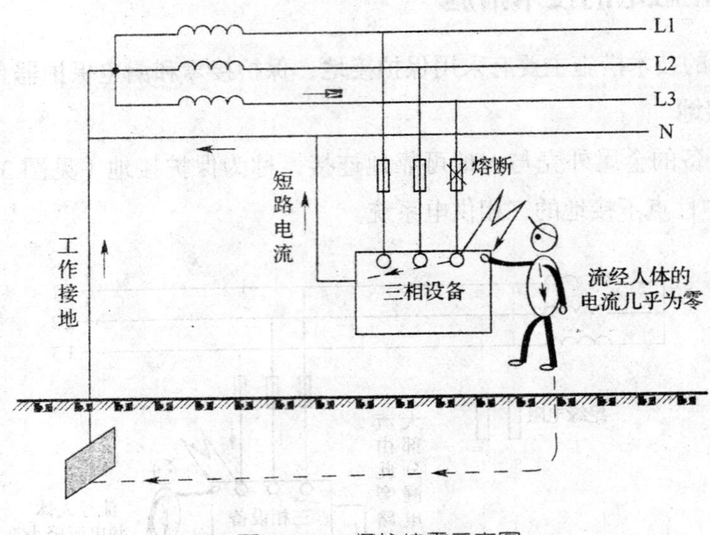

● 图 3—53　保护接零示意图

外壳带电时，由于外壳采用了保护接零措施，因此该相线和零线构成回路，单相短路电流很大，足以使线路上的保护装置（如熔断器）迅速熔断，从而将漏电设备与电源断开，避免人身触电的可能性。

采用保护接零须注意以下几点：

（1）保护接零只能用在中性点接地的三相四线制供电系统中。

（2）保护零线上禁止安装熔断器和开关。

（3）接零保护系统中的所有电气设备的金属外壳都要接零，绝不可以一部分接零，一部分接地。

3. 漏电保护器

当电气设备漏电时，人触及漏电的外壳，也会造成触电事故。为了防止设备漏电而造成的触电，需要安装漏电保护器。如图 3—54 所示为常用的漏电保护器。

● 图 3—54　漏电保护器实物

漏电保护器工作原理如图 3—55 所示。在主电路上接一个零序电流互感器，相线和中性线都从互感器环形铁芯窗口穿过。正常情况下，i_1 和 i_N 大小相等，方向相反，互感器二次侧无信号输出；当漏电时，漏电流 i_R 经人体到地形成回路，i_1 和 i_N 不再相等，互感器二次侧就会输出信号，此信号经放大后驱动脱扣线圈，使脱扣开关动作，切断电源。按下漏电保护器上的试验开关可以产生一个模拟的漏电流，用以检验脱扣开关动作是否可靠。

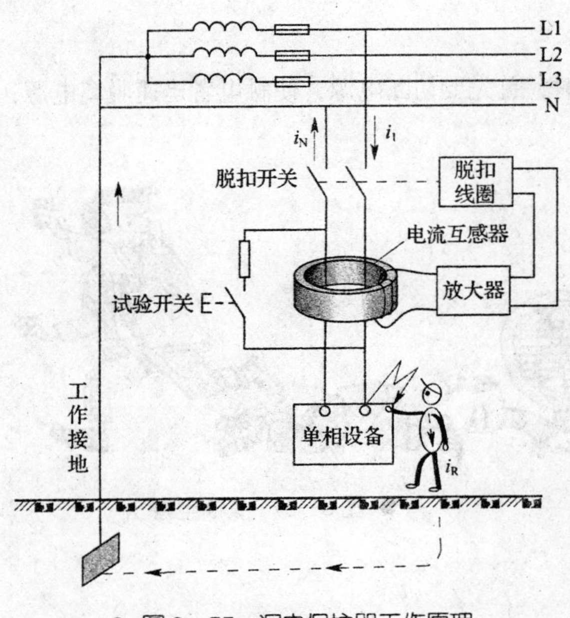

● 图 3—55　漏电保护器工作原理

一般家用热水器的插头都带有漏电保护器，如图 3—56 所示。

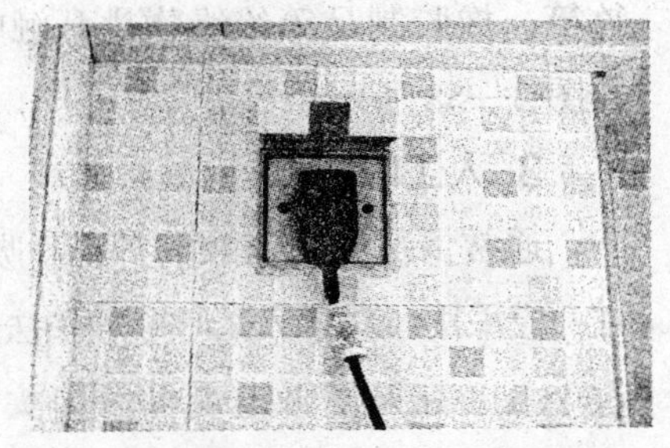

● 图 3—56　热水器的插头

四、安全用电注意事项

1. 判断电线或用电设备是否带电，必须用验电器，绝不允许用手触摸。

2. 在检修电气设备或更换熔体时，应切断电源，并在开关处设置“禁止合闸”的标志。

3. 根据需要选择熔断器的熔丝直径，严禁用铜丝代替熔丝。

4. 安装照明线路时，开关和明装插座离地面一般不低于 1.3 m，暗装插座离地面一般不低于 0.3 m。不要用湿手去摸开关、插座、灯头等，也不要用湿抹布去擦灯泡。

5. 在电力线路附近，不要安装电视机的天线，不要放风筝和打鸟，更不能向电线、绝缘子和变压器上扔物品。在带电设备周围严禁用钢板尺、钢卷尺进行测量工作。

6. 发现电线或电气设备起火，应迅速切断电源，在带电状态下，绝不能用水或泡沫灭火。

五、触电急救

发现身边有人触电时，应采取正确的急救措施。

1. 切断电源

发生触电事故时，首先要切断电源，使触电者迅速脱离电源，如图 3—57 所示。

● 图 3—57 切断电源

2. 挑开电线

若电线压在触电者身上，可以利用干燥木棍、竹竿、橡胶制品等绝缘物挑开触电者身上的电线，如图 3—58 所示。

● 图 3—58 用干燥的木棍挑开触电者身上的电线

3. 人工呼吸

通常情况下，当触电者无呼吸，但是仍有心跳时，应采用口对口人工呼吸救护法进行救治。

（1）首先使触电者仰卧，头部尽量后仰并迅速解开触电者的衣服、腰带等，使触电者的胸部和腹部能够自由扩张。

（2）除去口腔中的黏液、食物、假牙等杂物。

（3）救护者深吸一口气，紧贴触电者的嘴巴大口吹气，然后救护者换气，放开触电者的嘴鼻，使触电者自主呼气。如此反复进行上述操作，吹气时间为 2 ~ 3 s。

4. 胸外按压

（1）按压位置。右手的食指和中指沿触电者的右侧肋骨下缘向上，找到肋骨和胸骨接合处的中点。

（2）两手指并齐，中指放在切迹中点（剑突底部），食指平放在胸骨下部。另一只手的掌根紧挨食指上缘，置在胸骨上，即为正确按压位置。胸外按压与口对口（鼻）人工呼吸同时进行，其节奏为：单人抢救时，每按压 15 次后吹气 2 次（15 ：2），反复进行；双人抢救时，每按压 5 次后另一人吹气 1 次（5 ：1），反复进行（见图 3—59）。

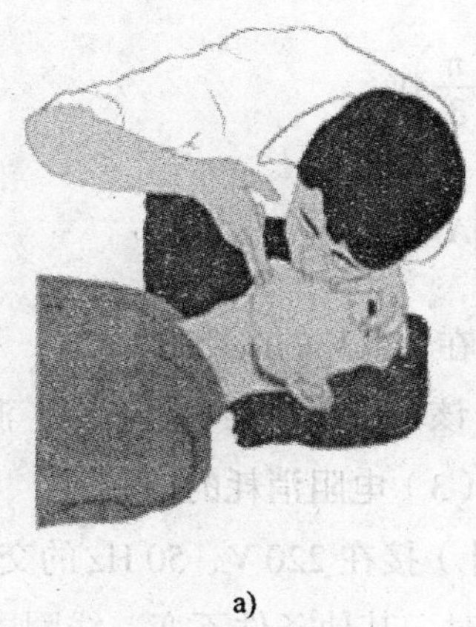

a)

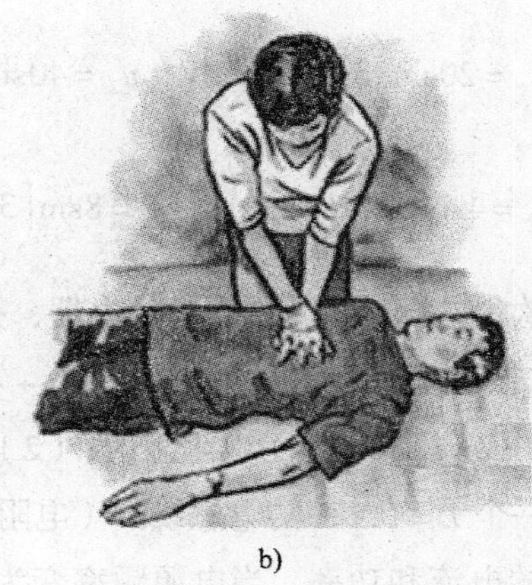

b)

● 图3—59　触电急救

a）人工呼吸　b）胸外按压

六、计算机的安全用电注意事项

1. 在计算机使用较集中的地方，应为计算机线路提供单独的供电系统，与照明电路和其他电路分开。

2. 装设专用计算机接地线，以免机壳漏电对使用者产生伤害。

3. 计算机线路的供电线及网线应外套 PVC 管，埋在地下或者从墙上通过，防止线路磨损造成安全隐患。

4. 计算机使用较集中的地方，应当配备二氧化碳灭火器，并放置在醒目位置。

5. 在停止使用计算机时，应当首先关闭计算机和显示器，再切断总电源。

6. 计算机在使用过程中发生停电、断电事故，应当及时切断计算机电源，故障排除后才可正常使用。

7. 计算机网络系统的设备间和管理间安装的机柜必须可靠接地。

8. 不要将笔记本电脑放在棉被、沙发等柔软的布料上使用，以免因笔记本电脑散热不良而造成火灾。

9. 尽量避免将笔记本电脑直接放在腿上使用，以免可能出现的灼伤事故。

10. 暂时离开或停止使用笔记本电脑时务必切断充电电源。

习　题

1. 一个电热器接在 10 V 的直流电源上，产生一定大小的热功率。把它改接在交流电源上，要产生相同的热功率，则交流电源电压的最大值是多少？

2. 分别画出下列两组正弦量的相量图。

（1）$u_1=20\sin\left(314t+\frac{\pi}{6}\right)$V，$u_2=40\sin\left(314t-\frac{\pi}{3}\right)$V

（2）$i_1=4\sin\left(314t+\frac{\pi}{2}\right)$A，$i_2=8\sin\left(314t-\frac{\pi}{2}\right)$A

3. 若购得一台耐压为 300 V 的电器，是否可接在 220 V 的线路上？

4. 已知某电压 $u=200\sqrt{2}\sin(314t+45°)$ V，该电压接在某电阻两端，测得流过电阻的电流 I=2A，求：（1）电阻阻值；（2）电流 i；（3）电阻消耗的功率。

5. 有一个 L = 0.5 H 的电感线圈（电阻忽略不计）接在 220 V、50 Hz 的交流电源上，求线圈中的电流和功率。当电源频率变为 100 Hz 时，其他条件不变，线圈中的电流和功率又是多少？

6. 将一纯电感接入电压 $u=100\sqrt{2}\sin(314t+45°)$ V 的交流电路上，测得流过电感的电流为 I=2 A，求：（1）电感的感抗 X_L；（2）电感的电感量 L；（3）电流的瞬时表达式。

7. 将某电容器接在 220 V 的工频交流电源上，通过它的电流为 1.1 A，求：（1）电容器的容抗；（2）电容器的电容量；（3）无功功率。

8. 如题图 3—1 所示，三个电路中的交流电源和灯泡是相同的，灯泡都能发光，哪个电路的灯泡亮度最大？哪个电路的灯泡最暗？为什么？

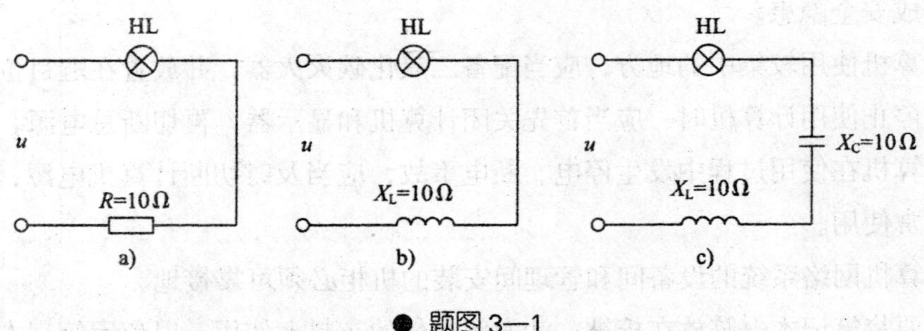

● 题图 3—1

9. 一个线圈和一个电容串联接在交流电路中，已知线圈的电阻 $R=4\ \Omega$，$X_L=15\ \Omega$，$X_C=7\ \Omega$，电源电压 $u=220\sqrt{2}\sin(314t+30°)$ V，求：

（1）电路的阻抗。

（2）电流的有效值。

（3）有功功率、无功功率和视在功率。

10. 常见的触电方式有哪些？

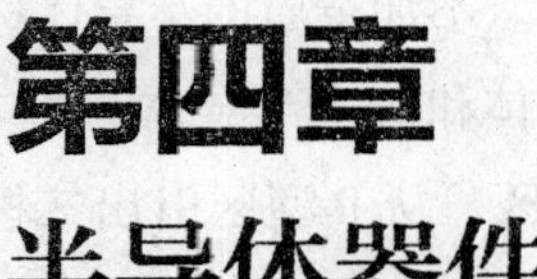

第四章 半导体器件

半导体器件是利用半导体材料的特殊电特性来完成特定功能的电子器件，具有体积小、质量小、使用寿命长、输入功率小、功率转换效率高等优点，在电子电路中得到了广泛的应用。常用的半导体器件有二极管、三极管和场效应晶体管等。

§4—1 晶体二极管

在日常生活和生产中经常会用到交通信号灯、路由器指示灯、计算机测试卡等，这些产品都离不开晶体二极管，如图4—1所示。晶体二极管也称**半导体二极管**，简称**二极管**，是电子电路中最基本的半导体器件。它的用途广泛，可用来产生、控制、接收、变换信号和进行能量转换等。

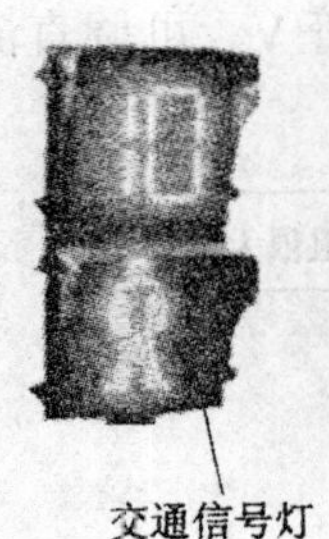

交通信号灯

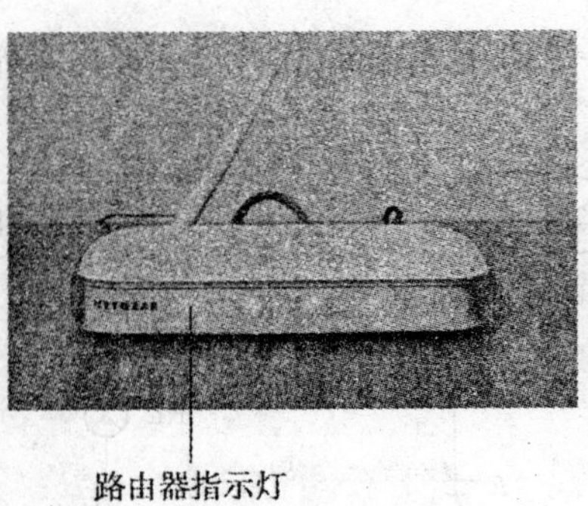

路由器指示灯

计算机测试卡中的二极管

● 图4—1 二极管在实际中的应用

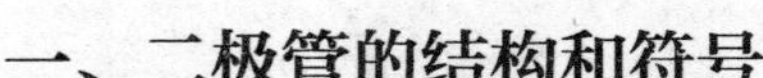

一、二极管的结构和符号

二极管是由半导体材料硅（Si）、锗（Ge）及其化合物制成的器件。所谓半导体材料是指导电性能介于导体和绝缘体之间的物质，常见的有硅和锗。不加杂质的半导体称为本征半导体，在本征半导体中加入不同杂质，能形成 P 型半导体和 N 型半导体。

晶体二极管是在硅或者锗单晶基片上加工出 P 型区和 N 型区，从 P 型区引出二极管的正极，从 N 型区引出二极管的负极，两个区域之间有个结合部，它是一个特殊的薄层，称为 PN 结。二极管的内部其实就是一个用硅或者锗材料制造的 PN 结，晶体二极管的结构和图形符号如图 4—2 所示，正极用符号“A”表示，负极用符号“K”表示。

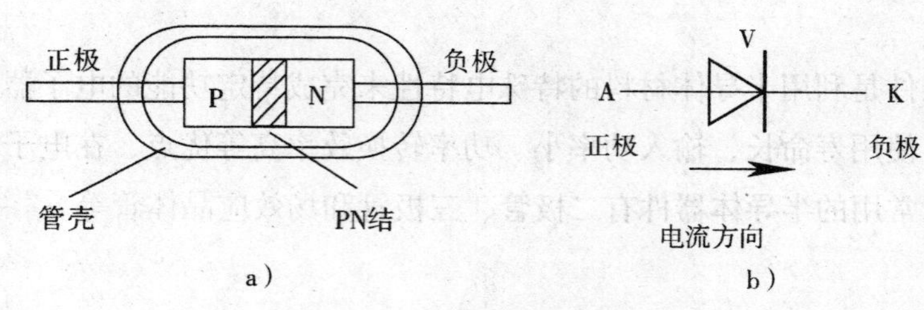

● 图 4—2　二极管的结构和图形符号

a）二极管的结构　b）二极管的图形符号

二、二极管的工作特点及主要参数

1. 二极管的工作特点

（1）二极管的单向导电性

二极管的导电性能可以用如图 4—3 所示的实验来说明。把二极管 V、可调直流稳

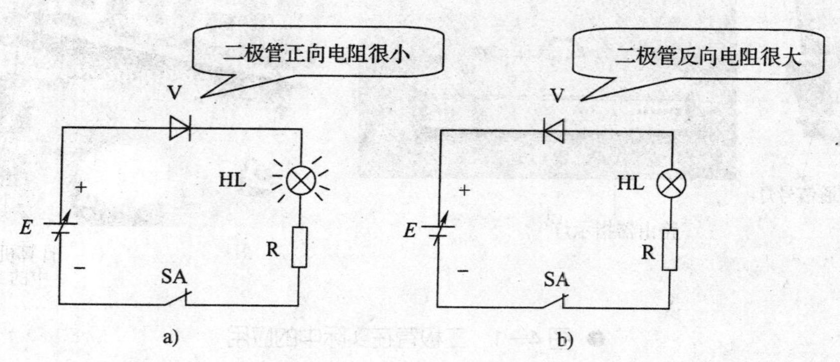

● 图 4—3　二极管的导电性能实验

a）二极管正向导通状态　b）二极管反向截止状态

压电源、开关 SA、限流电阻 R 和指示灯 HL 按照图 4—3a 用导线连接后，闭合开关观察指示灯的状态是亮还是不亮。然后把二极管的正负极对调，如图 4—3b 所示，闭合开关后，再观察指示灯的状态是亮还是不亮。

提示

二极管具有单向导电性，即二极管加正向电压时导通，加反向电压时截止。

（2）二极管的伏安特性曲线

1）正向特性。二极管正极电位高于负极电位，称为正向偏置（简称正偏）。如图 4—4 所示，在起始阶段 Oa 段，外加正向电压很小，二极管呈现很大的电阻，正向电流很小，二极管几乎不导通。将这个正向电压很小的范围称为**死区**，相应的电压称为**死区电压**。使二极管开始导通的临界电压称为**开启电压**或**门坎电压**，通常用 U_{on} 表示，硅管的开启电压 U_{on} 约为 0.5 V，而锗管的开启电压 U_{on} 为 0.1 ~ 0.2 V。

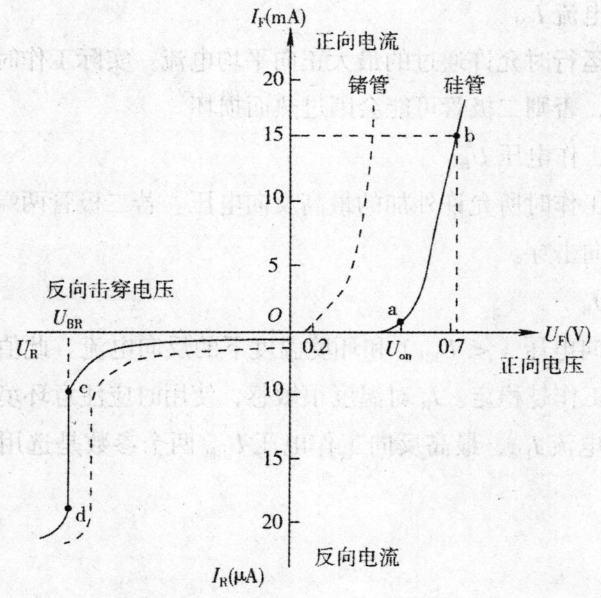

● 图 4—4 二极管的伏安特性曲线

当外加正向电压超过 U_{on} 值以后，正向电流迅速增大，二极管电阻变得很小，这时二极管处于正向导通状态，对应曲线中的 ab 段，ab 段曲线较陡直。二极管正向导通时，硅管的正向压降为 0.7 V 左右，锗管的正向压降为 0.3 V 左右。

想一想

如果硅二极管两端加了 0.3 V 的正向电压，它是不是就导通了？

扫描二维码
查看参考答案

2）反向特性。二极管正向电位低于负极电位，称为反向偏置（简称反偏）。在反向起始的一段范围内（Oc），只有很小的反向电流，称为反向饱和电流或反向漏电流，Oc 段称为截止区。对于小功率硅管，反向电流为零点几微安，锗管的反向电流为十几微安。在实际应用中，反向电流越小，二极管的质量越好。

当反向电压 U_R 增大到超过某一值时，反向电流突然急剧增大，这种现象称为反向击穿，对应曲线中的 cd 段。反向击穿时的电压称为反向击穿电压，用符号 U_{BR} 表示。二极管在正常使用时应避免出现反向击穿现象，因此所加的反向电压应小于 U_{BR}。二极管反向击穿时并不一定损坏，只是在没有限流措施时，反向电流 I_R 超过一定限度，PN 结过热二极管才会烧毁，造成永久性损坏。

2. 二极管的主要参数

（1）最大整流电流 I_{FM}

指二极管长期运行时允许通过的最大正向平均电流。实际工作时二极管的正向平均电流不得超过此值，否则二极管可能会因过热而损坏。

（2）最高反向工作电压 U_{RM}

指二极管正常工作时所允许外加的最高反向电压。若二极管两端电压超过此值，有可能导致二极管反向击穿。

（3）反向电流 I_R

指在规定的反向电压（$< U_{BR}$）和环境温度下的反向电流。此值越小，二极管的单向导电性能越好，工作越稳定。I_R 对温度很敏感，使用时应注意环境温度不宜过高。

其中最大整流电流 I_{FM}、最高反向工作电压 U_{RM} 两个参数是选用二极管的两个重要依据。

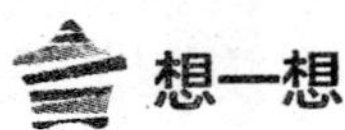

想一想

扫描二维码
查看参考答案

如果把二极管接在 5 V 的电源上，要求通过的电流为 10 mA，该二极管需要多大的限流电阻？

三、二极管的分类

二极管除以材料不同分成硅二极管和锗二极管外，还有其他常用的分类，见表 4—1。

表 4—1　　二极管的其他分类

分类标准	种类	符号	说明	常见外形
按用途	整流二极管	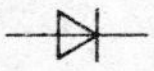	主要用于整流	
	稳压二极管		常用于直流电源	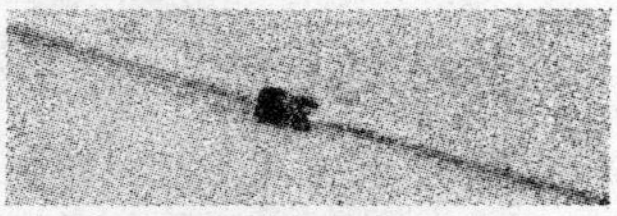
	发光二极管		能发出可见光，常用于指示信号	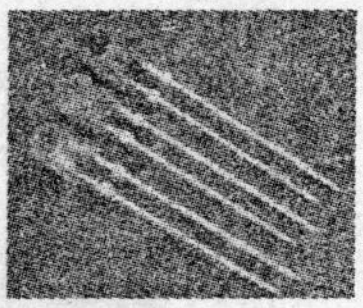
	光电二极管		对光有敏感作用的二极管	
	开关二极管		专门用于开关的二极管，常用于数字电路	
	变容二极管		常用于高频电路	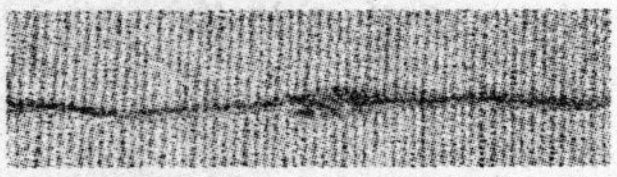
按外壳封装的材料	玻璃封装二极管		检波二极管采用这种封装材料	
	塑料封装二极管		多数二极管采用这种封装材料	
	金属封装二极管		大功率整流二极管采用这种封装材料	
按安装方式	插件二极管		该二极管的引脚直接从电路板的正面插入，在电路的底面焊接	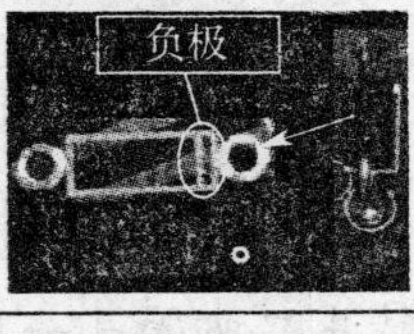 负极
	贴片二极管		贴片二极管外形有片状和管状两种，引脚制作在同一平面内。插件二极管都有对应的贴片二极管	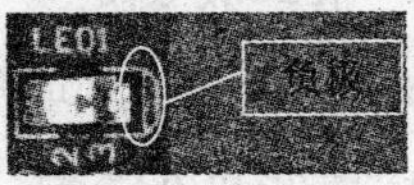 LED1 负极

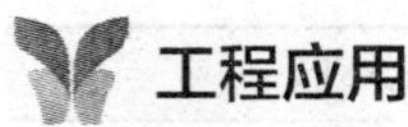

工程应用

认识计算机主板上的二极管

计算机主板上的二极管常见的作用是：做指示灯或开关、整流、稳压、钳位。

1. 主板上常见的二极管

（1）发光二极管

主板上的发光二极管主要用来做指示灯，如图 4—5 所示。

● 图 4—5 主板上的发光二极管

（2）开关二极管

二极管导通时相当于开关闭合（电路接通），二极管截止时相当于开关打开（电路切断），所以二极管可作为开关用。开关二极管是专门用来做开关的二极管，它由导通变为截止或由截止变为导通所需的时间比一般二极管短。1N4148 开关二极管，其外形如图 4—6 所示。

● 图 4—6 1N4148 开关二极管

（3）肖特基二极管

肖特基二极管是一种低功耗、大电流、超高速半导体器件。其反向恢复时间极短（可以小到几纳秒），正向导通压降仅 0.4 V 左右，而整流电流却可达到几千安培。肖特基二极管通常用在高频、大电流、低电压整流电路中，如图 4—7 所示。

● 图 4—7　肖特基二极管

（4）稳压二极管

稳压二极管工作在反向击穿状态，它主要用于稳定电源中的电压基准，或用在过电压保护电路中作为保护二极管，稳压二极管可以串联起来，得到较高的稳压值。在主板电路中采用的稳压二极管，通常是采用色环标注稳压值的玻璃封装稳压二极管，也叫色环稳压二极管，如图 4—8 所示。色环稳压二极管的玻璃管壁主体颜色呈淡黄绿色或橙色，用两道或三道色环来标注稳压值，靠近负极端为第一道色环，色环颜色所代表的数值见表 4—2。

● 图 4—8　色环稳压二极管

表 4—2　　色环颜色所代表的数值

颜色	代表数值	颜色	代表数值
棕	1	蓝	6
红	2	紫	7
橙	3	灰	8
黄	4	白	9
绿	5	黑	0

2. 二极管好坏判断

可通过万用表检测的方法来判断二极管的好坏。

（1）普通整流二极管

正向电阻值较小，一般为 600 Ω 到几千欧，反向电阻值较大，一般在几百千欧以上。

（2）快速恢复二极管

将万用表置于R×1k挡，测快速恢复二极管的正、反向电阻，正向电阻一般为几欧，反向电阻为∞，如果测得的阻值均为∞或为0，则表明被测管子损坏。快速恢复二极管的对管检测方法与上述方法基本相同，但必须首先确定其共用端是哪个引脚，然后再用上述方法对各个快速恢复二极管进行检测。

3. 主板二极管代换原则

（1）贴片二极管颜色和大小一致时可互换。

（2）红色玻璃二极管可互换使用。

（3）快速恢复二极管PBYR1535、PBTR2545、PBYR2045可相互代换，其余须稳压值相同方可代换。

实验5　用万用表测量二极管

一、实验目的

1. 学会二极管的直观识别方法。

2. 掌握用万用表对二极管进行质量判断和极性判别的方法。

二、实验器材

万用表1块，3～5个型号标注清晰的二极管、2个型号被遮住的二极管、2个有质量问题的二极管。

三、实验步骤

1. 二极管的直观识别

常用整流、稳压二极管的管体的某一端有一圈明显的色圈（如整流二极管1N4007为白圈、稳压二极管1N4148为黑圈），离该色圈近的一端为二极管负极，另一端为正极。在发光二极管的管体内部，可以看到一大一小两个结块，小结块所对应的引脚为发光二极管的正极，另一引脚为负极。新的发光二极管用引脚长短来判断正负极：引脚长的一端为正极，短的为负极；贴片发光二极管尺寸小的0805、0603封装的在底部有“T”字形或倒三角形符号，“T”字的竖端指向是负极，三角形符号的“边”靠近的是正极，“角”靠近的是负极，如图4—9所示。

熟悉附录半导体器件型号命名方法，对准备的二极管进行直观识别，识别内容包括二极管的型号、极性、材料、用途、符号，并将直观识别的内容填入表 4—3 中。

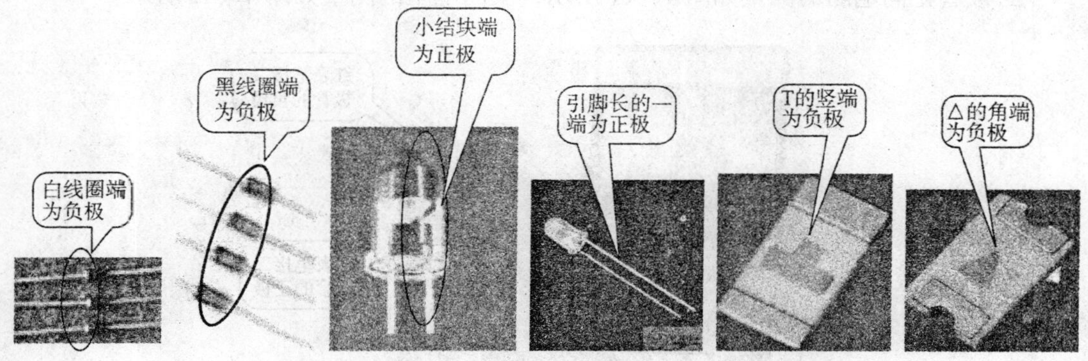

● 图 4—9 二极管的直观识别

表 4—3 二极管直观识别结果表

序号	型号	极性	材料	用途	符号
1					
2					
3					
4					
5					

2. 用万用表测量二极管

（1）测量前的准备

进行万用表的机械调零。

将万用表旋钮旋到 $R\times100$ 或 $R\times1$ k 电阻挡，并且将两表笔短接调零，如图 4—10 所示。注意，此时万用表的红表笔与表内电池的负极相连，而黑表笔与表内电池的正极相连。

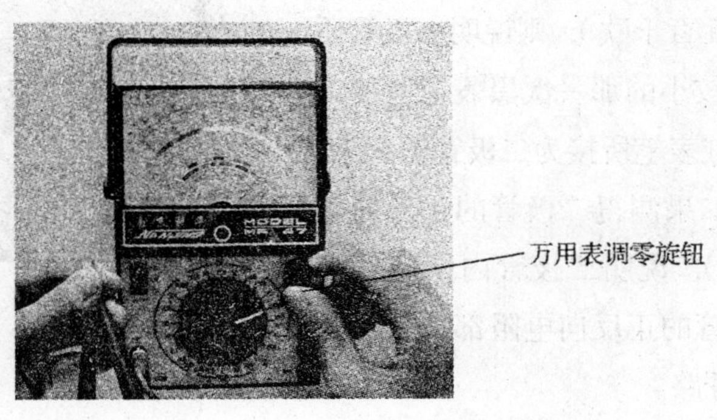

● 图 4—10 万用表的调零

（2）二极管正向电阻和反向电阻的测量

二极管正向电阻的测量如图 4—11 所示，反向电阻的测量如图 4—12 所示。

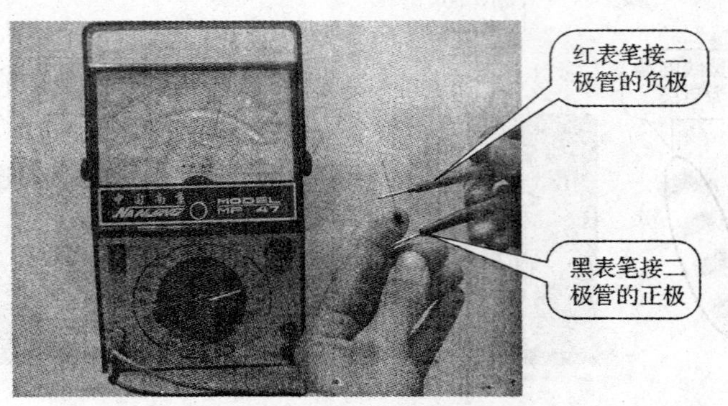

● 图 4—11　二极管正向电阻的测量

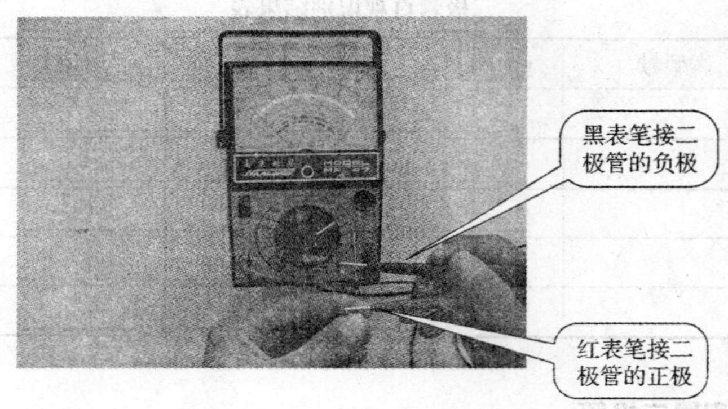

● 图 4—12　二极管反向电阻的测量

（3）二极管质量的判断和极性的判别

将红、黑两支表笔跨接在二极管的两端，再将红、黑表笔对调后接在二极管的两端，分别测量阻值，若一次阻值较小（几千欧以下），另一次阻值较大（几百千欧），则说明二极管质量良好。测得阻值较小的那一次黑表笔所接为二极管的正极，而红表笔所接为二极管的负极，如图 4—13 所示。如果测得二极管的正反向电阻都很小（接近零），说明二极管内部已经短路；如果测得二极管的正反向电阻都很大，说明二极管内部已经开路。

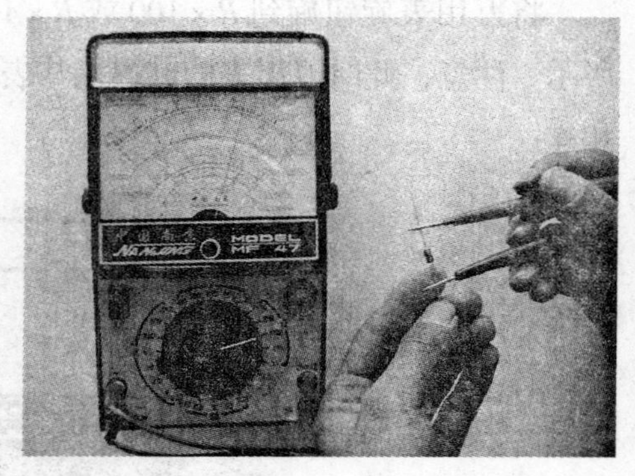

● 图 4—13　二极管的测试

检测结果填入表 4—4 中。

表 4—4　　二极管管脚极性与质量判断结果表

序号	二极管质量	管脚 1 的极性	管脚 2 的极性
1			
2			
3			
4			

四、实验报告

1. 完成测试表 4—3 和表 4—4 的填写。
2. 总结识别和测量二极管质量和极性的方法。

§4—2　晶体三极管

如图 4—14a 所示为一种扩音机实物图，其工作原理如图 4—14b 所示，传声器（麦克风）将声音信号转换成微弱的电信号，经放大电路放大后，变成大功率的电信号，驱动扬声器（喇叭），还原为较大的声音信号。放大电路的核心元件（即放大元件）主要是半导体三极管和场效应管等。半导体三极管又叫晶体三极管，它是电子电路的重要元件，它的应用比二极管更为广泛，如信号的放大、负载的驱动、开关控制等。

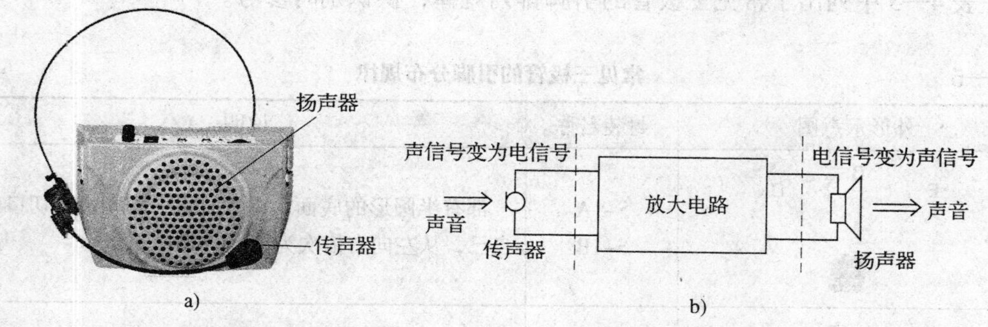

● 图 4—14　扩音机实物及工作原理示意图
a）扩音机　b）扩音机工作原理示意图

一、三极管的结构和外观识别

1. 三极管的结构

三极管是一个三层结构、内部具有两个 PN 结的器件，它的中间层称为基区，基区的两边分别称为发射区和集电区，三极管的发射区和集电区是同类型的半导体，所以三极管有两种半导体类型。如图 4—15 所示，三极管在基区与发射区、基区和集电区之间分别形成两个 PN 结，发射区与基区之间的 PN 结称为发射结，而集电区与基区之间的 PN 结称为集电结，三个区引出的电极分别称为基极 B（b）、发射极 E（e）和集电极 C（c）。注意三极管符号中发射极的箭头表示发射结加正向电压时的电流方向，三极管的文字符号为 V 或 VT。

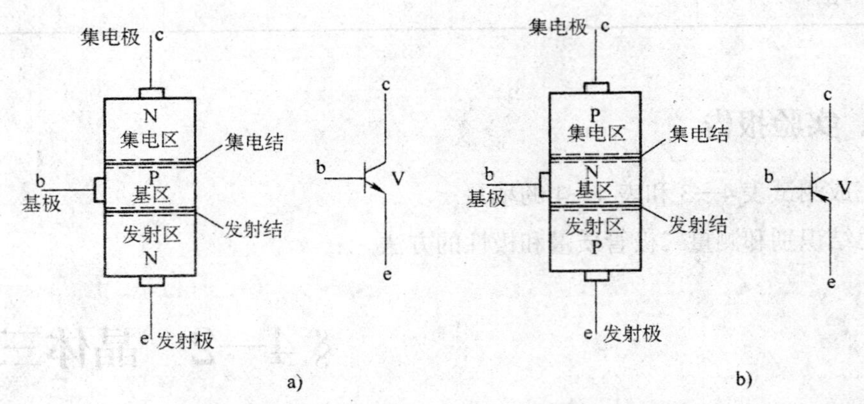

● 图 4—15　三极管的结构和图形符号

a）NPN 型三极管结构和图形符号　b）PNP 型三极管结构和图形符号

2. 三极管的外观识别

三极管的三个引脚分布有一定的规律，根据这一规律可以非常方便地识别管脚极性。表 4—5 中列出了常见三极管的引脚排列规律，供识别时参考。

表 4—5　**常见三极管的引脚分布规律**

外形示意图	封装名称	说明
E B C	S–1A S–1B	都有半圆形的底面，识别时将引脚朝上，切口朝自己，从左向右依次为 E、B、C
E B C 定位销	C 型 D 型	C 型有一个定位销，D 型无定位销，三根引脚呈等腰三角形分布，E、C 脚为底边
E B C	S–6A S–6B S–7 S–8	识别时，将印有型号的一面朝向自己，且将引脚朝下，从左向右依次为 B、C 和 E

续表

外形示意图	封装名称	说明
安装孔 E B C 安装孔	F 型	只有两根引脚，识别时管脚朝上，且引脚靠近上安装孔，左面的一根是 B 极，右边的一根是 E 极，外壳为 C 极
C B E	SOT-23	识别时管脚朝下，且有两根引脚靠下面，左面的一根是 B 极，右边的一根是 E 极，上面一根为 C 极
B C E	SOT-89	识别时管脚朝下，且对着三根引脚，从左向右分别是 B 极、C 极和 E 极

二、三极管的分类

按照所用半导体材料不同，三极管分为硅管和锗管。按照工作频率不同，分为高频管（工作频率不小于 3 MHz）和低频管（工作频率小于 3 MHz）。按照功率不同，分为小功率管（耗散功率小于 1 W）和大功率管（耗散功率不小于 1 W）。按照用途不同，分为普通放大三极管和开关三极管。按照安装方式不同，分为插件三极管和贴片三极管。几种三极管的外形如图 4—16 所示。

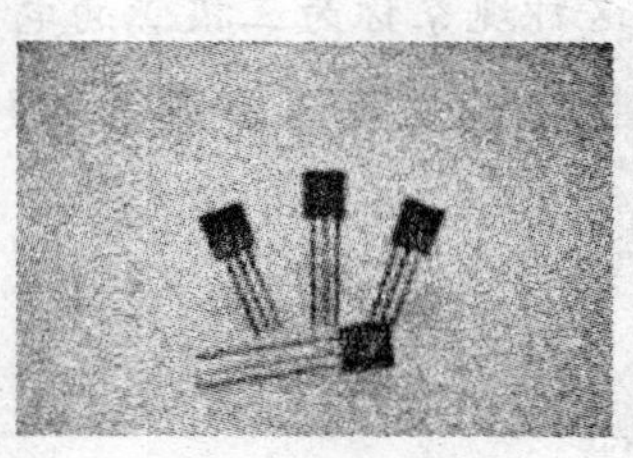

低频三极管

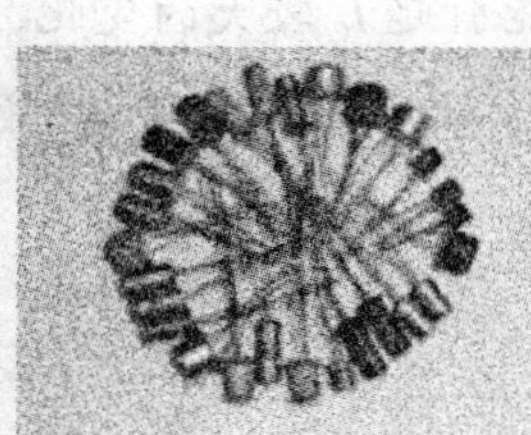

高频三极管

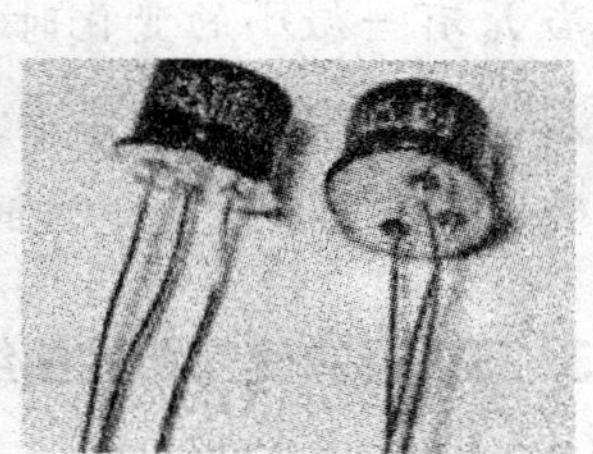

小功率三极管

大功率三极管

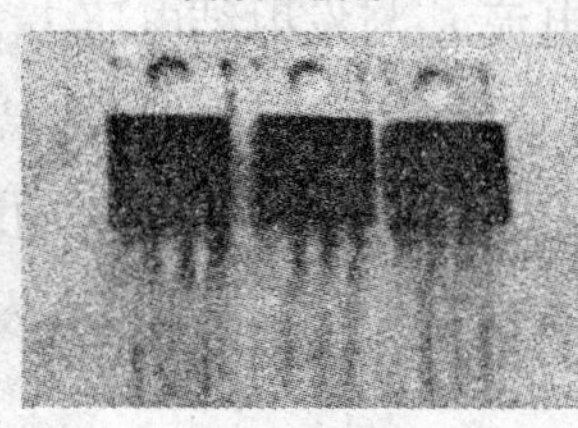

开关三极管

贴片三极管

● 图 4—16　三极管的外形图

三、三极管的工作特点

1. 三极管的电流分配关系

根据基尔霍夫电流定律，三极管的发射极电流等于集电极电流与基极电流之和，即

$$I_E = I_C + I_B。$$

由于基极电流很小，所以集电极电流与发射极电流近似相等，即 $I_C \approx I_E$。

2. 三极管的电流放大作用

三极管集电极直流电流 I_C 与相应的基极直流电流 I_B 之间的比值几乎是固定不变的，称为共发射极直流电流放大系数，用 $\bar{\beta}$ 表示，$\bar{\beta} = \frac{I_C}{I_B}$。

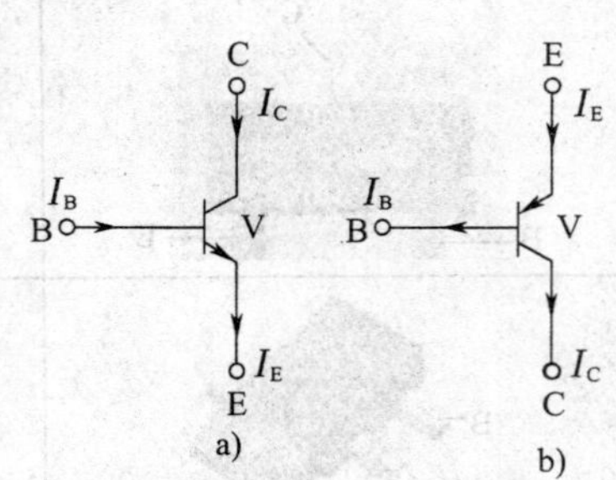

● 图 4—17　三极管的电流分配关系

a）NPN 型　b）PNP 型

三极管集电极电流变化量 ΔI_C 与相应的基极电流变化量 ΔI_B 的比值也几乎是固定不变的，称为共发射极交流电流放大系数，用 β 表示，$\beta = \frac{\Delta I_C}{\Delta I_B}$。在一般情况下，同一只三极管的 $\bar{\beta}$ 比 β 略小，实际应用中并不严格区分。

例如 $\beta = 50$，那么 $\Delta I_C = \beta \Delta I_B = 50 \Delta I_B$，说明集电极电流的变化量将是基极电流的 50 倍。

提示

当 I_B 有一微小的变化时，就能引起 I_C 较大的变化，这种现象称为三极管的电流放大作用，这种放大能力实质上是 I_B 对 I_C 的控制能力。因为无论 I_B 还是 I_C 都来自电源，三极管本身是不能放大电流的。

3. 三极管的伏安特性曲线

（1）输入特性曲线

三极管的输入特性是指基极电流 I_B 与发射结电压 U_{BE} 之间的关系，与二极管的 U—I 特性曲线十分相似，如图 4—18 所示。三极管的输入特性曲线与集电极和发射极之间直流电压 U_{CE} 大小有关，但当 $U_{CE} > 2$ V 后，U_{CE} 数值的改变对输入特性曲线影响不大。另外，当环境温度变化时，三极管的输入特性曲线也会发生变化。

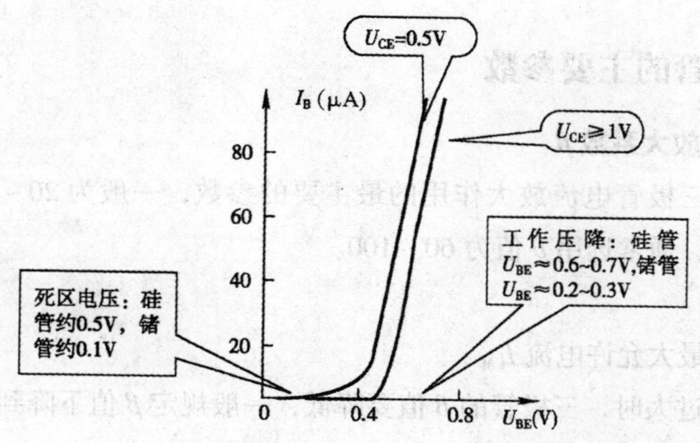

● 图 4—18　三极管的输入特性曲线

（2）输出特性曲线

三极管的输出特性曲线是指集电极电流 I_C 与电压 U_{CE} 之间的关系，是在基极电流 I_B 一定的情况下测试出来的，如图 4—19 所示。由三极管的输出特性曲线可以看出，三极管工作时有三个可能的工作区域，即放大区、饱和区和截止区。三极管饱和时的 U_{CE} 值称为饱和压降，记作 U_{CES}，小功率硅管的 U_{CES} 约为 0.3 V，锗管的 U_{CES} 约为 0.1 V。

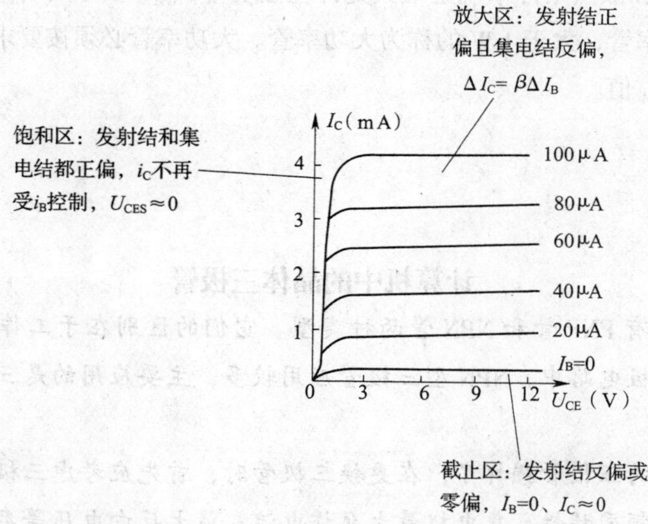

● 图 4—19　三极管的输出特性曲线

提示

当三极管作为放大元件时工作在放大区，当它作为开关元件时工作在饱和区和截止区。

四、三极管的主要参数

1. 共射电流放大系数 β

β 值是表征三极管电流放大作用的最主要的参数，一般为 20～200，β 值太大时，工作性能不稳定，通常选用 β 值为 60～100。

2. 极限参数

（1）集电极最大允许电流 I_{CM}

集电极电流过大时，三极管的 β 值要降低，一般规定 β 值下降到正常值的 2/3 时的集电极电流为最大允许电流。

（2）集电极—发射极反向击穿电压 $U_{(BR)CEO}$

是指基极开路时，加在集电极和发射极之间的最大允许电压。u_{CE} 大于此值后，i_C 急剧增大，可能造成集电结热击穿。在使用三极管时，其集电极电源电压应低于此值。

（3）集电极最大允许耗散功率 P_{CM}

集电极电流 I_C 流过集电结时会消耗功率而产生热量，使三极管温度升高。根据三极管的最高温度和散热条件来规定最大允许耗散功率 P_{CM}，要求 $I_CU_{CE} < P_{CM}$。P_{CM} 小于 1 W 的称为小功率管，大于 1 W 的称为大功率管。大功率管必须按要求加装散热器，才能达到规定的 P_{CM} 值。

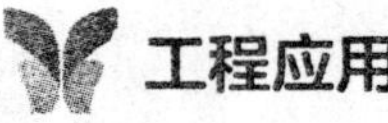

工程应用

计算机中的晶体三极管

晶体三极管有 PNP 管和 NPN 管两种类型。它们的区别在于工作时的电流方向不同，在计算机主板电路中，NPN 型三极管应用较多，主要应用的是三极管的放大和开关功能。

如果主板上的三极管损坏了，在更换三极管时，首先应考虑三极管的电流放大系数、耗散功率、频率特性、集电极最大允许电流、最大反向电压等参数。在更换三极管时，新换三极管的极限参数应等于原三极管；性能好的三极管可代替性能差的三极管。在更换主板中的三极管之前，应先搞清楚三极管的具体作用。对于一般的信号放大和开关三极管，用 2N3904（NPN）、2N3906（PNP）更换即可满足要求（只针对主板维修）；对于稳压电源中的三极管，用 2SB772（PNP）、2SD1802（NPN）更换即可满足要求（只针对主板维修），注意在更换时不要将相同封装的场效应管和三极管混淆。

实验6　用万用表测量三极管

一、实验目的

1. 学会三极管的直观识别方法。

2. 掌握用万用表判别三极管极性的方法。

二、实验器材

万用表1块，3~5个型号标注清晰的三极管、2个型号被遮住的三极管、2个有质量问题的三极管。

三、实验步骤

1. 三极管的直观识别

熟悉附录中半导体器件型号命名方法，对实验用三极管进行外壳上符号识别，根据三极管的型号规格，识别其管脚极性、材料、类型和用途，并将三极管直观识别的结果填入表4—6中。

表4—6　　三极管的直观识别结果

序号	型号规格	类型	材料	符号
1				
2				
3				
4				
5				

2. 用万用表测量三极管

（1）确定基极和管型

如图4—20所示，将万用表置于$R\times100$或者$R\times1$ k挡，黑表笔接三极管任一管脚，红表笔分别接触其余两个管脚，如果测得的阻值均较小（或均较大），对调表笔重新测试。若原来测得的阻值都很大，对调表笔后测得的阻值都很小；或原来测得的阻值都很小，对调表笔后测得的阻值都很大，则黑表笔所接管脚为基极，若以测试阻值都很小一次为准，而黑表笔接的是B极，则该管是NPN型管，否则，该管为PNP型管。如果两次测得的阻值相差很大，则应对调黑表笔所接管脚再测，直到找出基极为止。

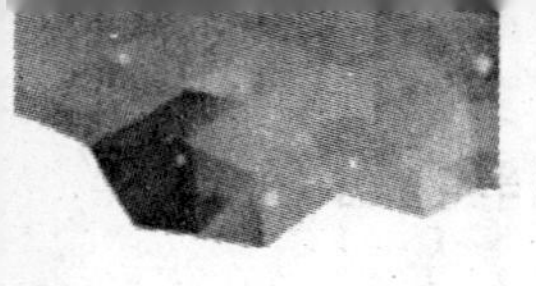

（2）确定集电极和发射极

在确定基极后，如果是NPN型管，可以将红、黑表笔分别接在两个未知电极上，表针应指向无穷大处，再用手把基极和黑表笔所接管脚一起捏紧（注意两管脚不能相碰，即相当于接入一个电阻），如图4—21所示，记下此时万用表测得的阻值。然后对调表笔，用同样方法再测得一个阻值。比较两次结果，读数较小的一次黑表笔所接的管脚为集电极，红表笔所接为发射极。若两次测量表针均不动，表明三极管已经失去了放大能力。

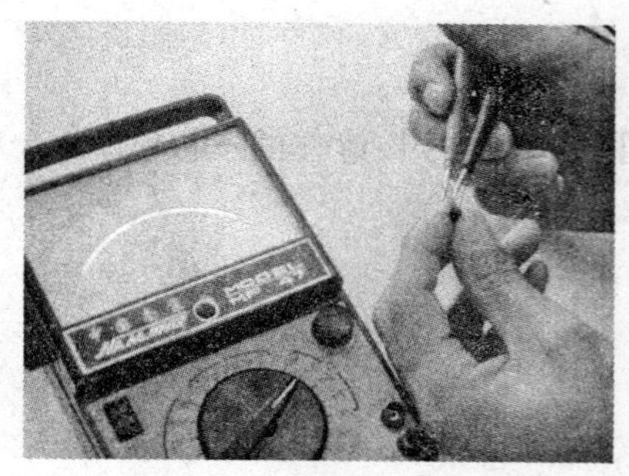

● 图4—20　确定三极管的基极和管型

● 图4—21　确定三极管的集电极和发射极

PNP管测量方法相似，但在测量时，应当用手同时捏紧基极和红表笔所接管脚。按上述步骤测两次阻值，读数较小的一次红表笔所接管脚为集电极，黑表笔所接管脚为发射极。

（3）三极管质量的检测方法

对三极管的质量检测可以开路测量，也可以将三极管脱开电路后进行测量。

开路测量使用万用表 $R\times1$ k 欧姆挡，主要测量三极管集电极、发射极的正向和反向电阻的大小，来判断三极管是否击穿或开路。实用检测中，常测量 β 值来判断三极管的好坏；有时还要测量三极管的穿透电流大小，穿透电流大的三极管不能使用。

用万用表检测三极管质量和管脚极性后，将检测结果填入表4—7中。

表4—7　**三极管质量和管脚极性检测结果表**

序号	三极管的质量	管脚1的极性	管脚2的极性	管脚3的极性
1				
2				
3				
4				

四、实验报告

1. 完成表 4—6 和表 4—7 的填写。

2. 总结识别和检测三极管的方法。

§4—3　场效应管

场效应晶体管简称场效应管，它和晶体三极管一样可作为放大和开关元件来用，但晶体三极管是电流控制型器件，而场效应管属于电压控制型器件。场效应管按结构分为结型（JFET）和绝缘栅型（MOSFET）两大类。常见的场效应管外形如图 4—22 所示。

一、结型场效应管

1. 结型场效应管的结构

结型场效应管有 N 沟道和 P 沟道两种，结构示意图和图形符号如图 4—23 所示，在 N 型或 P 型半导体基片的两侧制作两个 PN 结，从上面各引出一个电极，将两侧的电极连在一起，称为栅极 G，在基片两端各引出两个电极，分别称为漏极 D 和源极 S，D 与 S 之间的 N 型区或 P 型区称为导电沟道，结型场效应管的文字符号为 V，图中箭头由 P 区指向 N 区。

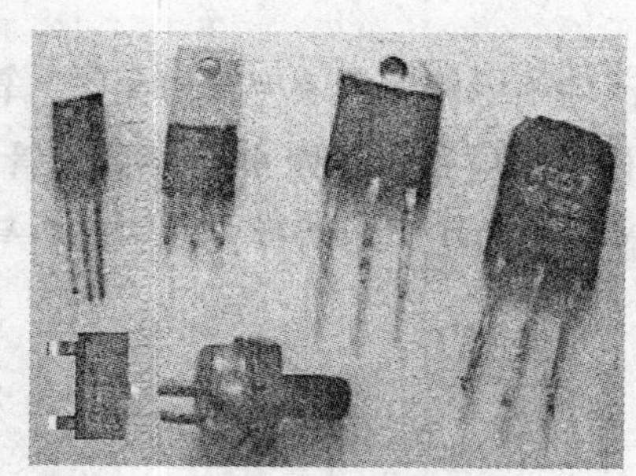

● 图 4—22　场效应管外形

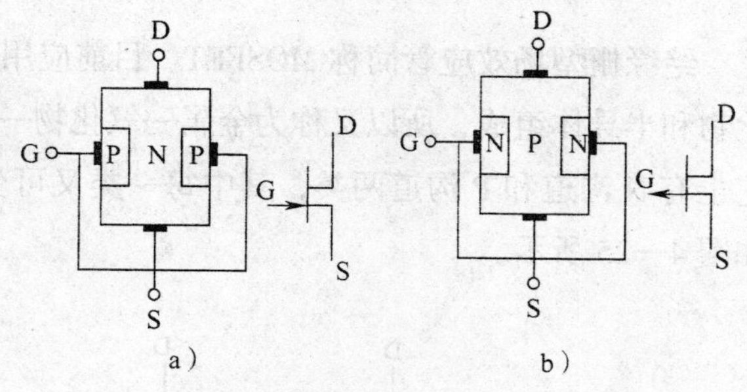

● 图 4—23　结型场效应管的结构示意图和图形符号

a）N 沟道场效应管　b）P 沟道场效应管

2. 结型场效应管的电压控制作用

以 N 沟道结型场效应管为例，如图 4—24a 所示，将栅极和源极连在一起（$U_{GS}=0$），在漏极和源极之间加上一定的电压 U_{DS}，在 U_{DS} 作用下，形成一定的电流 I_D，这种 $U_{GS}=0$，$I_D \neq 0$ 的工作方式称为耗尽型。当漏源电压 U_{DS} 一定时，如果栅极负电压增大，则漏、源极之间导电的沟道越窄，漏极电流 I_D 就越小；反之，如果栅极负电压减小，则沟道变宽，I_D 变大。当栅极负电压的绝对值｜U_{GS}｜增大到一定值时，沟道会完全合拢

（消失），$I_D=0$。使导电沟道完全合拢所需要的栅源电压 U_{GS} 称为夹断电压 U_P。

提示

场效应管通过栅源电压 U_{GS} 来控制漏极电流 I_D 的变化，所以场效应管是电压控制器件。

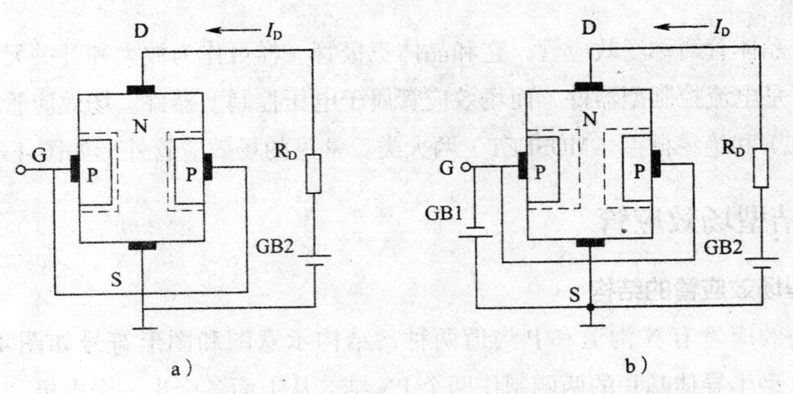

● 图 4—24　栅源电压对沟道的控制作用

a）$U_{GS}=0$　b）$U_{GS}<0$

二、绝缘栅型场效应管

绝缘栅型场效应管简称 MOSFET。目前应用最广泛的绝缘栅型场效应管由金属、氧化物和半导体组成，所以又称为金属—氧化物—半导体场效应管，简称 MOS 场效应管。它也有 N 沟道和 P 沟道两类，其中每一类又可分为增强型和耗尽型两种，其图形符号如图 4—25 所示。

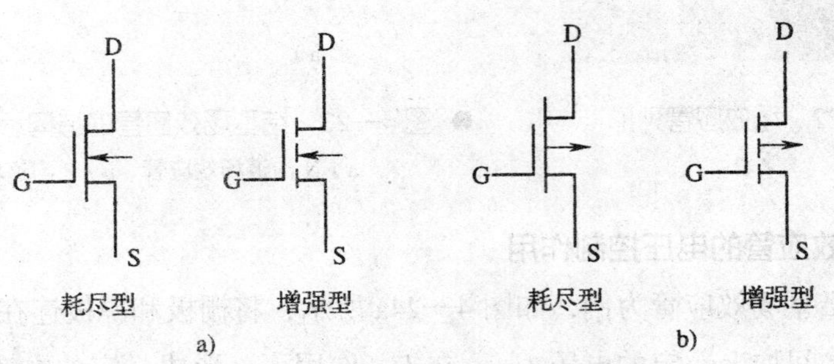

● 图 4—25　绝缘栅型场效应管图形符号

a）N 沟道场效应管图形符号　b）P 沟道场效应管图形符号

如图 4—26 所示为 N 沟道 MOS 管的结构示意图，它是在一块杂质浓度较低的 P 型半导体衬底上再制作两个高浓度的N型区，并分别将它们作为源极S和漏极D，然后，在衬底的表面制作一层SiO_2绝缘层，并在上面引出一个电极作为栅极G。由于栅极与其他电极绝缘，所以称为绝缘栅型场效应管。

耗尽型绝缘栅场效应管的电压控制作用和结型场效应管的电压控制作用大致相同，所以此处只分析N沟道增强型绝缘栅型场效应管的电压控制作用。耗尽型场效应管有原始导电沟道，而增强型场效应管没有原始导电沟道，当$U_{GS}=0$时，虽然加上漏源电压U_{DS}，但漏极电流$I_D=0$，如图4—26a所示。只有加上一定的栅源电压U_{GS}时，才能形成导电沟道，产生I_D，如图4—26b所示。这时的U_{GS}称为开启电压U_T。此后，若U_{GS}再增加，导电沟道将变得更宽，导电沟道电阻变小，I_D变大。就这样，在U_{DS}一定时，通过U_{GS}大小的变化，即电场的变化，可控制I_D的变化。

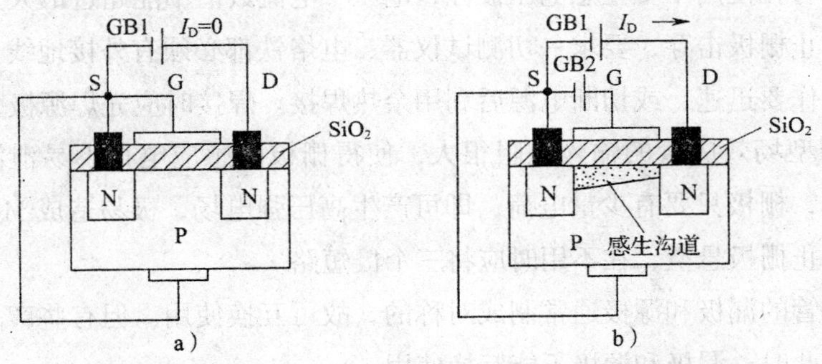

● 图4—26　N沟道增强型MOS管导电沟道的形成

a）$U_{GS}=0$时导电沟道未形成　b）$U_{GS}=U_T$时导电沟道形成

提示

当N沟道增强型MOS管的栅极电压大于开启电压时，管子导通，且栅极电压越大，漏极电流越大，否则，管子截止。

三、场效应管的主要参数

1. 夹断电压U_P

当U_{DS}为某一定值（测试条件）时，对于结型场效应管和耗尽型MOS管，U_P为I_D减小到近似为零（1 μA、10 μA）时的栅源极电压U_{GS}值。

2. 开启电压U_T

当U_{GS}为某一定值（测试条件）时，增强型MOS管开始导通时的U_{GS}就为U_T。N沟道的增强型MOS管的U_T为正值，P沟道的增强型MOS管的U_T为负值。

3. 饱和漏极电流 I_{DSS}

对结型场效应管和耗尽型 MOS 管来说，栅源极电压 $U_{GS}=0$ 时的漏极电流为 I_{DSS}，它反映了场效应管输出的最大漏极电流。

4. 最大漏源击穿电压 $U_{(BR)DS}$

它是指漏极与源极之间的最大反向击穿电压，即当 I_D 急剧上升时的 U_{DS} 值。

5. 跨导 g_m

当 U_{DS} 为某一定值（测试条件）时，I_D 的微小变化量与 U_{GS} 的微小变化量之比，即 $g_m=\frac{\Delta I_D}{\Delta U_{GS}}$。$g_m$ 反映了栅源极电压对漏极电流的控制能力。

四、场效应管的使用及注意事项

1. 场效应管在使用中要注意电压极性，电压、电流数值不能超过最大允许值。

2. 为了防止栅极击穿，要求一切测试仪器、电烙铁都必须有外接地线。焊接时用小功率烙铁，动作要迅速，或切断电源后利用余热焊接。焊接时应先焊源极，后焊栅极。

3. 绝缘栅型场效应管的输入电阻很大，使得栅极的感应电荷不易泄漏，而且 SiO_2 氧化层又很薄，栅极只要有少量电荷，即可产生高压强电场，极易造成 MOS 管的击穿。所以要绝对防止栅极悬空，在不用时应将三个极短路。

4. 场效应管的漏极和源极通常制成对称的，故可互换使用。但有些产品源极与衬底已连在一起，此时，漏极和源极不能互换使用。

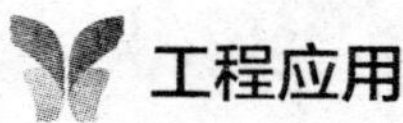

计算机中的场效应管

场效应管和三极管一样，都能实现信号的控制和放大，但由于它们的构造和工作原理不同，所以两者的差别很大。目前计算机主板中应用最广泛的是绝缘栅型场效应管。

主板中的场效应管，按照极性有 P 沟道和 N 沟道之分，P 沟道场效应管的工作原理与 N 沟道场效应管完全相同，但供电电压极性不同，这与晶体三极管分为 NPN 型和 PNP 型一样。

主板上常用的场效应管有 SOT-23、SOT-223、SO-8、TO-251、TO-252（TO-263）等贴片封装类型。在计算机电路中，场效应管常用字母“V”“Q”“VT”加数字表示，场效应管引脚排列位置依其品种、型号、功能等不同而异，要正确使用场效应管，必须正确识别场效应管的各个电极。对于主板中使用贴片场效应管来说，从左到右其引脚排列基本为 G、D、S（散热片接 D 极），主板中使用的场效应管，其中 D 与 S 极间都增加了保护二极管，以保护管子不至于被静电击穿。

在维修工作中，绝对不能用N沟道的场效应管代换P沟道的场效应管，反之也一样，在实际主板维修中，在体积大小相同的前提下，做到N沟道代换N沟道，P沟道代换P沟道，即可满足一般的维修要求。

习　题

一、选择题

1. N型半导体中的多数载流子是（　　），P型半导体中的多数载流子是（　　）。

A. 空穴　　B. 电子

2. N型半导体（　　），P型半导体（　　）。

A. 带正电　　B. 带负电　　C. 呈中性

3. PN结外加反向电压是指电源正极接（　　）。

A. P型区　　B. N型区

4. 二极管正向导通时，硅管的正向压降约为（　　），锗管的正向压降约为（　　）。

A. 0.3 V　　B. 0.5 V　　C. 0.7 V

二、分析计算题

1. 试估算题图4—1中正向电流的数值（设二极管为硅管）。如将二极管反接，则二极管上的电压为多少？（设二极管反向电流为0）

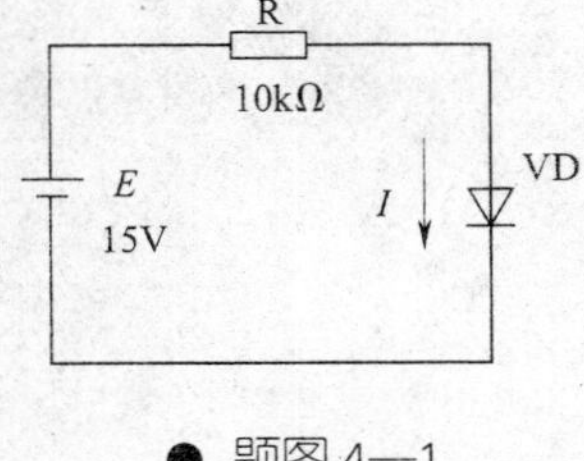

题图4—1

2. 某电路中的三极管，当$I_b = 6\ \mu A$时，$I_c = 0.4\ mA$；当$I_b = 18\ \mu A$时，$I_c = 1.12\ mA$。试求这个三极管的β。

3. 已知一个三极管的β为80，当基极电流变化量为40 μA时，发射极电流变化量为多少？

4. 有一个三极管的β为120，当发射极的电流变化量为4 mA时，集电极电流的变化量为多少？

三、分析判断题

1. 工作在放大电路中的两个三极管，其电流分别如题图4—2所示。试分别在图中填出第三电极电流方向和大小，并标出管脚E、B、C，判别是PNP管还是NPN管。

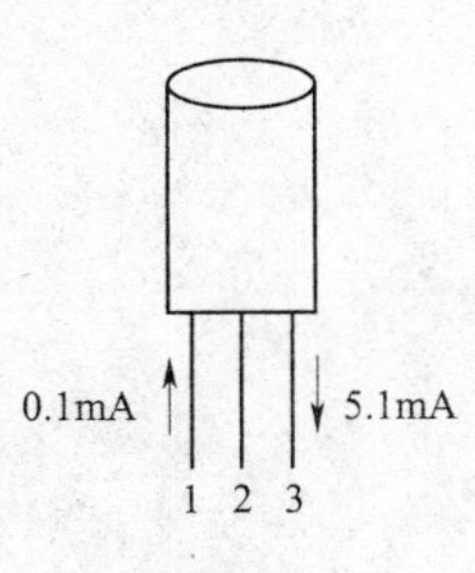

题图4—2

2. 检修一台电子设备时，测出某正常放大三极管1端对地电位为3.6 V，2端对地电位为4.3 V，3端对地电位为9 V，试判断各管

脚的电极和管子的类型（NPN 型或 PNP 型）。

四、问答题

1. 三极管有两个 PN 结，二极管有一个 PN 结，能否用两个二极管代替一个三极管使用？三极管断了一个管脚，剩下两个电极，能当二极管使用吗？

2. 场效应管的工作原理和一般三极管有什么不同？为什么场效应管具有很高的输入电阻？

3. 试说明增强型绝缘栅型场效应管的开启电压和跨导的意义。

第五章 放大与振荡电路

利用电子器件把微弱的电信号（电压、电流、功率）放大到所需值的电路称为放大电路，它在实践中有非常广泛的应用。无论是日常使用的收音机、扩音器，还是精密的测量仪器和复杂的自动控制系统，其中都有各种各样的放大电路。

所谓放大，表面看来是将信号的幅度由小增大，但是放大的本质是实现能量的控制。由于输入信号的能量过于微弱，不足以驱动负载，因此需要另外提供一个能源，由能量较小的输入信号控制这个能源，使之输出较大的能量，然后驱动负载。

§5—1 单管放大电路

简单的收音机信号传输框图如图 5—1 所示，天线接收给输入电路的信号是非常微弱的，不足以驱动负载，必须经过放大电路才能驱动扬声器。

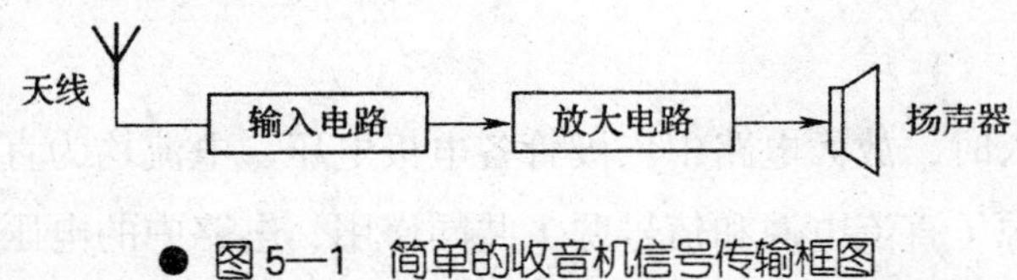

● 图 5—1 简单的收音机信号传输框图

一、固定偏置放大电路

1. 电路的组成

用三极管组成放大器时，根据公共端（电路中各点电位的参考点）的不同，有三种连接方法，即共射极基本放大电路、共集电极基本放大电路和共基极基本放大电路。如图 5—2 所示为应用最广的共射极基本放大电路，也叫固定偏置放大电路。图中 u_i 为要

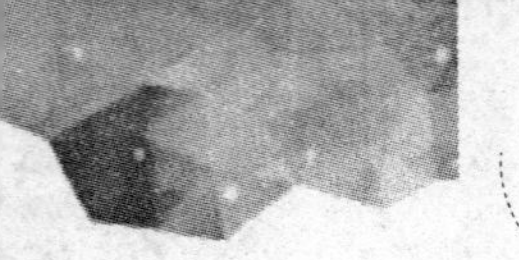

放大的输入交流信号，R_L 为负载电阻，它不一定是一个实际的电阻器，可能表示某种用电设备，如仪表、扬声器或者下一级放大电路。电路中各元件的作用见表 5—1。

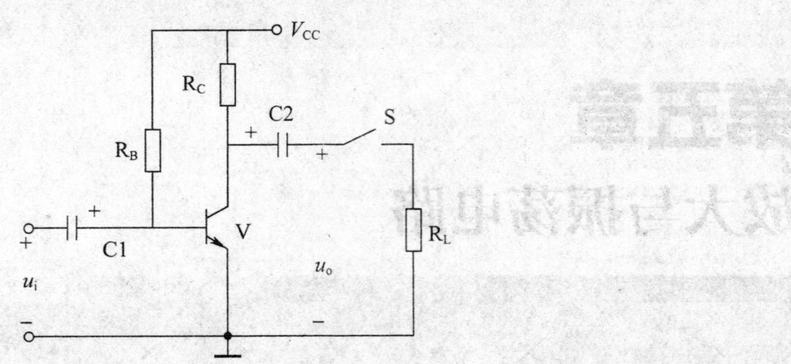

● 图 5—2　固定偏置放大电路

表 5—1　**固定偏置放大电路中各元件的作用**

元件	名称	主要作用
V	三极管	具有电流放大作用，可以将微小的基极电流转换成较大的集电极电流，它是放大器的核心元件
V_{CC}	直流电源	一是为电路提供能源；二是为电路提供工作电压
R_B	基极电阻	使电路产生静态偏置电流 I_{BQ}，R_B 的阻值一般在几十千欧至几百千欧之间
R_C	集电极电阻	将三极管的电流放大作用变换成电压放大作用。R_C 的取值一般在几千欧至几十千欧之间
C1、C2	耦合电容	1. 隔直流，使三极管中的直流电流不影响输入端之前的信号源，也不影响输出端之后的负载 2. 通交流，当 C1、C2 的电容量足够大时，它们对交流信号呈现的容抗很小，可近似看作短路，这样可使交流信号顺利地通过 C1、C2 选用容量一般为几微法至几十微法的电解电容

2. 工作原理

在没有信号输入时，放大电路中三极管各电极电压、电流均为直流。当有信号输入时，电路中两个电源（直流电源和信号源）共同作用，电路中的电压和电流是两个电源单独作用时产生的电压、电流的叠加量（即直流分量与交流分量的叠加）。为了清楚地表示不同的物理量，本书将电路中出现的有关电量符号的规定列举出来，见表 5—2。

表 5—2　**电压、电流符号的规定**

物理量	表示符号
直流量	用大写字母带大写下标，如 I_B、I_C、I_E、U_{BE}、U_{CE}
交流量	用小写字母带小写下标，如 i_b、i_c、i_e、u_{be}、u_{ce}、u_i、u_o

续表

物理量	表示符号
交直流叠加量	用小写字母带大写下标，如 i_B、i_C、i_E、u_{BE}、u_{CE}
交流分量的有效值	用大写字母带小写下标，如 I_b、I_c、I_e、U_{be}、U_{ce}

（1）静态分析

1）静态工作点的设置。所谓静态指的是放大器在没有交流信号输入（即 $u_i=0$）时的工作状态。这时三极管的基极电流 I_B、集电极电流 I_C、基极与发射极间的电压 U_{BE} 和集电极与发射极间的电压 U_{CE} 的值叫静态值。这些静态值分别在输入、输出特性曲线上对应着一点 Q，称为静态工作点，或简称 Q 点，如图 5—3 所示。由于 U_{BE} 基本是恒定的，所以在讨论静态工作点时主要考虑 I_B、I_C 和 U_{CE} 三个量，并分别用 I_{BQ}、I_{CQ} 和 U_{CEQ} 表示。

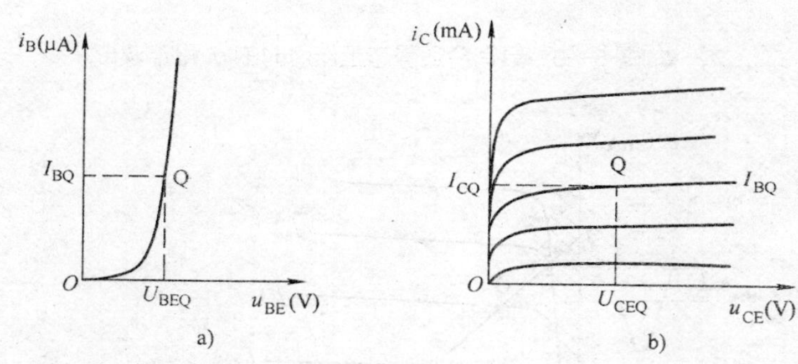

● 图 5—3 静态工作点

a）输入特性曲线上的 Q 点 b）输出特性曲线上的 Q 点

若没有基极偏置电流，即 $I_{BQ}=0$，$I_{CQ}=0$，静态工作点在坐标原点，如图 5—4 所示。当 u_i 为正半周时，三极管发射结正向偏置，由于三极管的输入特性曲线存在死区，所以只有当输入信号电压超过死区电压时，三极管才能导通，产生基极电流 i_B；当 u_i 为负半周时，发射结反向偏置，三极管截止，$i_B=0$。

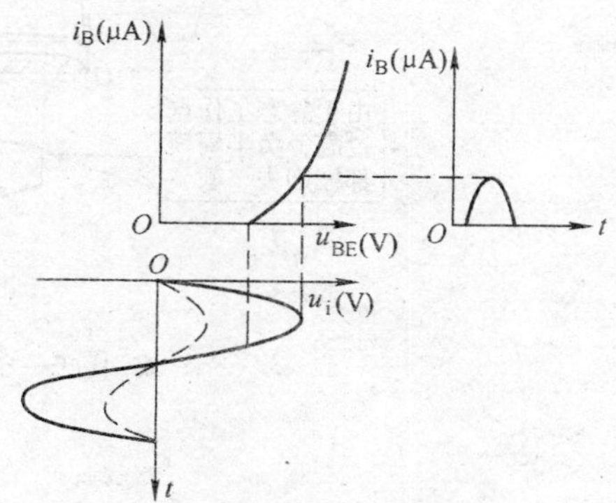

● 图 5—4 未设静态工作点时 u_i 和 i_B 波形

若设置了合适的静态工作点，如图 5—5 所示曲线上的 Q 点，当输入信号电压 u_i 后，u_i 与静态时基极与发射极间的电压 U_{BEQ} 叠加在一起加在发射结两端，若发射结两端电压始终大于三极管的死区电压，那么在输入电压的整个周期

内三极管始终处于导通状态，即随输入电压 u_i 的变化均有基极电流，这样，放大器能不失真地把输入信号进行放大。但若工作点偏高，则易引起饱和失真，输出信号波形负半周会被部分削平；若工作点偏低，则易引起截止失真，输出信号的正半周会被部分削平，如图 5—6 所示。

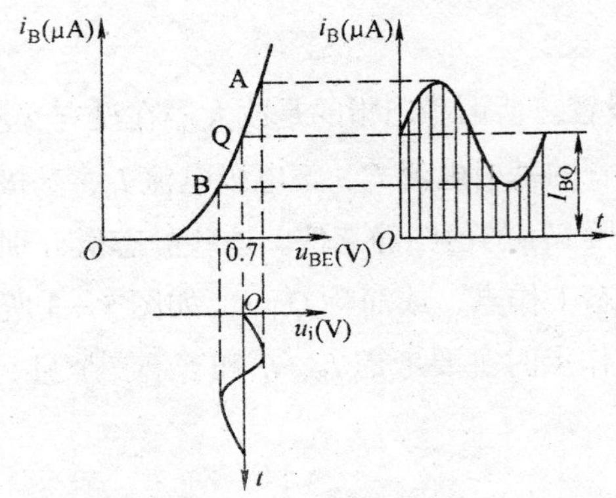

图 5—5　具有合适静态工作点时的 u_i 和 i_B 波形

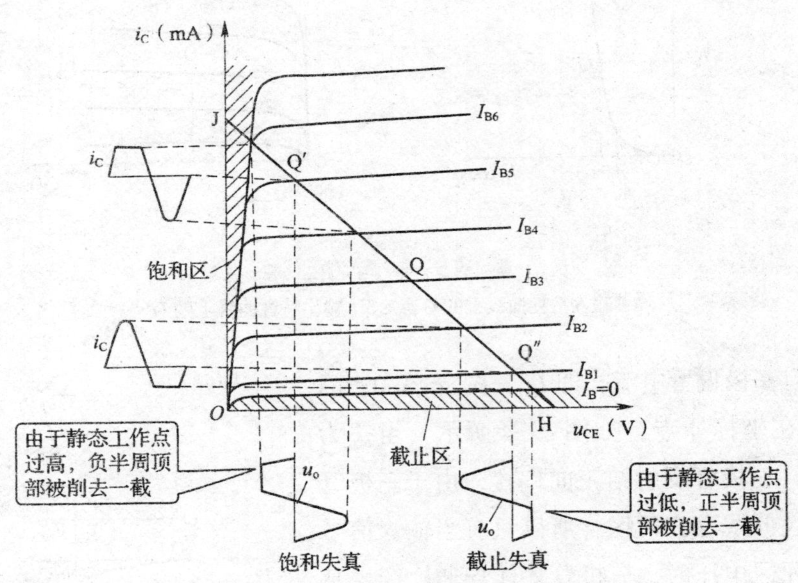

图 5—6　波形失真与静态工作点的关系

提示

一个放大器必须设置合适的静态工作点，这是放大器能不失真地放大交流信号的条件。

2）静态工作点的估算。通常把放大电路中只允许直流电流通过的路径称为直流等效电路。直流等效电路的画法原则：放大电路中的电容可以视为开路，电感可以视为短路。

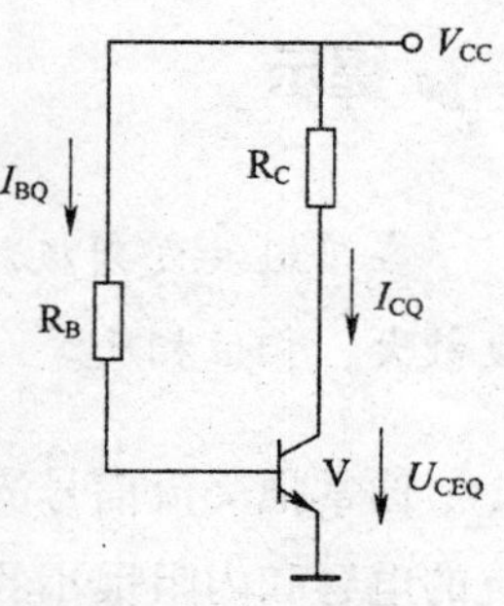

● 图 5—7　固定偏置放大电路的直流等效电路

按照如图 5—2 所示的放大电路，画出的直流等效电路如图 5—7 所示。

由直流等效电路图 5—7 可推导出估算静态工作点的公式：

$$I_{BQ}=\frac{V_{CC}-U_{BEQ}}{R_B}\approx\frac{V_{CC}}{R_B}$$

$$I_{CQ}=\beta I_{BQ}$$

$$U_{CEQ}=V_{CC}-I_{CQ}R_C$$

（2）动态分析

当放大电路输入交流信号，即 $u_i\neq0$ 时，称为动态。这里所加的 u_i 为低频小信号，在此段范围内电压与电流近似呈线性关系，也就是三极管工作在线性区。三极管的电压与电流都是由直流分量和交流分量两部分合成的。由于耦合电容 C2 起隔直流通交流作用，放大电路只输出交流分量，放大电路中的电压、电流波形如图 5—8 所示。

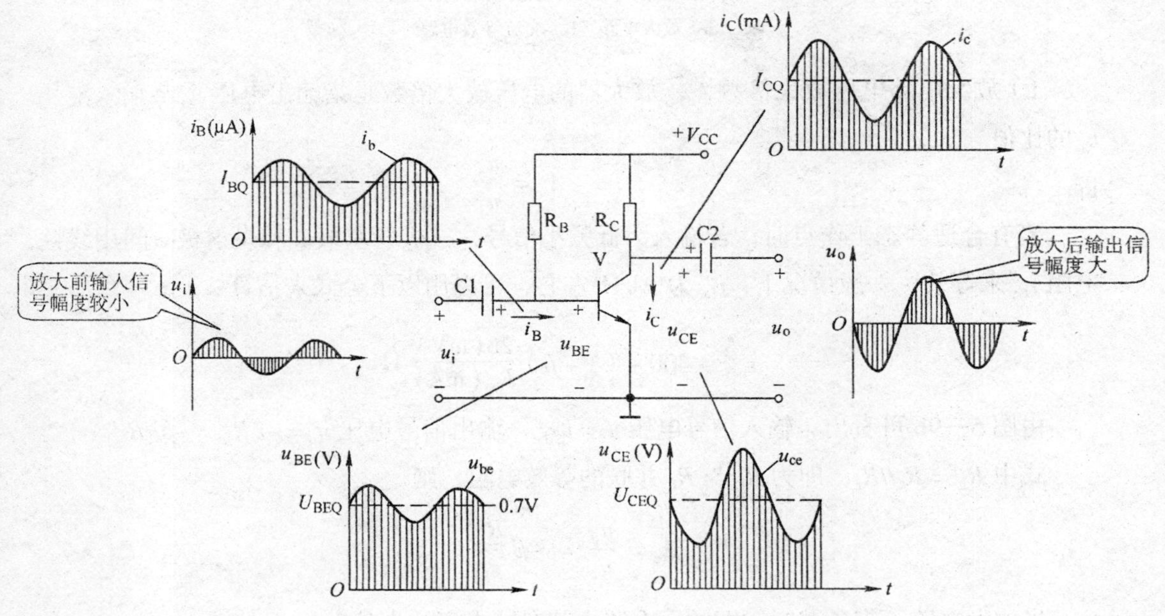

● 图 5—8　放大电路的电压、电流波形图

提示

在单级共发射极放大电路中，输出电压 u_o 与输入电压 u_i 频率相同，波形相似，幅度放大，相位相反。

通常把交流信号流通的路径称为交流等效电路。交流等效电路的画法原则：对小容抗的电容和内阻很小的电源，忽略其交流压降，都可以视为短路。

按照图 5—9a 所示的放大电路，画出如图 5—9b 所示的交流等效电路。

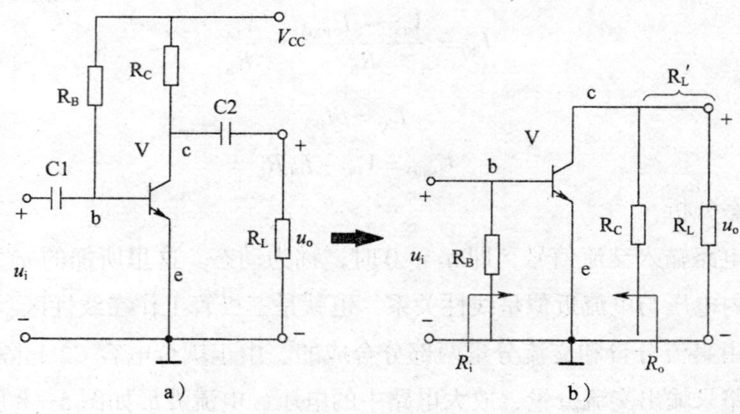

● 图 5—9　放大电路的等效电路

a）放大电路　b）交流等效电路

1）放大电路电压放大倍数 A_u。放大器的电压放大倍数是指输出电压 u_o 与输入电压 u_i 的比值。

即

$$A_u = \frac{u_o}{u_i}$$

当有合适静态工作点时，若输入为低频小信号，三极管基极 b 和发射极 e 间用线性电阻 r_{be} 来等效，一般情况下，r_{be} 为 1 kΩ 左右，可以用以下公式来估算：

$$r_{be} \approx 300 + (1+\beta)\frac{26(\text{mV})}{I_{EQ}(\text{mA})}\Omega$$

由图 5—9b 可看出，输入信号电压 $u_i = i_b r_{be}$，输出信号电压 $u_o = -i_c R_L' = -\beta i_b R_L'$。

式中 $R_L' = R_C // R_L$，即为 R_C 与 R_L 并联的等效电阻，则

$$A_u = \frac{u_o}{u_i} = -\beta\frac{R_L'}{r_{be}}$$

当放大电路不带负载时，即放大电路空载时的电压放大倍数为

$$A_u = -\beta\frac{R_C}{r_{be}}$$

扫描二维码
查看参考答案

想一想

电压放大倍数估算公式中的"–"有什么含义？

2）放大电路的输入电阻 R_i 和输出电阻 R_o。从放大电路输入端看进去的交流等效电阻（不包括信号源的等效内阻），称为放大电路的输入电阻，用 R_i 表示。从放大电路的输出端看进去的交流等效电阻（不包括负载）称为放大电路的输出电阻，用 R_o 表示。

由图 5—9b 可得，放大电路的输入电阻为

$$R_i = R_B // r_{be}$$

因为 $$R_B \geqslant r_{be}$$

所以 $$R_i \approx r_{be}$$

对信号源来说，放大器是其负载，输入电阻 R_i 表示信号源的负载电阻。等效电路如图 5—10 所示。一般情况下，希望放大器的输入电阻尽可能大些，这样，向信号源（或前一级电路）汲取的电流小，有利于减轻信号源的负担，使送到放大器输入端的信号电压大。但从上式可以看出，共射极基本放大电路的输入电阻是比较小的。

对负载来说，放大器又相当于一个具有内阻的信号源，这个内阻就是放大电路的输出电阻。该放大电路的输出电阻

$$R_o \approx R_C$$

对负载来说，放大器是向负载提供信号的信号源，放大器的输出电阻 R_o 是信号源的内阻，如图 5—10 所示。当负载发生变化时，输出电压发生相应的变化，放大器的带负载能力差。因此，为了提高放大器的带载能力，应设法降低放大器的输出电阻。但从上述结果可知，共射极基本放大电路的输出电阻是比较大的。

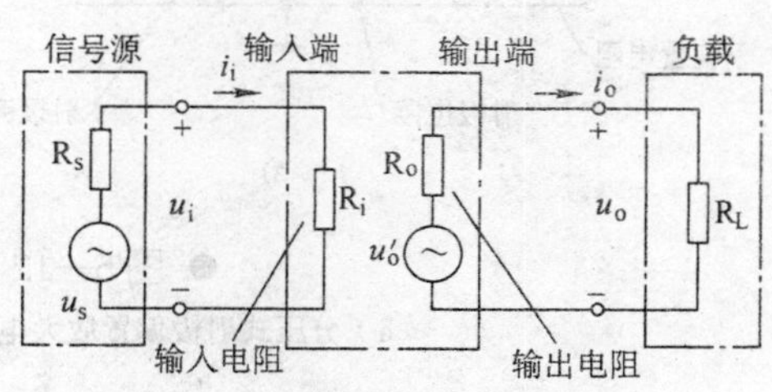

图 5—10 放大器的输入电阻和输出电阻

二、分压式射极偏置放大电路

静态工作点的稳定不仅关系到波形失真，而且对电压放大倍数也有重要影响，在影响工作点不稳定的因素中，温度是主要因素。温度升高，会使 I_C 增加，特性曲线上移，输出特性曲线间距加宽，Q 点上移，可能使静态工作点由正常的 Q 点移到接近饱和区的 Q_1 点，致使放大器无法正常工作，如图 5—11 所示。

要想使 I_{CQ} 基本稳定不变，就要求在温度升高时，电路能自动地适当减小基极电流

I_{BQ}。而采用分压式射极偏置放大电路，在温度变化时，就可使静态工作点保持稳定。

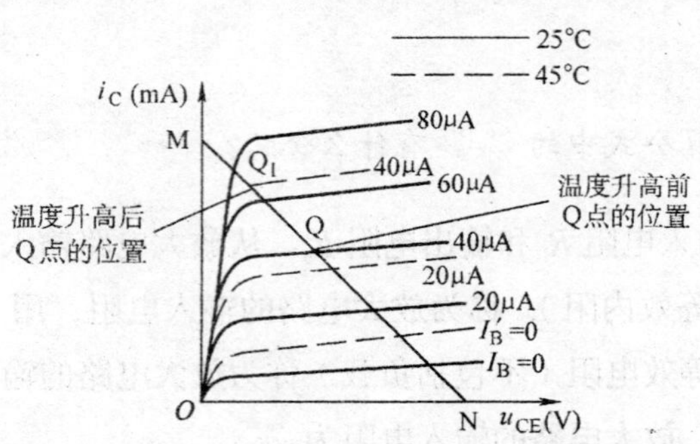

● 图 5—11　三极管在不同温度时的输出特性曲线

1. 分压式射极偏置放大电路的结构特点

分压式射极偏置放大电路如图 5—12a 所示，与前面介绍的共射极基本放大电路的区别在于：三极管基极接了两个分压电阻 R_{B1} 和 R_{B2}，发射极接了电阻 R_E 和电容器 C_E。

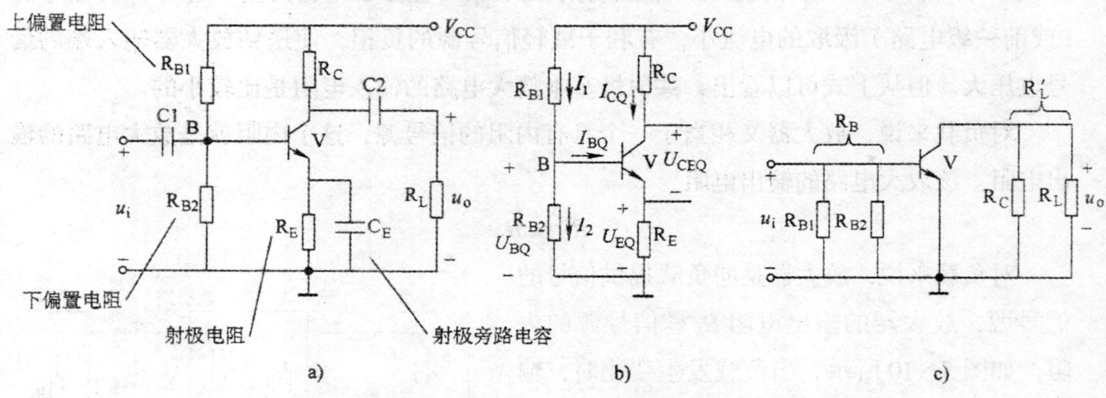

● 图 5—12　分压式射极偏置放大电路

a）分压式射极偏置放大电路　b）直流等效电路　c）交流等效电路

2. 稳定静态工作点原理

利用上偏置电阻 R_{B1} 和下偏置电阻 R_{B2} 组成串联分压器，为基极提供稳定的静态工作电压 U_{BQ}。

直流等效电路如图 5—12b 所示，适当选择参数，使电路满足：

$$I_1 \approx I_2 \geqslant I_{BQ},\ U_{BQ} \geqslant U_{BEQ}$$

那么 R_{B1} 和 R_{B2} 可看作串联，对电源 V_{CC} 的分压为

$$U_{BQ} \approx \frac{R_{B2}}{R_{B1}+R_{B2}}V_{CC}$$

由此可见，U_{BQ} 只取决于 V_{CC}、R_{B1} 和 R_{B2}，它们都不随温度的变化而变化，所以 U_{BQ}

将稳定不变。

利用发射极电阻R_E，自动使静态电流I_{EQ}稳定不变。从物理过程来看，如温度升高，I_{CQ}（或I_{EQ}）将增加，而U_{BQ}是由电阻R_{B1}、R_{B2}分压固定的，I_{EQ}的增加将使外加于三极管的$U_{BEQ}=U_{BQ}-I_{EQ}R_E$减小，从而使I_{BQ}自动减小，结果限制了I_{CQ}的增加，使I_{CQ}基本恒定。以上变化过程可表示为

$$\text{温度升高}\ (T\uparrow)\rightarrow I_{CQ}\uparrow\rightarrow I_{EQ}\uparrow\rightarrow U_{BEQ}=(U_{BQ}-I_{EQ}R_E)\downarrow\rightarrow I_{BQ}\downarrow \rightarrow I_{CQ}\downarrow$$

3. 分压式射极偏置放大电路的估算

从分压式偏置电路的交流等效电路图5—12c可以看出，它与共射极基本放大电路的交流等效电路相似，只是$R_B=R_{B1}//R_{B2}$不同。所以，输入电阻、输出电阻和电压放大倍数的估算公式完全相同。因而只要讨论静态工作点的估算。

$$U_{BQ}\approx\frac{R_{B2}}{R_{B1}+R_{B2}}V_{CC}$$

$$I_{CQ}\approx I_{EQ}=\frac{U_{BQ}-U_{BEQ}}{R_E}$$

$$I_{BQ}=\frac{I_{CQ}}{\beta}$$

$$U_{CEQ}=V_{CC}-I_{CQ}R_C-I_{EQ}R_E$$

三、射极输出器

1. 电路的组成

射极输出器电路如图5—13a所示，如图5—13b所示为其合上开关SA时的交流等效电路。由图可知，输入信号是从三极管的基极与集电极之间输入，从发射极与集电极之间输出。集电极为输入与输出电路的公共端，故称共集放大电路。由于信号从发射极输出，所以又称为射极输出器。

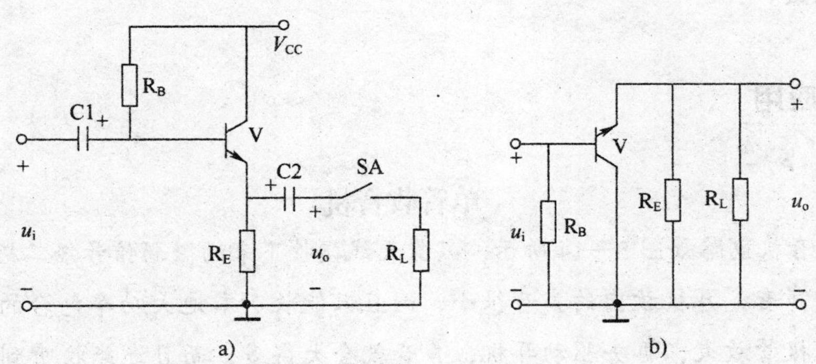

● 图5—13 射极输出器电路

a）射极输出器电路 b）交流等效电路

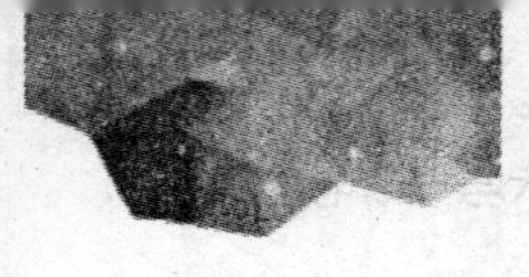

2. 电路参数的特点

（1）电压放大倍数

$$A_u = \frac{u_o}{u_i} = \frac{u_o}{u_o + u_{bei}} \approx 1$$

射极输出器的电压放大倍数小于 1，且接近于 1。其输出电压与输入电压相位相同。

（2）输入电阻

$$R_i \approx R_B // [r_{be} + (1+\beta)(R_E // R_L)]$$

射极输出器的输入电阻较大。

（3）输出电阻

$$R_o \approx R_E // \frac{r_{be}}{\beta} \approx \frac{r_{be}}{\beta}$$

射极输出器的输出电阻较小。

提示

射极输出器的输入电阻大，输出电阻小，输出电压与输入电压同相位，没有电压放大能力，但有电流放大和功率放大能力。

（4）射极输出器的应用

射极输出器具有电压跟随作用和输入电阻大、输出电阻小的特点，且有一定的电流和功率放大作用，因而无论是在分立元件多级放大电路还是在集成电路中，它都有十分广泛的应用。

1）用作输入级：因其输入电阻大，可以减轻信号源的负担。

2）用作输出级：因其输出电阻小，可以提高带负载的能力。

3）用在两级共射极基本放大电路之间作为隔离级（或简称为缓冲级）：因其输入电阻大，对前级影响小；因其输出电阻小，对后级的影响也小。所以可以有效地提高总的电压放大倍数。

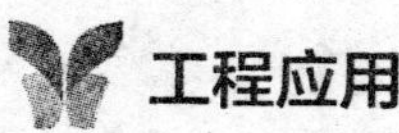

工程应用

单管收音机

单管收音机电路如图 5—14 所示，只靠天线接收下来的微弱信号经二极管检波后驱动耳机发出声音，耳机放出的声音很小，而且只能收听本地大功率电台的广播，如果经过晶体三极管放大，再去驱动耳机，声音就会大得多，而且还能收听到较远电台的广播。

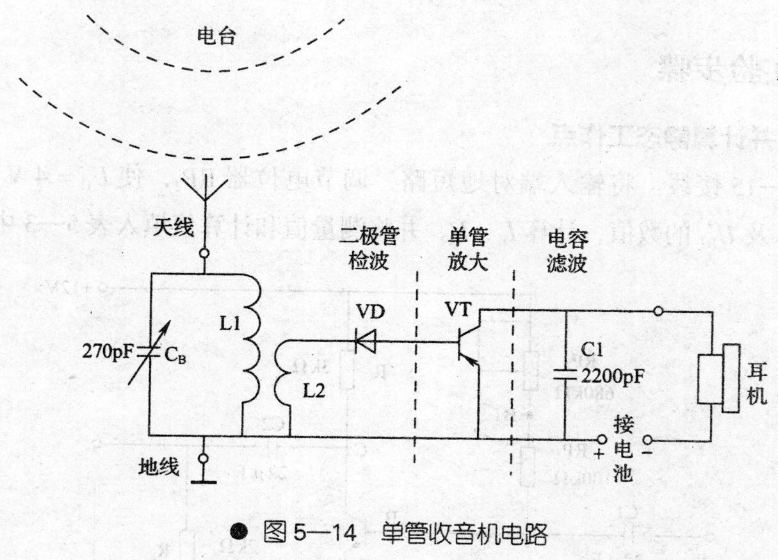

● 图 5—14　单管收音机电路

实验 7　单管放大电路的测试

一、实验目的

1. 深入理解放大器的工作原理。

2. 学会测量单管放大电路静态工作点，进一步理解电路元件参数对静态工作点的影响，以及调整静态工作点的方法。

3. 理解合理设置静态工作点的意义，观察静态工作点变化导致的波形失真。

4. 学会测量输入电阻、输出电阻及最大不失真输出电压幅值。

5. 学会使用毫伏表、示波器及信号发生器。

二、实验器材

1. 低频信号发生器 1 台。

2. 示波器 1 台。

3. 直流稳压电源 1 台。

4. 毫伏表 1 块。

5. 万用表 1 块。

6. 单管放大电路的实验电路板 1 块，7.2 kΩ、5.1 kΩ、10 kΩ、100 kΩ、1 MΩ 电阻各 1 个。

三、实验步骤

1. 测量并计算静态工作点

按图 5—15 接线。将输入端对地短路，调节电位器 RP_2，使 $U_C = 4$ V 左右，测量 U_C、U_E、U_B 及 U_{B1} 的数值，计算 I_B、I_C，并将测量值和计算值填入表 5—3 中。

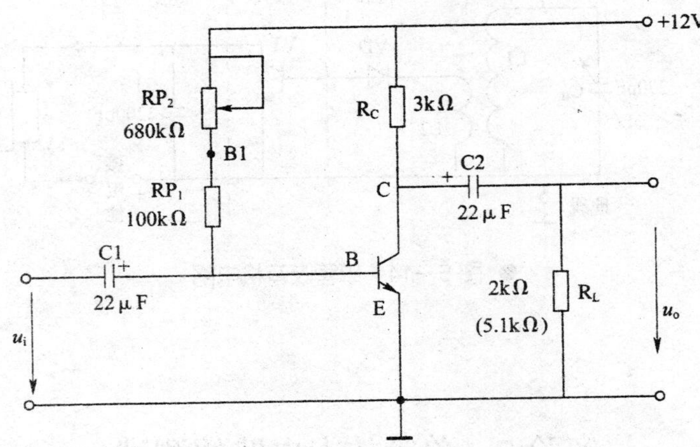

图 5—15　单管放大电路

表 5—3　　静态工作点测量数据

调整 RP_2	测量			计算	
U_C（V）	U_E（V）	U_B（V）	U_{B1}（V）	I_C（mA）	I_B（μA）

2. 观察负载变化对放大倍数的影响

负载电阻分别取 $R_L = 2$ kΩ、$R_L = 5.1$ kΩ 和 $R_L = \infty$，输入 $f = 1$ kHz 的正弦信号，幅度以保证输出波形不失真为准。测量 U_i 和 U_o，计算电压放大倍数：$A_u = U_o/U_i$，填入表 5—4 中。

表 5—4　　不同 R_L 下的 U_o、U_i 和 A_u

R_L（kΩ）	U_i（mV）	U_o（V）	A_u
2			
5.1			
∞			

3. 观察集电极电阻变化对放大倍数的影响

取 $R_L = 5.1\ k\Omega$，按表 5—5 改变 R_C，输入 $f = 1\ kHz$ 的正弦信号，幅度以保证输出波形不失真为准。测量 U_i 和 U_o，计算电压放大倍数：$A_u = U_o/U_i$，填入表 5—5 中。

表 5—5　　**不同 R_C 下的 U_o、U_i 和 A_u**

R_C（kΩ）	U_i（mV）	U_o（V）	A_u
3			
2			

4. 观察静态工作点对放大器输出波形的影响

输入信号不变，用示波器观察正常工作时输入、输出电压的波形及相位关系，并描画下来。

逐渐减小 RP_2 的阻值，观察输出电压的变化，在输出电压波形出现明显失真时，把失真的波形描画下来，并说明是哪种失真。如果 RP_2 为 0 Ω 后，仍不出现失真，可以加大输入信号 U_i 的幅值，或将 RP_1 由 100 kΩ 改为 10 kΩ，直到出现明显失真波形。

逐渐增大 RP_2 的阻值，观察输出电压的变化，在输出电压波形出现明显失真时，把失真波形描画下来，并说明是哪种失真。如果 RP_2 为 1 MΩ 后，仍不出现失真，可以加大输入信号 U_i 的幅值，直到出现明显失真波形。

将观察结果分别填入表 5—6 中。

表 5—6　　**不同静态工作点下的输入和输出电压波形**

阻值	波形	失真类型
正常	U_i → t U_o → t	
RP_2 减小	U_o → t	
RP_2 增大	U_o → t	

调节 RP_2 使输出电压波形不失真且幅值为最大（这时的电压放大倍数最大），测量此时的静态工作点 U_C、U_B、U_{B1} 和输出电压 U_o。将测量结果填入表 5—7 中。

表 5—7　　输出电压幅值最大时的静态工作点

U_{B1}（V）	U_C（V）	U_B（V）	U_o（V）

四、实验报告

1. 整理实验数据，填入相应的表格中，并按要求进行计算。
2. 总结电路参数变化对静态工作点和电压放大倍数的影响。
3. 讨论静态工作点对放大器输出波形的影响。

§5—2　负反馈放大电路

高层住宅的自来水必须再次增压才能送到高层住户的家里，楼层越高，需要增加的压力也越大。同样，在实际应用中，一个微弱的信号可能要放大几千倍或几万倍甚至更大，仅靠单级放大器往往是不够的，通常需要把若干级放大器连接起来，将信号进行逐级放大，如图 5—16 所示。为了稳定电路的静态工作点，改善放大器的性能，可以引入负反馈。

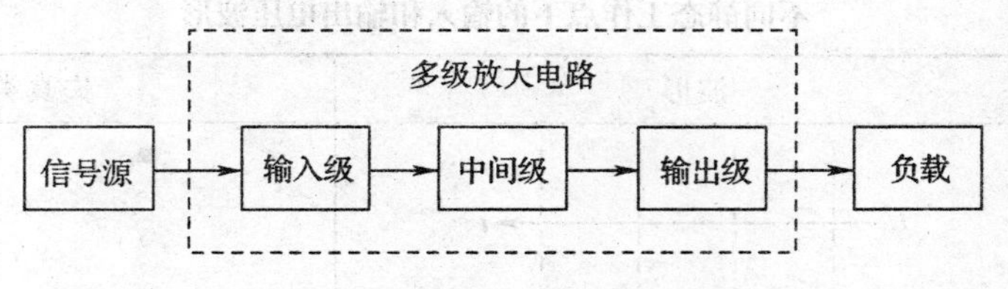

● 图 5—16　多级放大电路的组成框图

一、多级放大电路

1. 耦合形式

各级放大器之间的连接方式叫作耦合。放大电路的级间耦合必须要保证信号的传输，且保证各级的静态工作点正确。放大器级与级之间的耦合方式主要有阻容耦合、变压器耦合、直接耦合和光电耦合四种，见表 5—8。实际使用中，需按照不同电路的需要，选择合适的级间耦合方式。

表 5—8　**四种级间耦合方式**

耦合方式	应用电路	特点	应用
阻容耦合	前级放大器 —C— 后级放大器	（1）用一只容量足够大的耦合电容进行连接，传递交流信号 （2）前、后级放大器之间的直流电路被隔离，静态工作点彼此独立，互不影响	低频特性一般，不能用于直流放大器中，一般应用在低频电压放大电路中
变压器耦合	前级放大器 —T— 后级放大器	（1）通过变压器进行连接，将前级输出的交流信号通过变压器耦合到后级 （2）电路中的耦合变压器还有阻抗变换作用，这有利于提高放大器的输出功率 （3）能够隔离前、后级的直流电路。所以，各级电路的静态工作点彼此独立，互不影响	由于变压器体积大，低频特性差，又无法集成，因此一般应用于高频调谐放大器或功率放大器中
直接耦合	前级放大器 → 后级放大器	（1）无耦合元器件，信号通过导线直接传递，可放大缓慢的直流信号 （2）直流放大器必须采用这种耦合方式 （3）前、后级的静态工作点互相影响，给电路的设计和调试增加了难度	直接耦合便于电路的集成化，因此广泛应用于集成电路中
光电耦合	前级放大器 — 光电耦合器 — 后级放大器	（1）以光电耦合器为媒介来实现电信号的耦合和传输 （2）光电耦合既可传输交流信号又可传输直流信号，而且抗干扰能力强，易于集成化	广泛应用在集成电路中

2. 多级放大电路的电压放大倍数和输入输出电阻

从图 5—17 所示多级放大电路的框图可知，前级放大电路就是后级的信号源，它的输出电阻就是信号源的内阻，而后级放大电路就是前级的负载，它的输入电阻就是信号源的负载电阻。

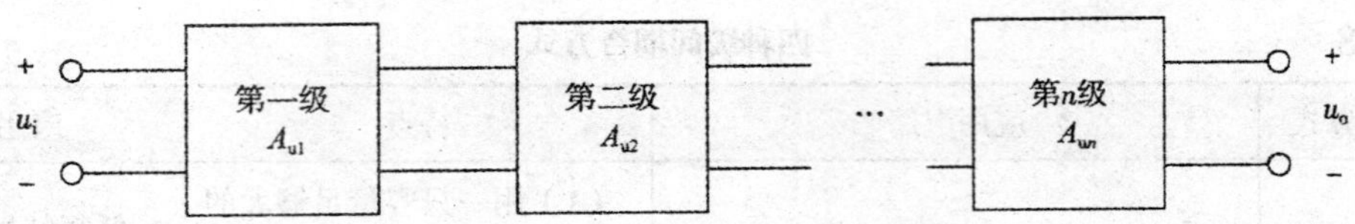

● 图 5—17　多级放大电路的框图

若多级放大电路一共有 n 级，各级的电压放大倍数分别为 A_{u1}、A_{u2}、…、A_{un}，那么它的总电压放大倍数应当是 $A_u = A_{u1} \times A_{u2} \times \cdots \times A_{un}$；多级放大电路的输入电阻就是第一级放大电路的输入电阻，即 $R_i = R_{i1}$；多级放大电路的输出电阻就是最后一级放大电路的输出电阻，即 $R_o = R_{on}$。

二、反馈的概念

1. 反馈的定义

将电路的输出量（电压或电流）的部分或全部通过一定的电路，以一定的方式回送到输入端并与输入信号（电压或电流）比较，从而进一步影响放大器输出的过程称为反馈，反馈示意图如图 5—18 所示，将输出量回送到输入端的电路称为反馈电路。

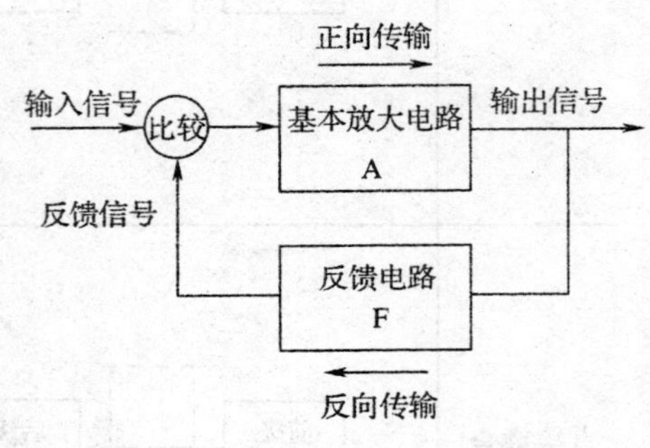

● 图 5—18　反馈示意图

2. 反馈的分类

（1）正反馈和负反馈

正反馈：增强放大电路净输入量变化趋势的反馈。

负反馈：削弱放大电路净输入量变化趋势的反馈。

放大电路中采用负反馈，正反馈多用于振荡电路中。

采用瞬时极性法可判断反馈电路是正反馈还是负反馈，判断步骤如下。

1）先假设输入信号在某一瞬间对地极性为“+”。

2）从输入端到输出端依次标出放大电路各点的瞬时极性。

3）根据反馈信号的极性，再与输入信号进行比较，最后确定反馈极性。

假设加到三极管基极的输入信号瞬时极性为“+”，若送回基极的反馈信号瞬时极性为“−”，则为负反馈；反之，则为正反馈。若送到发射极的反馈信号瞬时极性为“+”，为负反馈；反之，则为正反馈。如图 5—19 所示。

注意：

①发射极输出信号与基极输入信号的瞬时极性相同，集电极输出信号与基极输入信号的瞬时极性相反。

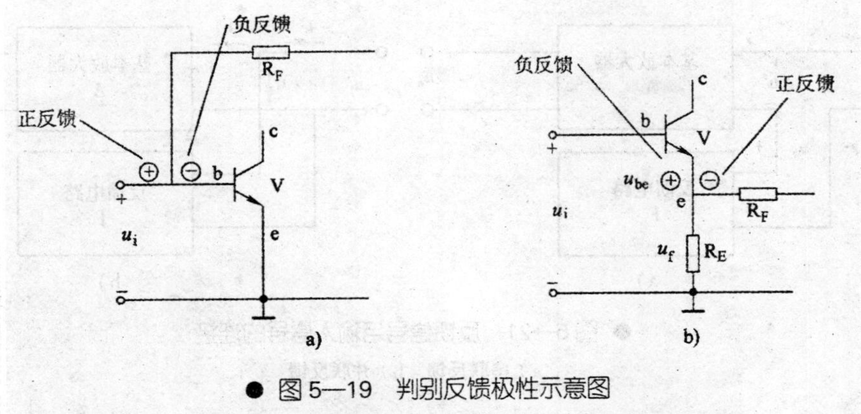

● 图 5—19　判别反馈极性示意图

a）反馈加到基极　b）反馈加到发射极

②电阻、电容等元件对瞬时极性没有影响。

（2）电压反馈和电流反馈

电压反馈的反馈信号取自放大电路的输出电压，电流反馈的反馈信号取自放大电路的输出电流。如图 5—20 所示，电压反馈的取样环节与放大电路的输出端并联，电流反馈的取样环节与放大电路的输出端串联。

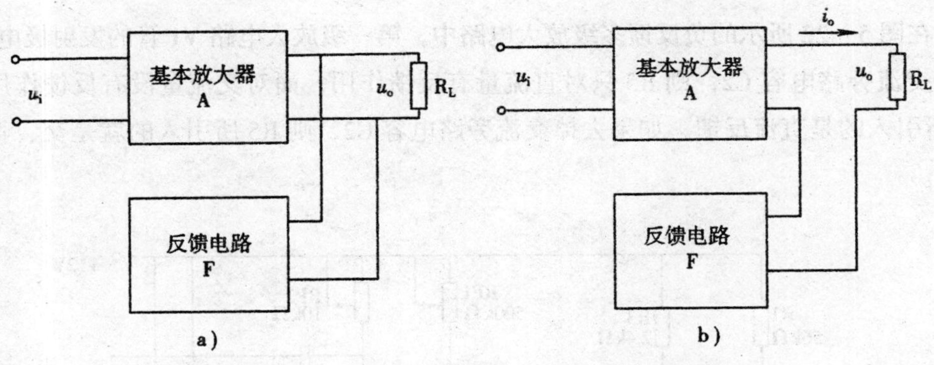

● 图 5—20　反馈信号在输出端的取样方式

a）电压反馈　b）电流反馈

可采用输出短路法来判断反馈电路是电压反馈还是电流反馈，具体方法如下：将负载短路，使输出电压为零，若反馈信号也为零，则为电压反馈；否则就是电流反馈。

（3）串联反馈与并联反馈

串联反馈的反馈信号在输入端是与信号源串联，并联反馈的反馈信号在输入端是与信号源并联，如图 5—21 所示。在串联反馈中，反馈信号以电压形式出现，净输入电压 $u_i' = u_i - u_f$；在并联反馈中，反馈信号以电流形式出现，净输入电流 $i_i' = i_i - i_f$。

可采用输入端短路法来判断反馈电路是串联反馈还是并联反馈，具体如下：

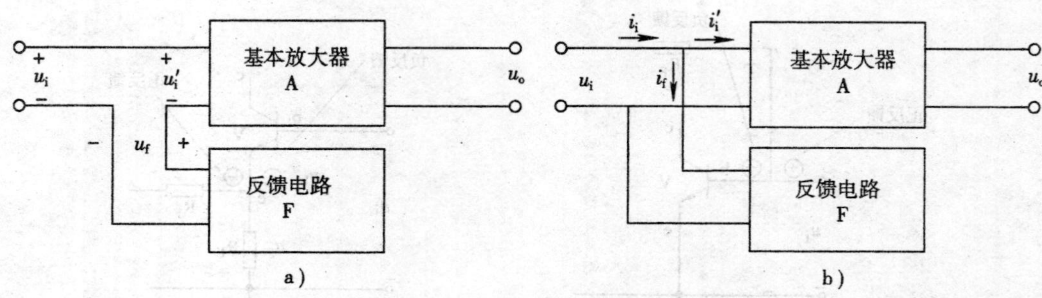

● 图5—21　反馈信号与输入信号的连接

a）串联反馈　b）并联反馈

将输入端短路，如反馈信号同时被短路，即净输入信号为零，则为并联反馈；否则为串联反馈。

也可以从反馈电路在输入端的连接方式来判别，若输入信号和反馈信号分别从不同端引入，为串联反馈；若二者从同一端引入，则为并联反馈。

（4）直流反馈与交流反馈

直流反馈是指反馈量中只含有直流量的反馈。同理，交流反馈的反馈量中只含有交流量。

在图5—22所示的负反馈多级放大电路中，第一级放大电路V1管的发射极电阻R5接有交流旁路电容C2，则R5只对直流量有反馈作用，而对交流量没有反馈作用，即R5所引入的是直流反馈。如果去掉交流旁路电容C2，则R5所引入的就是交、直流反馈了。

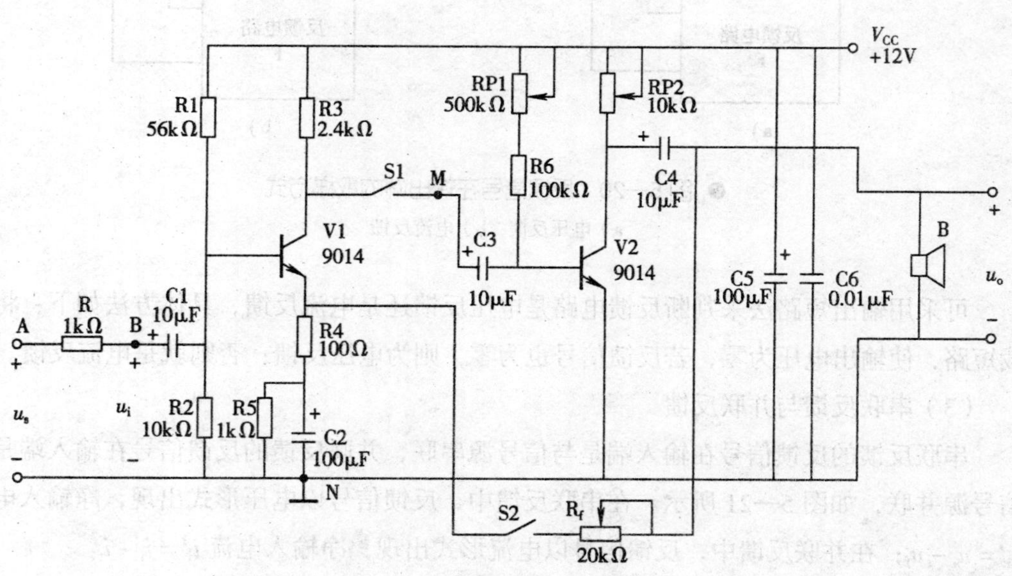

● 图5—22　负反馈多级放大电路

三、负反馈对放大电路性能的影响

直流负反馈的作用主要是稳定静态工作点，交流负反馈可以改善放大电路的动态特性。

1. 提高放大倍数的稳定性

引入负反馈使放大倍数的稳定性提高了，但放大倍数下降了。

2. 减小非线性失真

如图 5—23 所示，由于三极管是非线性元件，当一个无负反馈的放大器对输入信号正负半波的放大能力不一样，就会产生非线性失真。如果引入了负反馈，通过反馈电路将失真的输出信号再回送到输入端与输入信号相比较，得到的失真的净输入信号会使输出信号的非线性失真减小。

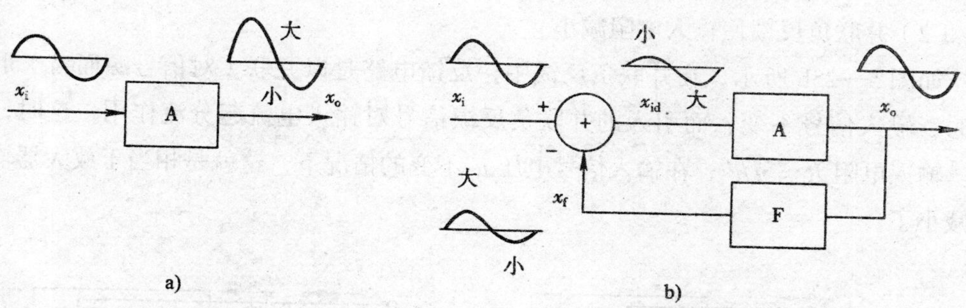

图 5—23　负反馈对非线性失真的影响

a）无负反馈　b）带负反馈

3. 展宽通频带

在阻容耦合放大器中，由于电抗元件的影响，使放大电路在低频段和高频段的放大倍数下降。通常规定，当放大器电压放大倍数下降到中频放大倍数的 $1/\sqrt{2}$ 时，所对应的低频频率和高频频率分别称为下限频率 f_L 和上限频率 f_H，f_L 与 f_H 之间的频率范围称为放大器的通频带，以 BW 表示。引入负反馈后，在低频段和高频段，随着频率的降低和升高，放大倍数下降的速度相对减慢，因而使通频带展宽，如图 5—24 所示。

4. 改变放大电路的输入、输出电阻

（1）串联负反馈使输入电阻增大

如图 5—25a 所示，在串联负反馈中，反馈电压与输入电压相互抵消，使净输入电压（$u_i' = u_i - u_f$）减小，因而输入电流 i_i 减小。而输入电阻 $R_i = u_i/i_i$，故在输入信号 u_i 不变的情况下，相当于放大器输入电阻增大了。

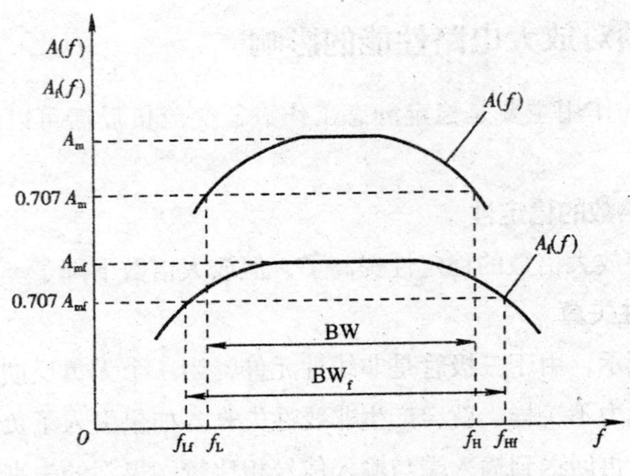

● 图 5—24　负反馈对通频带的影响

（2）并联负反馈使输入电阻减小

如图 5—25b 所示，在并联负反馈中，反馈电路是以并联（对信号源而言）形式接入时，输入信号不变，而引入的并联负反馈信号对输入电流起分流作用，这时，i'_i 增大。输入电阻 $R_i = u_i/i'_i$，在输入信号电压 u_i 不变的情况下，这就是相当于放大器输入电阻减小了。

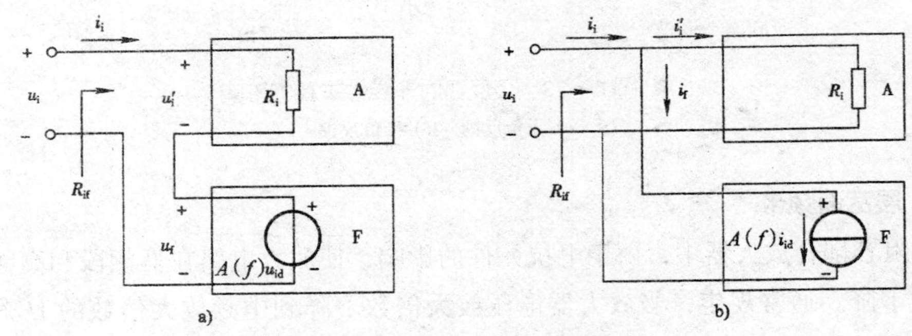

● 图 5—25　负反馈对输入电阻的影响

a）串联负反馈　b）并联负反馈

（3）电压负反馈使输出电阻减小

电压负反馈具有稳定输出电压的作用，这时放大器相当于一个电压源，而电压源的内阻较小，所以放大器的输出电阻减小了，如图 5—26a 所示。

（4）电流负反馈使输出电阻增大

电流负反馈具有稳定输出电流的作用，这时放大器相当于一个电流源，而电流源的内阻较大，所以放大器的输出电阻增大了，如图 5—26b 所示。

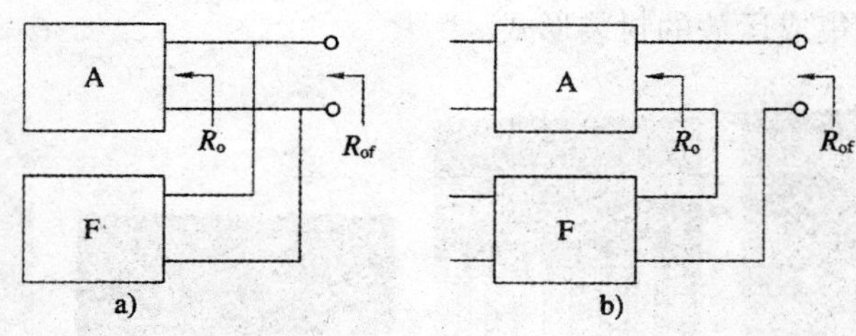

● 图 5—26　负反馈对输出电阻的影响

a）电压负反馈　b）电流负反馈

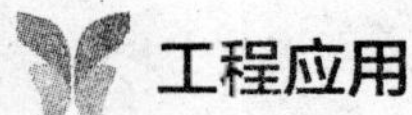

工程应用

负反馈技术在音响系统中的应用

1927 年贝尔实验室发明了负反馈技术后，使音响技术的发展进入了一个崭新的时代，比较有代表性的如“威廉逊”放大器，较成功地运用了负反馈技术，使放大器的失真度大大降低，20 世纪 50 年代电子管放大器的发展达到了一个新阶段，各种电子管放大器层出不穷。由于使用电子管放大器的音响音色甜美、圆润，至今仍受发烧友喜爱。20 世纪 60 年代晶体管的出现，使广大音乐爱好者进入了一个更为广阔的音响天地。晶体管放大器音响具有细腻动人的音色、较低的失真、较宽的频响及动态范围等特点。

§5—3　集成运算放大器

集成电路是 20 世纪 60 年代发展起来的一种新型电子器件，它是在半导体硅片上通过一系列工艺由晶体三极管、电阻、电容以及相互间的连线制成的一个完整的、有一定功能的电路，它具有体积小、质量小、焊点少等优点，大大提高了电路的可靠性，促进了设备的小型化。集成电路分为数字集成电路和模拟集成电路两大类。

运算放大器是一种模拟集成电路，由于早期主要用于计算机的各种数学运算，故通常将运算放大器简称为“集成运放”或简称为“运放”。随着电子技术的不断发展，集成运放的应用已不限于数学运算，而作为一种高放大倍数的直接耦合放大器件，广泛用于自动控制、通信、信号处理以及电源等电子技术应用的多个领域。

一、集成运算放大器的外形和图形符号

1. 集成运算放大器的外形

集成运放封装有双列直插式、单列直插式、扁平式、圆壳式封装等多种外形。图

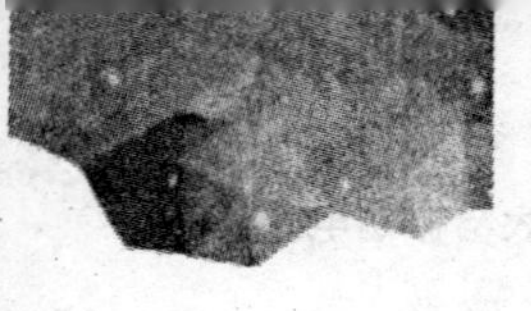

5—27 所示为常见集成运放的封装形式。

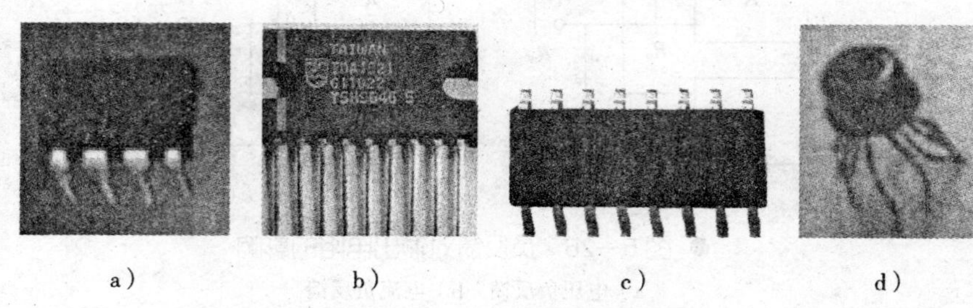

a）　b）　c）　d）

● 图 5—27　常见集成运放的外形

a）双列直插式　b）单列直插式　c）扁平式　d）圆壳式

2. 集成运算放大器的图形符号

集成运算放大器的图形符号如图 5—28 所示。图中“▷”表示放大器，三角形所指方向为信号的传输方向，“∞”表示开环电压放大倍数极高。它有两个输入端和一个输出端。“+”（或 P）表示同相输入端，输出端信号与该端输入信号同相；“-”（或 N）表示反相输入端，输出端信号与该输入端信号反相。

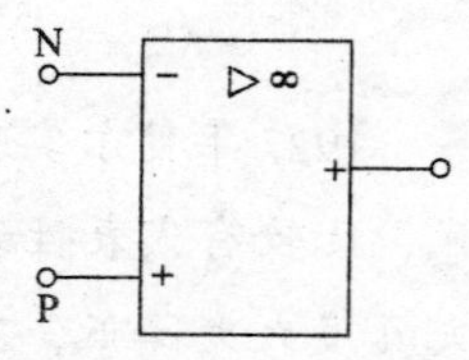

● 图 5—28　集成运放的图形符号

二、集成运算放大器的主要参数

为了表征集成运放的性能，生产厂家给出了很多参数，作为合理选择和正确使用集成运放的依据。其主要参数见表 5—9。

表 5—9　**集成运算放大器的主要参数**

参数	符号	说明
开环差模电压放大倍数	A_{uo}	开环差模电压放大倍数简称“开环增益”。开环状态下，A_{uo} 为输出电压 U_o 与输入差模电压（$U_{i1}-U_{i2}$）之比，即 $A_{uo}=U_o/(U_{i1}-U_{i2})$。$A_{uo}$ 越大，器件的性能越稳定，运算精度也就越高
输入失调电压	U_{io}	输入电压为零时，为使输出电压为零，在输入端附加一个补偿电压，该补偿电压叫作输入失调电压。高质量产品 U_{io} 一般在 1 mV 以下
输入失调电流	I_{io}	在输入信号为零时，I_{io} 为两输入端静态基极电流之差，即 $I_{io}=I_{iB1}-I_{iB2}$。I_{io} 一般为 0.1～0.01 mA，此值越小越好
输入偏置电流	I_{iB}	在输入信号为零时，I_{iB} 为两输入端所需的静态基极电流的平均值，即 $I_{iB}=(I_{iB1}+I_{iB2})/2$，一般情况在 1 mA 以下。$I_{iB}$ 越小零漂越小
最大差模输入电压	U_{idm}	正常工作时，在两个输入端之间允许加载的最大差模电压。使用时差模输入电压不能超过此值

续表

参数	符号	说明
最大共模输入电压	U_{icm}	两输入端之间所能承受的最大共模电压。如果共模输入电压超过此值，集成运放的共模抑制性能明显下降，甚至会造成器件的损坏
差模输入电阻	r_{id}	两输入端加入差模信号时的交流输入电阻。此值越大，集成运放向信号源索取的电流越小，运算精度越高
开环输出电阻	r_o	开环时的动态输出电阻。r_o 越小带载能力越强
共模抑制比	K_{CMR}	用来综合衡量运放的放大能力和抑制共模的能力。K_{CMR} 越大越好

三、集成运算放大器的工作特性

1. 集成运放的理想化条件

在实际分析过程中常常把集成运放理想化，采用理想集成运放进行分析，不但简化了分析过程，而且分析的结果与实际情况相差很小。集成运放的理想化条件如下。

（1）开环差模电压放大倍数 $A_{uo}\to\infty$。

（2）差模输入电阻 $r_{id}\to\infty$。

（3）开环输出电阻 $r_o\to 0$。

（4）共模抑制比 $K_{CMR}\to\infty$。

（5）没有失调现象，即当输入信号为零时，输出信号也为零。

2. 集成运放的电压传输特性

集成运放的输出电压与输入电压（即同相输入端与反相输入端之间的电压）之间的关系曲线称为电压传输特性曲线，曲线分为线性区和非线性区。如图 5—29 所示，在线性区，输出电压 u_o 随着输入电压（u_P-u_N）的变化而变化；但是在非线性区，u_o 只有两种可能：或者是 $+U_{om}$ 或者是 $-U_{om}$。

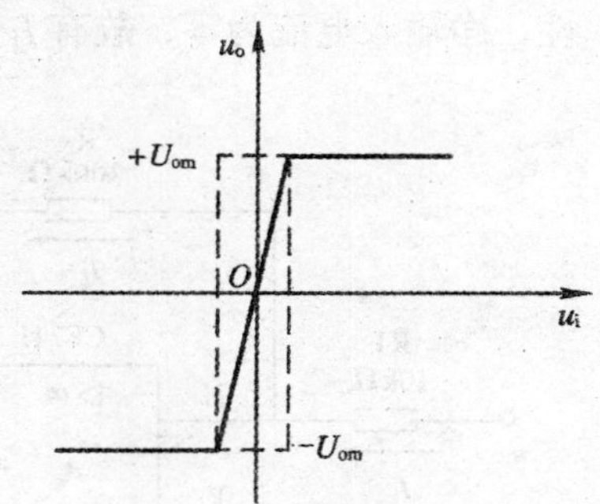

● 图 5—29　集成运放的电压传输特性曲线

3. 分析集成运放的重要依据

（1）理想集成运放工作在线性区时分析电路的两个重要依据

1）集成运放两输入端之间的电压为零，即

$$u_P - u_N = 0$$

2）集成运放两输入端电流为零，即

$$i_P = i_N = 0$$

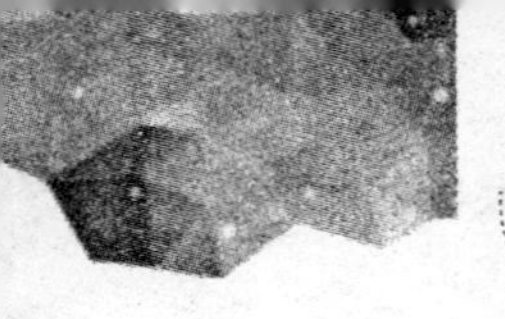

提示

$u_P = u_N$ 时，称为虚短。如果有一个输入端接地，则另外一个输入端的电位也为零，此时称为“虚地”。$i_P = i_N = 0$ 时，这个特性称为虚断。

（2）理想集成运放工作在非线性区时分析电路的两个重要依据

1）当 $u_P>u_N$ 时，$u_o = +U_{om}$；当 $u_P<u_N$ 时，$u_o = -U_{om}$。

$u_P \neq u_N$，所以理想集成运放工作在非线性区时电路不再具有“虚短”特性。

2）两个输入端的输入电流为零，即：

$$i_P = i_N = 0$$

所以理想集成运放工作在非线性区时仍然具有“虚断”特性。

四、集成运放的线性应用电路分析

1. 比例运算器

（1）反相比例运算器

反相比例运算器电路如图 5—30a 所示，特点是输入信号和反馈信号都加在集成运放的反相输入端。图中 R_f 为反馈电阻，R2 为平衡电阻，使集成运放两输入端对称，取值为 $R_2 = R_1//R_f$。

由于同相输入端接地，故输入端为“虚地”点，即 $u_P = u_N = 0$，又根据“虚断”特性，净输入电流为零，故有 $I_1 = I_f$。由图 5—30a 可得：

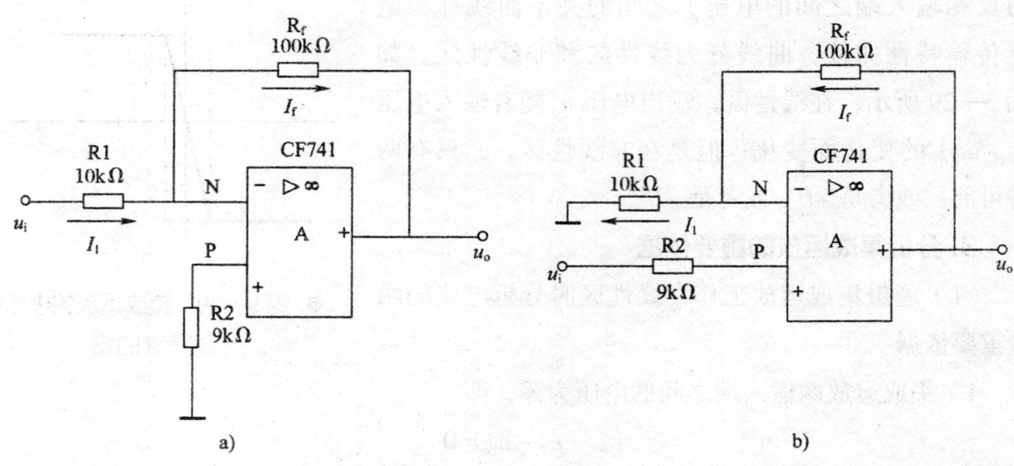

图 5—30 比例运算器电路图

a）反相比例运算器 b）同相比例运算器

$$\frac{u_i - u_N}{R_1} = \frac{u_N - u_o}{R_f}$$

放大器的电压放大倍数为　$A_{uf} = \dfrac{u_o}{u_i} = -\dfrac{R_f}{R_1}$

想一想

扫描二维码

查看参考答案

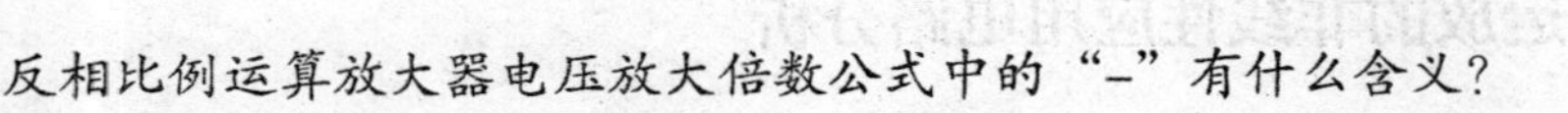

反相比例运算放大器电压放大倍数公式中的“-”有什么含义？

（2）同相比例运算器

同相比例运算器电路如图 5—30b 所示，利用“虚短”特性，可得到 $u_p = u_N = u_i$；又根据“虚断”特性，$I_N = 0$，可得：

$$u_N = \frac{R_1}{R_1 + R_f} u_o$$

所以
$$A_{uf} = \frac{u_o}{u_i} = 1 + \frac{R_f}{R_1}$$

u_o 与 u_i 同相，故称为同相放大器，又称为同相比例运算放大器。若令 $R_f = 0$，$R_1 = \infty$（即开路状态），则比例系数为 1，该电路又称为电压跟随器。

2. 加法器

在反相放大器的基础上，增加几个输入支路便可组成反相加法运算电路，也称为反相加法器，如图 5—31 所示。

根据理想特性有：

$$I_1 + I_2 = I_f$$

集成运放反相输入端为虚地点，故有：

$$\frac{u_{i1}}{R_1} + \frac{u_{i2}}{R_2} + \frac{u_o}{R_f} = 0$$

● 图 5—31　加法器电路图

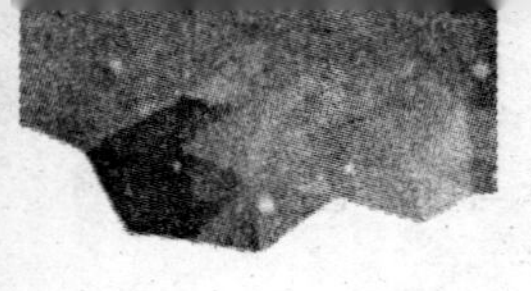

由于 $R_1 = R_2 = R_f = 10\ \text{k}\Omega$，可得到：

$$u_o = -(u_{i1} + u_{i2})$$

上式表明，输出电压与各输入电压之和相等，实现了加法运算。式中负号表示输出电压与输入电压相位相反。由于反相输入端为虚地点，所以各输入信号电压之间相互影响极小。该电路常用在测量和控制系统中，对各种信号按不同比例进行组合运算。

五、集成运放的非线性应用电路分析

1. 单门限电压比较器

在电压比较器中，集成运放接成开环或正反馈状态，工作于非线性区。输出电压只有两种可能的数值，即：

$$u_P > u_N \text{ 时，} u_o = +U_{om}\text{（高电平）}$$

$$u_P < u_N \text{ 时，} u_o = -U_{om}\text{（低电平）}$$

单门限电压比较器的传输特性曲线如图 5—32 所示，当输入电压 u_i 大于参考电压 U_R，即 $u_i > U_R$ 时，集成运放输出电压为 $-U_{om}$；当输入电压 u_i 小于参考电压 U_R，即 $u_i < U_R$ 时，集成运放输出电压为 $+U_{om}$。

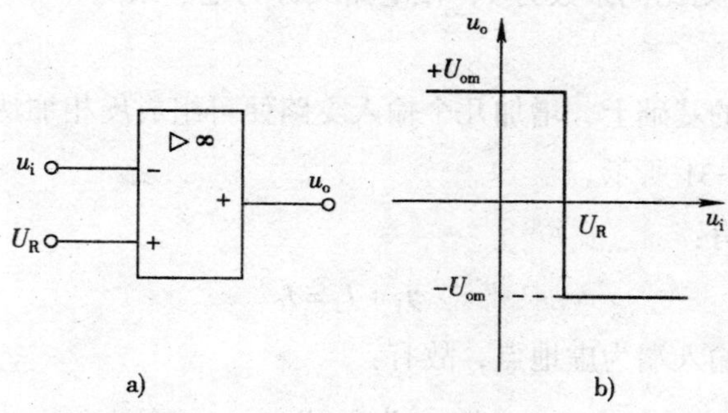

● 图 5—32　单门限电压比较器的传输特性

a）电路图　b）传输特性曲线

利用比较器可以实现波形变换。例如，当过零比较器（U_R=0 时称为过零比较器）输入正弦波时，相应的输出电压便是矩形波，如图 5—33 所示。

提示

单门限电压比较器的输入电压只跟一个参考电压 U_R 相比较，这种比较器虽然电路结构简单，灵敏度高，但是抗干扰能力差，当输入电压 u_i 因受干扰在参考值附近反复发生微小变化时，输出电压会频繁地跳变。

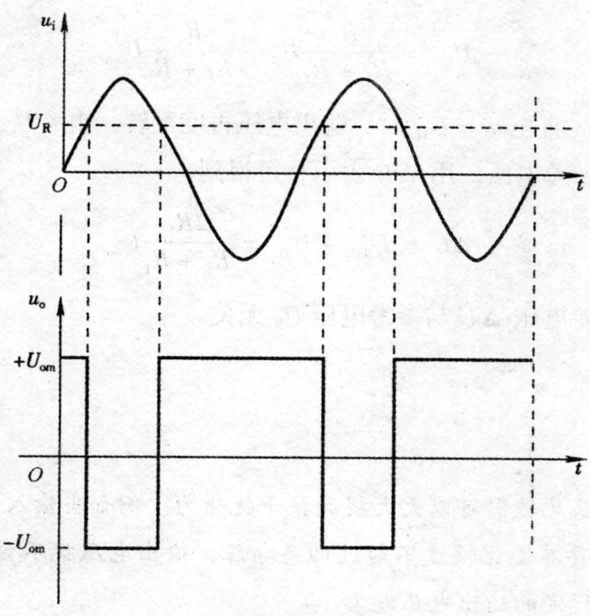

● 图 5—33 利用比较器实现电压波形变换

2. 双门限电压比较器

双门限电压比较器如图 5—34 所示，又称为迟滞比较器，也称为施密特触发器，是一个含有正反馈电路的比较器。双门限电压比较器传输特性曲线如图 5—35 所示。

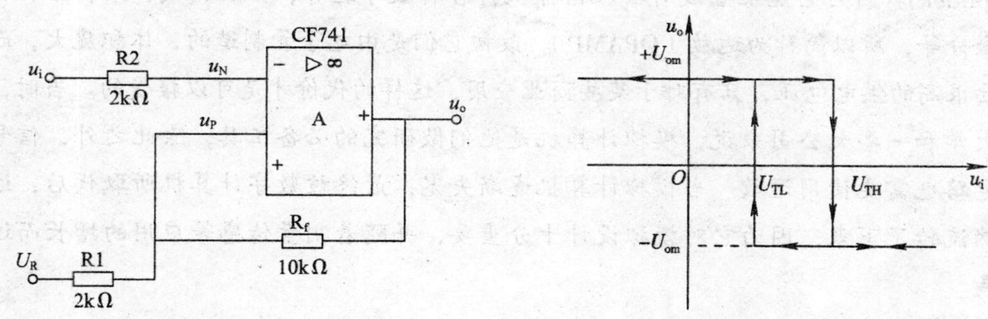

● 图 5—34 双门限电压比较器电路原理图 ● 图 5—35 双门限电压比较器传输特性曲线

输出电压 u_o 经 R_f 和 R1 分压后加到集成运放的同相输入端，形成正反馈。由于输出有两种可能的电压值，所以门限电压也有两个相应的值。

当 $U_o=+U_{om}$ 时，门限电压用 U_{TH} 表示，根据叠加原理可得到：

$$U_{TH}=\frac{R_f}{R_f+R_1}U_R+\frac{R_1}{R_f+R_1}U_{om}$$

当输入电压 u_i 逐渐增大直至 $u_i=U_{TH}$ 时，输出电压 u_o 发生翻转，由 $+U_{om}$ 跳变为 $-U_{om}$，门限电压随之变为：

$$U_{TL} = \frac{R_f}{R_f + R_1}U_R - \frac{R_1}{R_f + R_1}U_{om}$$

当 u_i 逐渐减小，直至 $u_i = U_{TL}$ 时，输出电压再度翻转，由 $-U_{om}$ 跳变为 $+U_{om}$。两个门限电压之差称为回差电压，用 ΔU 表示，可得到：

$$\Delta U = U_{TH} - U_{TL} = \frac{2R_1}{R_f + R_1}U_{om}$$

上式表明，回差电压 ΔU 与参考电压 U_R 无关。

提示

利用双门限电压比较器可以大大提高抗干扰能力。例如当输入信号受到干扰或者含有噪声信号时，只要其变化幅度不超过回差电压，输出电压就不会在此期间来回变化，而仍然保持为比较稳定的输出电压波形。

工程应用

世界上第一台计算机是模拟计算机，它的心脏是一个运算放大器（Operational Amplifier）。因为它能配置成对输入信号执行各种数学运算，如加、减、乘、除、积分和微分等，所以简称为运放（OPAMP）。最初它们是由电子管制造的，体积庞大，而且需要很高的供电电压，只有对于某些商业应用，这样的代价才是可以接受的。当时，对于大学和一些大公司来说，模拟计算机是他们做研究的必备工具，除此之外，信号处理电路也需要使用运放。当模拟计算机逐渐失宠，最终被数字计算机所取代后，运放依然流传了下来，因为它对模拟设计十分重要，并随着测量传感等应用的增长而逐步发展。

§5—4　功率放大器

前面讨论的低频电压放大器的主要任务是把微弱的信号电压放大，输出功率不一定大。在多级放大电路的末级通常采用既能输出较高的电压又能输出较大电流，也就是能输出一定功率的功率放大电路。

功率放大电路常应用于广播、通信发射机的输出级（射频功率放大器）、音响系统的输出级（音响功率放大器）以及控制系统驱动执行机构的放大器等，音响功率放大器如图 5—36 所示。

● 图 5-36 音响功率放大器

一、低频功率放大器的概念

功率放大电路又称为功率放大器，简称“功放”。功放中以半导体三极管为主要器件，一般称为功率放大管，简称“功放管”。

1. 对功率放大器的基本要求

（1）要求有足够大的输出功率。

（2）要求有较高的效率。

（3）要求非线性失真较小。

（4）要求功放管的散热性能好。

2. 功率放大器的分类

功率放大电路种类很多。按功放管静态工作点的位置不同，有甲类、乙类和甲乙类三种功率放大器。三类功率放大器的特性及应用见表 5—10。

表 5—10　　三类功率放大器的特性及应用

类型	特性	输出图形	应用
甲类	当静态工作点 Q 设在交流负载线中点时，功放管在整个信号周期内都有电流通过，输出波形是完整的正弦波	i_C Q O U_{CC} u_{CE}	作为功率放大器的激励级或用在小功率放大器中
乙类	若静态工作点 Q 设在横轴上（$I_{BQ}=0$，$I_{CQ}=0$），功放管仅在信号半个周期内有电流通过，其输出波形被削掉一半	i_C Q O U_{CC} u_{CE}	一般应用在一些功率要求高，而音质要求不高的功放电路中

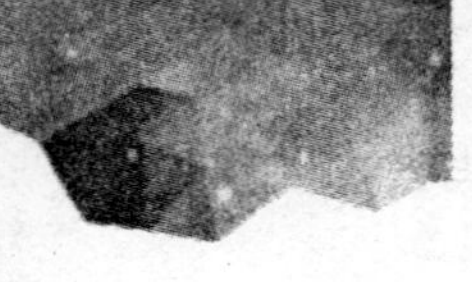

续表

类型	特性	输出图形	应用
甲乙类	若将静态工作点Q设在甲类和乙类之间且靠近乙类处，功放管在半个周期多一点内有信号电流通过，输出波形被削掉一部分		广泛应用在音频放大器中作为功放

按功率放大器输出端特点不同分类，有变压器耦合功率放大器、无输出变压器功率放大器（OTL 电路）和无输出电容功率放大器（OCL 电路）。

变压器耦合功率放大器可通过变压器的阻抗变换特性，使负载获得最大输出功率，但由于变压器体积大、笨重、频率特性较差，且不便于集成化，目前已很少使用。OTL 和 OCL 电路都不用输出变压器，且都有集成电路，所以应用较广。这两个电路实质上是由两个射极输出器组成的互补对称电路。

二、互补对称功率放大器

甲类功放输出波形较好，但因管耗大，效率较低。工作在乙类的功率放大电路，虽然管耗较小，有利于提高效率，但存在严重的失真，使输入信号的半周被削掉了。但若采用两个导电性相反的管子，使它们都工作在乙类放大状态，一个在正半周工作，另一个在负半周工作，同时把两个输出波形加到负载上，在负载上得到完整的输出波形，这样就解决了效率与失真的矛盾。由于两只三极管工作特性对称，互补对方不足，故称为互补对称功率放大器。

1. 单电源供电的互补对称功放电路（OTL 电路）

（1）电路组成及工作原理

图 5—37 所示为 OTL 电路。V1 和 V2 为一对导电性能相反的管子，两管接成射极输出形式，由于输出电阻很小，所以无需变压器就能与低阻负载很好的匹配。大容量的电容 C 既是输出耦合电容，又同时充当电源。

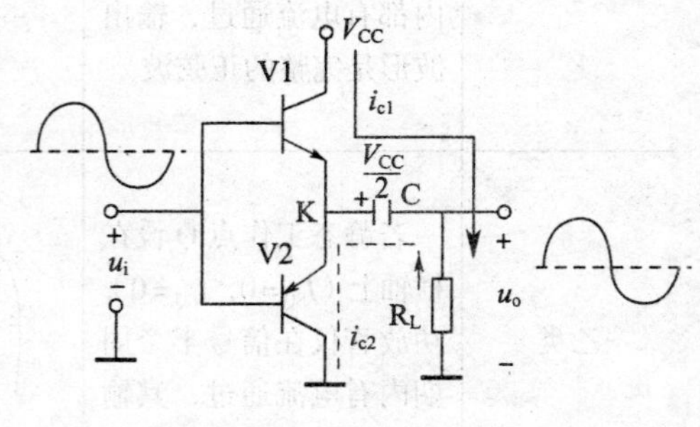

图 5—37　OTL 电路

静态时，由于电路结构对称，所以 $U_k = V_{CC}/2$，因两管均无偏置，两管均处于截止状态，$I_{BQ}=0$，$I_{CQ}=0$，工作在乙类状态。

当输入信号为正半周时，V1 导通，V2 截止，电源 V_{CC} 通过 V1 向电容 C 充电，如图 5—37 中实线所示方向。

当输入信号为负半周时，V2 导通，V1 截止，此时电容 C 上的电压（$U_C=V_{CC}/2$）通过 V2 放电，此时，集电极电流 i_{c2} 流过负载 R_L，如图 5—37 中虚线所示方向。流过 R_L 的方向与 i_{c1} 方向相反。功放管 V1 和 V2 交替工作，在 R_L 可获得正、负半周完整的输出信号波形，实现了信号的功率放大。

提示

虽然电容 C 在工作中有时充电，有时放电，但因其容量较大，所以，电容两端电压基本维持在 $V_{CC}/2$，起电源的作用。

（2）实用的 OTL 功放电路

OTL 功放电路工作在乙类状态，效率较高。而实际上这种电路输出波形并不能很好地反映输入信号的变化，而是在正、负半周的交界处出现了与输入不同的失真波形，这种失真叫**"交越失真"**。经实验模拟后通过双踪示波器可观察到如图 5—38 的波形。

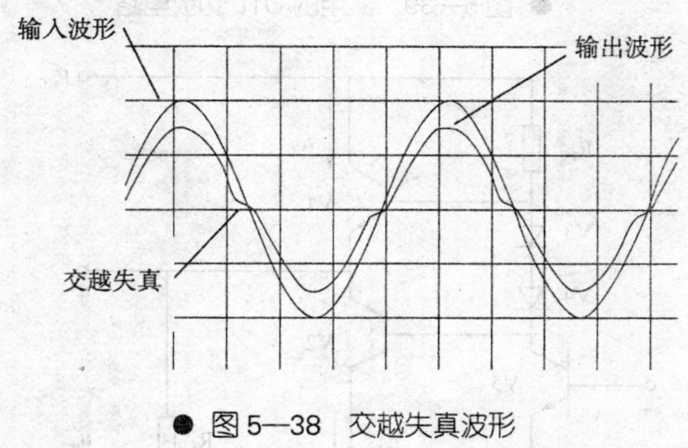

图 5—38 交越失真波形

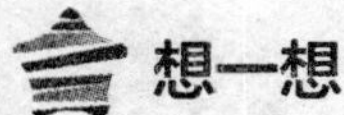

想一想

扫描二维码
查看参考答案

产生交越失真的原因是什么？如何消除交越失真？

图 5—39 所示电路为实用的 OTL 电路，二极管 V3、V4 是它们的偏置电路，供给 V1、V2 两管一定的偏置电压，确保两管静态时处于微导通（甲乙类）状态。由 V5 组成工作点稳定的偏置放大电路工作于甲类状态。R2 为电路引入了电压并联负反馈，使 U_K 趋于稳定，同时也使得放大电路的动态性能指标得到了改善。

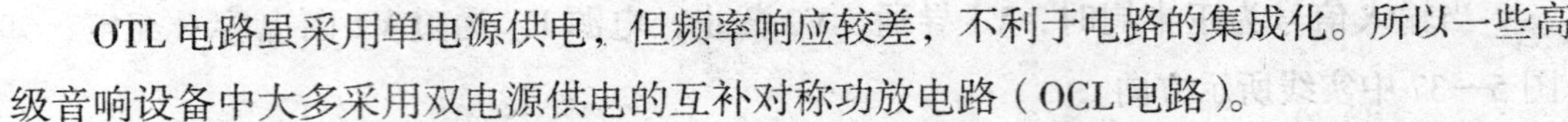

OTL 电路虽采用单电源供电，但频率响应较差，不利于电路的集成化。所以一些高级音响设备中大多采用双电源供电的互补对称功放电路（OCL 电路）。

2. 双电源供电的互补对称功放电路（OCL 电路）

在图 5—39 所示 OTL 电路中，电容 C 为功放管供电，实际起负电源的作用。如果直接用一个负电源代替电容 C，就构成了 OCL 功放电路，如图 5—40 所示。

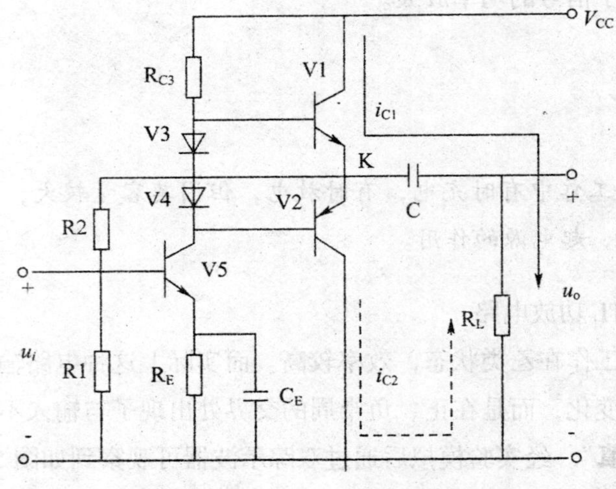

● 图 5—39　实用的 OTL 功放电路

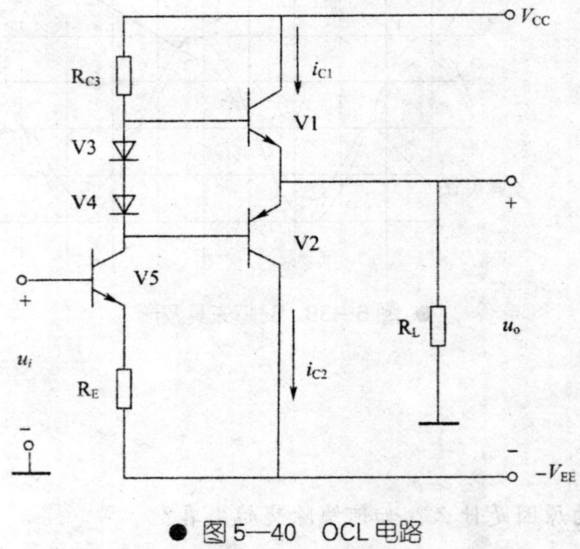

● 图 5—40　OCL 电路

OCL 电路与 OTL 电路工作原理很相似，但电路采用直接耦合形式，由于没有大容量的电容，低频特性较好，而且便于集成化，所以广泛应用于高保真的音响设备中。

三、集成功率放大器

随着集成技术的不断发展，集成功率放大器产品越来越多，由于集成功率放大器有输出功率大，频率特性好，非线性失真小，外围元件少，成本低，使用方便，因而被广泛应用在收音机、录音机、电视机及直流伺服系统中。下面简单介绍目前应用较多的小功率音频集成功放 LM386。

集成功放 LM386 为 8 脚双列直插塑料封装结构，如图 5—41 所示，其引脚如图 5—42 所示。

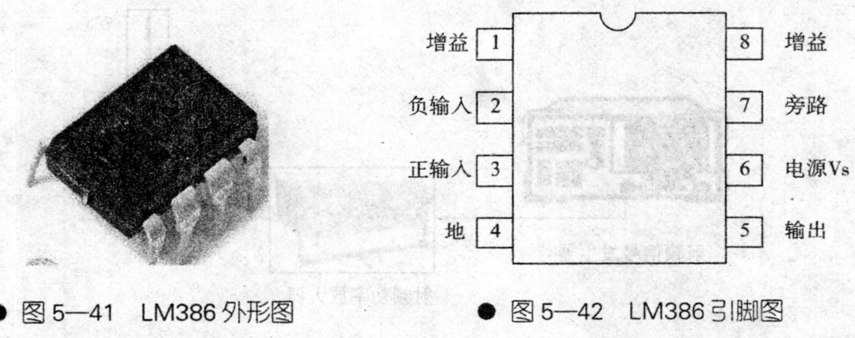

● 图 5—41 LM386 外形图 ● 图 5—42 LM386 引脚图

集成功放 LM386 是一种通用型宽带集成功率放大器，属于 OTL 功放，适用的电源电压为 4~10 V，常温下功耗在 660 mW 左右。

图 5—43 所示为 LM386 的应用接线图。LM386 常应用于电话机或袖珍收音机作音频放大电路。

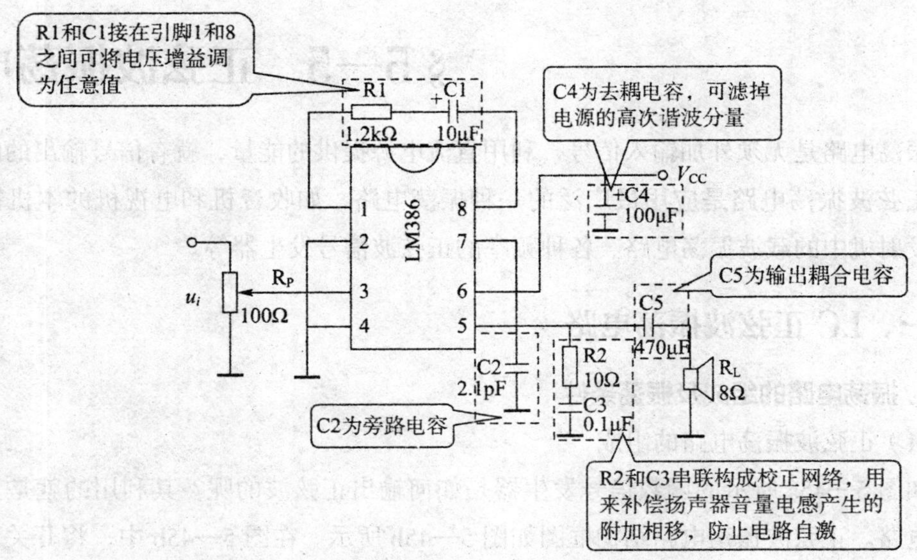

● 图 5—43 LM386 的应用接线图

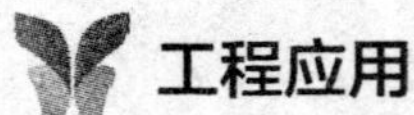

工程应用

射频功率放大器

射频功率放大器（RFPA）是各种无线发射机的重要组成部分。在发射机的前级电路中，调制振荡电路所产生的射频信号功率很小，需要经过一系列的放大缓冲级、中间放大级、末级功率放大级，获得足够的射频功率以后，才能发送到天线上辐射出去。为了获得足够大的射频输出功率，必须采用射频功率放大器，如图 5—44 所示。

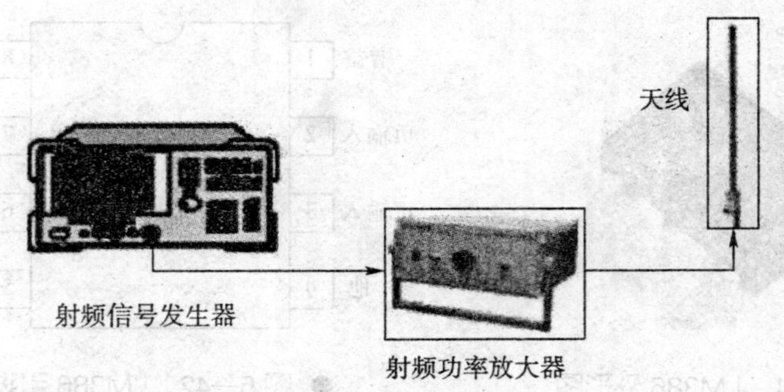

● 图 5—44　射频功率放大器

射频功率放大器是信号发送设备的重要组成部分。射频功率放大器的主要技术指标是输出功率与效率。除此之外，输出中的谐波分量还应该尽可能小，以避免对其他频道产生干扰。

§5—5　正弦波振荡电路

振荡电路是无须外加输入信号，利用直流电源提供的能量，就有信号输出的电子电路。正弦波振荡电路是应用最广泛的一种振荡电路，如收音机和电视机的本机振荡电路、发射机中的载波振荡电路、各种频率的正弦波信号发生器等。

一、LC 正弦波振荡电路

1. 振荡电路的组成及振荡条件

（1）正弦波振荡电路的组成

如图 5—45a 所示的函数信号发生器是如何输出正弦波的呢？其利用的就是正弦波振荡电路。正弦波振荡电路结构框图如图 5—45b 所示。在图 5—45b 中，将开关 S 掷向“1”，较小的输入信号 U_i 经过开关 S 送到基本放大电路的输入端，再经过基本放大电路的放大，在输出端得到一个较大的输出信号 U_o。如果在电路中加入一个正反馈电路，并且保证正反馈电路的输出信号 U_f 与原输入信号 U_i 一模一样，即 U_f 与 U_i 的大小相等，相位相同。此时将开关 S 瞬时掷向“2”，由于基本放大电路的输入信号没有改变，输出信号 U_o 也就没有改变，反馈信号 U_f 得以维持。整个电路在去掉输入信号 U_i 的情况下，将继续保持稳定的输出信号。

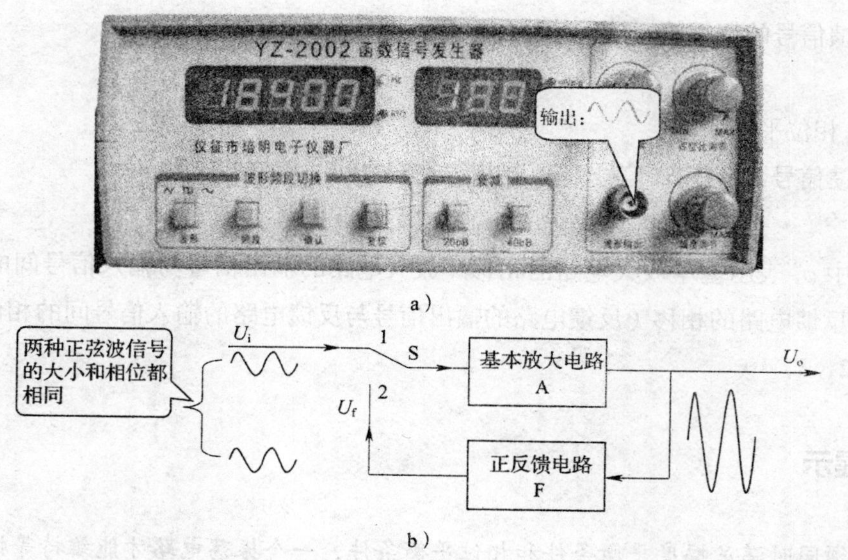

a）

两种正弦波信号的大小和相位都相同

U_i 1 S 基本放大电路 A U_o

U_f 2 正反馈电路 F

b）

● 图 5—45 正弦波振荡电路及基本组成框图

a）函数信号发生器 b）正弦波振荡电路的基本组成

显然，在图 5—45b 中，当开关 S 掷向“2”时就构成了一个振荡电路。由图 5—45b 可以看出，振荡电路由一个基本放大电路和一个正反馈电路组成。但要产生单一频率的正弦波信号，还必须有选频电路（或选频网络），选频网络可以加在基本放大电路中，也可以加在正反馈电路中。

提示

一个正弦波振荡电路应当包括放大电路、反馈电路和选频电路三个基本组成部分。

（2）自激振荡的条件

由图 5—45b 可以看出，为了使振荡电路维持振荡，必须保证正反馈电路的反馈信号 U_f 与输入信号 U_i 大小相等，相位相同，即

$$\dot{U}_f = \dot{U}_i$$

由于 $\dot{A}=\dfrac{\dot{U}_o}{\dot{U}_i}$，$\dot{F}=\dfrac{\dot{U}_f}{\dot{U}_o}$，则

$$\dot{A}\dot{F}=1$$

式中：A 表示基本放大电路的开环放大倍数，F 表示反馈电路的反馈系数。

由 $\dot{A}\dot{F}=1$ 可以得出两个平衡条件：幅度平衡和相位平衡。

1）幅度平衡条件

反馈信号的振幅等于输入信号的振幅，即：

$$|\dot{A}\dot{F}|=AF=1$$

2）相位平衡条件

反馈信号 U_f 与输入信号 U_i 要同相，它们之间的相位差应为：

$$\varphi_A+\varphi_F=\pm 2n\pi$$

式中 φ_A 表示基本放大电路的相移（放大电路的输出信号与输入信号间的相位差），φ_F 表示反馈电路的相移（反馈电路的输出信号与反馈电路的输入信号间的相位差），$n=0, 1, 2, 3, \cdots$

提示

必须同时满足幅度平衡条件和相位平衡条件，一个振荡电路才能维持等幅振荡。

（3）自激振荡的建立及稳幅

前面在讨论振荡电路的基本结构时，是将放大电路的输出信号通过反馈电路送到输入端作为输入信号才能实现振荡。那么，原始的输入信号是从哪里来的呢？其实，当振荡电路刚接通电源的瞬间，电路中会产生一个电冲击，这个电冲击激起的信号包含各种频率成分，但其中只有一种频率的信号满足相位平衡条件，通过放大→正反馈→放大，输出信号逐渐由小变大，而其他频率的信号因不满足相位平衡条件而被衰减掉。可见，振荡电路能否起振，除了电路必须引入正反馈之外，反馈信号 U_f 应比输入信号 U_i 的幅度要大，即 $AF>1$。

振荡电路自行起振之后，振荡电路输出信号的振幅会不会无限地增大呢？实际上是不会的。由于三极管是非线性器件，当振荡幅度增大至一定程度后，振荡电路中的三极管将进入非线性区，放大电路的电压放大倍数 A 会减小，从而使 AF 减小，当满足 $AF=1$ 的平衡条件时，输出幅度就会稳定到一定的幅度，既不增大，也不减小。

综上所述，正弦波振荡电路产生振荡的条件为：

$$\begin{cases}AF\geqslant 1\\ \varphi_A+\varphi_F=\pm 2n\pi\end{cases}$$

提示

要保证振荡电路能够振荡必须同时满足相位平衡和幅度平衡两个条件，但这两个条件中相位平衡条件是关键，下面的振荡电路中主要判断相位平衡条件是否满足。

2. LC 正弦波振荡电路

LC 正弦波振荡电路主要用来产生 1 MHz 以上的高频振荡信号。常用的 LC 正弦波振荡电路有电感三点式、电容三点式和变压器反馈式三种，它们的共同特点是用 LC 并联谐振电路作为选频网络。下面以电感三点式和电容三点式正弦波振荡电路为例进行介绍。

（1）电感三点式正弦波振荡电路

图 5—46 所示为电感三点式正弦波振荡电路的电路图，图 5—47 所示为简化交流等效电路。由电感引出三个端点，并且与三极管的三个电极相连，所以称为电感三点式振荡电路。由图 5—46 所示电路可以看出，R1、R2 和 R3 为电路提供稳定的静态工作点，L1、L2 与 C 构成振荡电路的选频电路。由图 5—47 可以看出，反馈线圈用带中间抽头的电感线圈，反馈电压取自 L2 两端。

在如图 5—47 所示电路中，三极管工作于选频放大状态，只要放大电路的工作点合适，且线圈抽头的位置适当，幅度平衡条件就能满足。

用瞬时极性法，设基极加一个瞬时为⊕的信号，则集电极输出的信号为⊖，LC 回路的另一端瞬时为⊕，反馈回基极的瞬时极性为⊕，如图 5—47 所示。电路满足相位平衡条件，所以电路能够振荡。

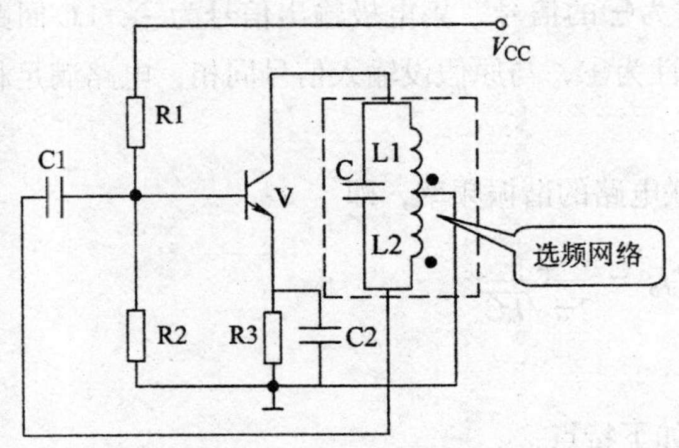

● 图 5—46　电感三点式正弦波振荡电路

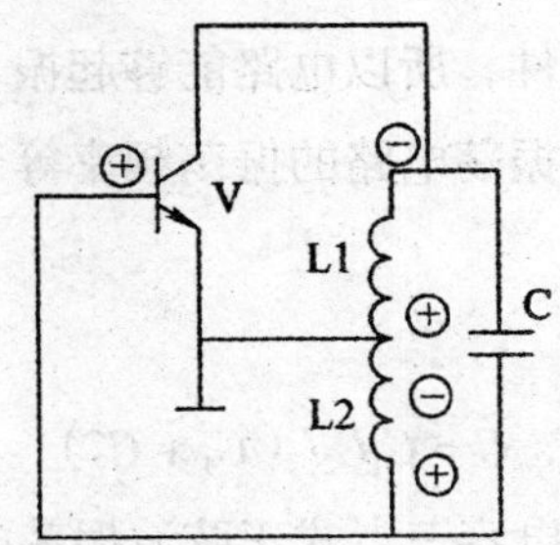

● 图 5—47　简化交流等效电路

电路的振荡频率等于 LC 并联电路的谐振频率，即：

$$f_0 = \frac{1}{2\pi\sqrt{LC}}$$

式中，L 为电路的总电感。

电感三点式正弦波振荡电路有如下特点：

1）由于线圈 L1 与 L2 之间耦合很紧，因此比较容易起振。

2）调节频率方便。采用可变电容，可获得一个较宽的频率调节范围。

3）电路工作频率不高。该电路工作频率一般为一赫兹至几十赫兹。

4）波形较差，且频率稳定度也不高。

（2）电容三点式正弦波振荡电路

图 5—48 所示为电容三点式正弦波振荡电路，图 5—49 所示为简化交流等效电路。在图 5—48 中，三极管及其偏置电路构成了基本放大电路，在集电极加接电阻 R_C，用以提供集电极直流通路。C1、C2、L 构成了 LC 选频网络；正反馈信号取自电容器 C2 的两端。

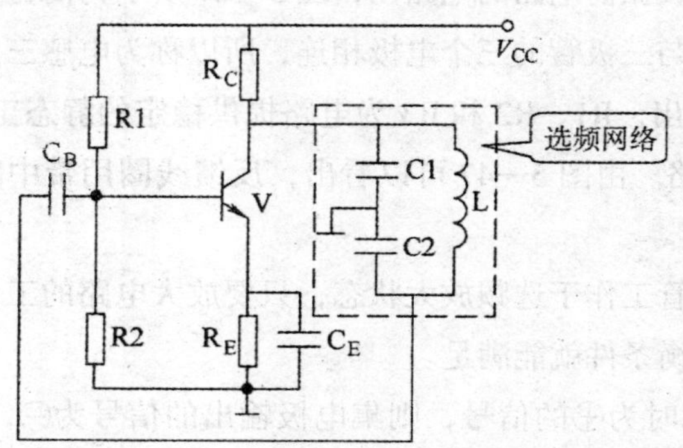

● 图 5—48　电容三点式正弦波振荡电路

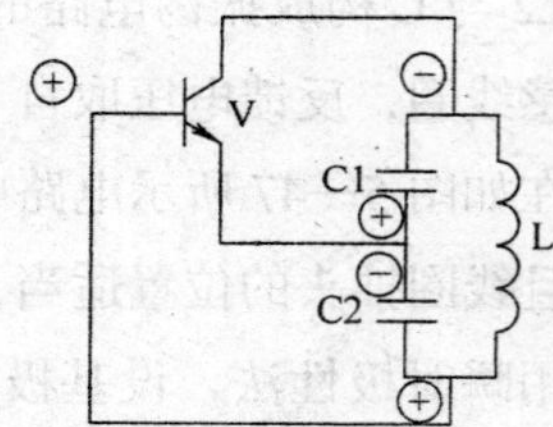

● 图 5—49　简化交流等效电路

用瞬时极性法，设基极加一瞬时为⊕的信号，集电极输出信号为⊖，LC 回路的另一端瞬时为⊕，反馈回基极的瞬时极性为⊕，与原假设输入信号同相，电路满足相位平衡条件，所以电路能够起振。

振荡电路的振荡频率等于 LC 并联电路的谐振频率，即

$$f_0 = \frac{1}{2\pi\sqrt{LC}}$$

式中，$C = C_1C_2/(C_1 + C_2)$。

电容三点式正弦波振荡电路具有如下特点：

1）输出波形较好。

2）因为电容 C1、C2 的容量取值可以较小，因此振荡频率较高，一般可达到 100 MHz。

3）C1、C2 采用双连电容，调节电容的容量可以改变振荡频率的大小，但同时会影响反馈信号的大小，因此这种电路仅适用于产生固定频率的信号。

提示

电感三点式振荡电路和电容三点式振荡电路统称为三点式振荡电路。判断三点式振荡电路是否满足振荡的相位平衡条件，一般采用由瞬时极性法演变来的简便方法。如图 5—50 所示的简化交流等效电路中，若电路中与三极管发射极相接的两个元件 X_1 和 X_2 电抗性质相同（都是电容器或都是电感），不与发射极相接（与集电极、基极相接）的元件 X_3 与上述两个元件的电抗性质相反，即满足振荡的相位平衡条件。

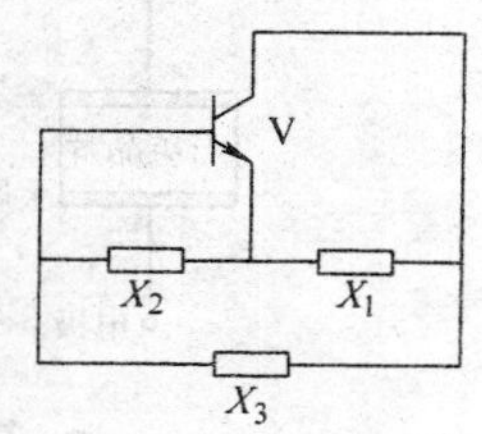

图 5—50 三点式振荡电路的简单交流等效电路

二、石英晶体振荡电路

在工程实践与生活中，有些电子设备对振荡电路频率的稳定度要求很高，例如计算机时钟信号发生器、标准信号发生器和电子钟等，石英晶体振荡器就是高精度和高稳定度的振荡器。

1. 石英晶体的特点

（1）石英晶体的压电效应

石英是一种天然的二氧化硅晶体。经正确切割后的石英晶片，当在其两侧施加压力时，将在晶片的两侧平面上出现等量的正、负电荷；当在其两侧施加拉力时，在其两侧的平面上也会出现等量的正、负电荷，只是方向正好与施加压力时相反。

如果给石英晶片两侧加上直流电压，晶片将会产生形变，如压缩；如果改变所加直流电压的方向，晶片也会产生形变，不过这时晶片将膨胀。这就是石英晶片的压电效应。

当给石英晶片两侧加上交变电压时，石英晶片会产生与所加交变电压相同频率的机械振动，但是这种振动的幅度一般很小。当外加交变电压的频率为某一特定值时，石英晶片的振动幅度将会突然增大，这种现象叫作石英晶片的压电谐振。

（2）石英晶体谐振器

在石英晶片的两侧喷涂金属层，然后将石英晶片夹在两片金属板之间，再分别从两金属板上引出电极，并按一定形式封装就构成了一个石英晶体谐振器，简称晶振。除去外壳的石英晶体谐振器，可以看见内部的透明石英片与上面所镀的金属电极，其结构如图 5—51 所示。石英晶体图形符号如图 5—52 所示，常见石英晶体谐振器的外形如图 5—53 所示。

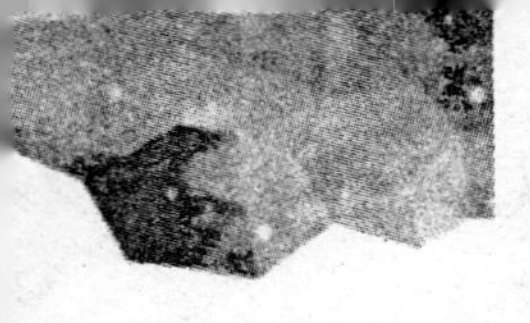

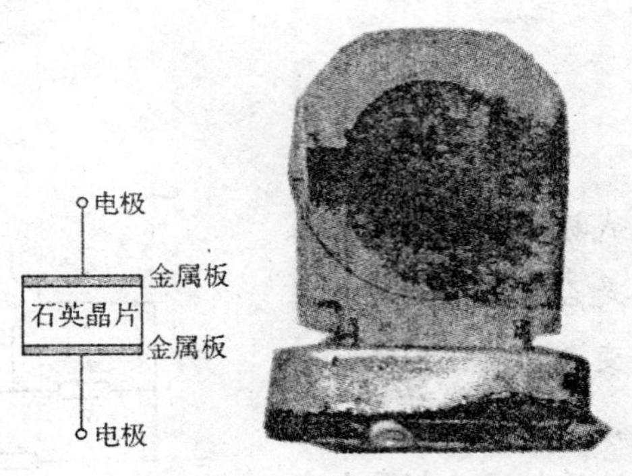

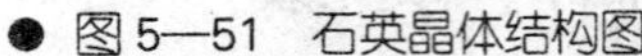

● 图 5—51　石英晶体结构图

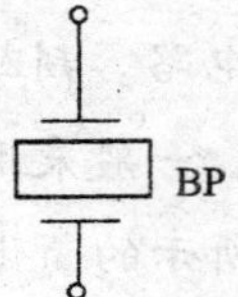

● 图 5—52　石英晶体图形符号

石英晶体谐振器的等效电路如图 5—54 所示，C_0 为极板间的电容，C–L–R 支路是石英晶体谐振器的等效电路。

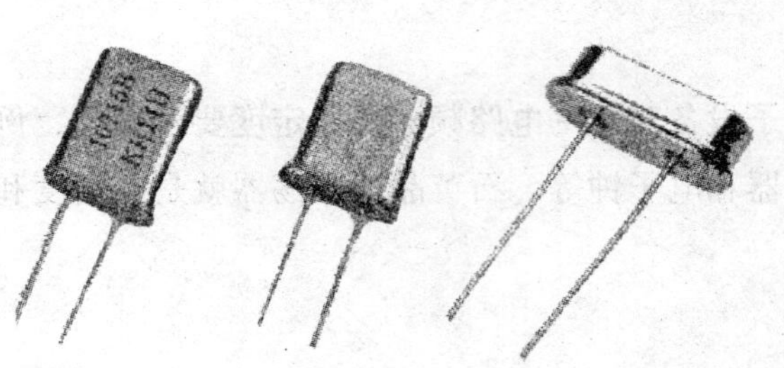

● 图 5—53　石英晶体实物外形

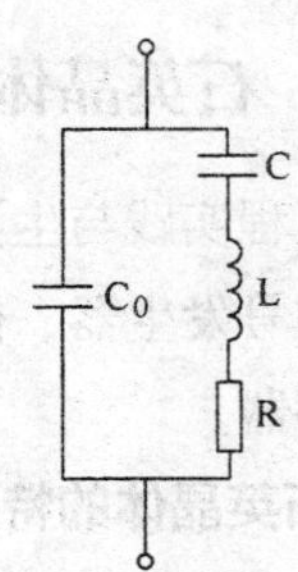

● 图 5—54　石英晶体谐振器等效电路

由图 5—54 可以看出，石英晶体谐振器有两个谐振频率，一个是串联谐振频率 f_s，另一个是并联谐振频率 f_p。

当 C–L–R 支路产生串联谐振时，等效电路的阻抗最小（等于 R），串联谐振频率为

$$f_s = \frac{1}{2\pi\sqrt{LC}}$$

当电路产生并联谐振时，并联谐振频率为

$$f_p = \frac{1}{2\pi\sqrt{L\frac{CC_0}{C + C_0}}}$$

石英晶体的串联及并联谐振频率与晶片的切割方式、几何形状、尺寸等有关。

图 5—55 所示为晶体谐振器的频率特性曲线，可以看出，当谐振频率在 f_s 和 f_p 之间时，石英晶体谐振器呈感性，相当于一个电感器；当谐振频率在 f_s 以下或 f_p 以上时，石英晶体谐振器均呈容性，相当于一个电容器。由于 f_s 和 f_p 非常接近，石英晶体谐振器呈现感性的频率区间非常狭窄。因此，石英晶体谐振器的频率稳定性非常好。

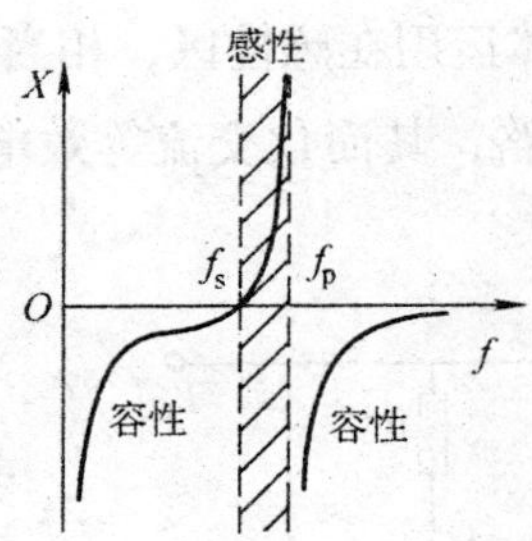

● 图 5—55　石英晶体谐振器的频率特性曲线

提示

振荡器的主要特点是频率的稳定度高和精度高。

2. 石英晶体振荡电路

利用石英晶体谐振器的谐振特性可以构成石英晶体振荡电路。石英晶体振荡电路有串联型和并联型两种类型。

（1）串联型石英晶体振荡电路

串联型石英晶体振荡电路如图 5—56 所示，振荡频率为串联谐振频率 f_s。

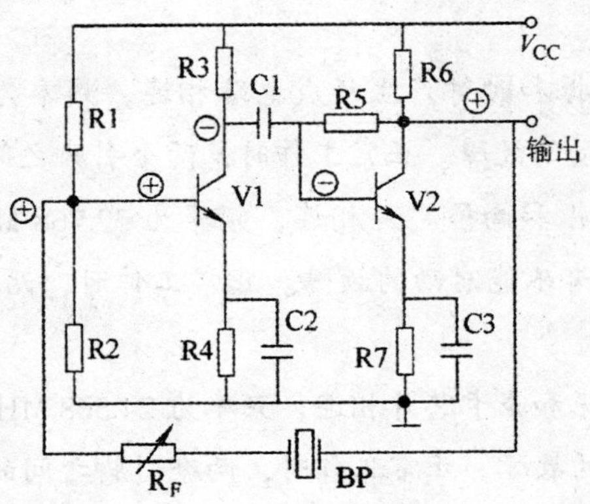

● 图 5—56　串联型石英晶体振荡电路

当信号频率等于 f_s 时，石英晶体谐振器呈现的阻抗最小，且为纯电阻性，这时正反馈最强，电路满足自激振荡的条件。而当信号频率偏离 f_s 时，石英晶体的阻抗增大，石英晶体呈容性或感性，不能满足自激振荡的条件，很快会被抑制衰减掉。可用 R_F 调节反馈量的大小。

（2）并联型石英晶体振荡电路

并联型石英晶体振荡电路如图 5—57 所示，振荡频率为并联谐振频率 f_p。在并联型石英晶体振荡电路中，石英晶体运用在感性区，相当于一个大电感。因此，该电路可以看作是一个电容三点式振荡电路，其简化交流等效电路如图 5—58 所示。在该电路中，反馈电压取自 C2。

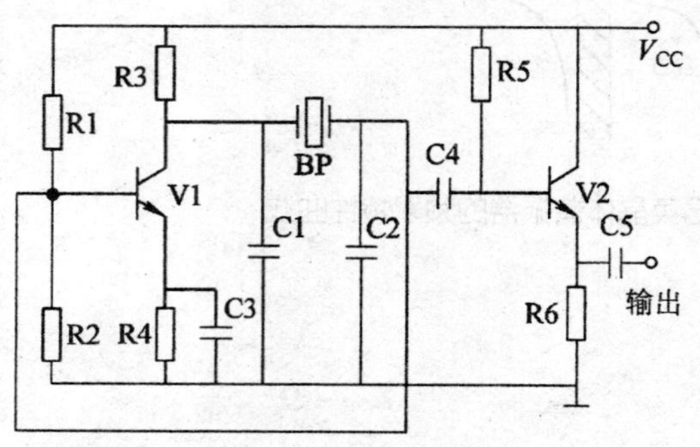

● 图 5—57　并联型石英晶体振荡电路

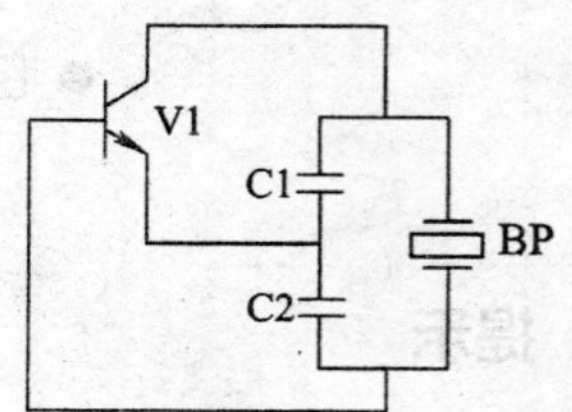

● 图 5—58　简化交流等效电路

工程应用

计算机中的晶振

晶振是一种用于稳定频率和选择频率的电子器件。计算机主板上的晶振有以下几种：

时钟晶振。这个晶振和时钟产生集成电路相连，频率为 14.318 MHz，该晶振损坏后，会造成主板不能启动的故障。正常工作时，两个引脚之间的电压为 1 ~ 1.6 V。

实时晶振。这个晶振和南桥芯片相连，频率为 32.768 MHz，该晶振损坏后，会造成计算机时间不准确或者不能启动的故障。正常工作时，两个引脚之间的电压为 0.5 V 左右。

声卡晶振。这个晶振和声卡芯片相连，频率为 24.568 MHz，该晶振损坏后，会造成计算机声音变质或无声的故障。正常工作时，两个引脚之间的电压为 1.1 ~ 2.1 V。

网卡晶振。这个晶振和网卡芯片相连，频率为 25.000 MHz，该晶振损坏后，会造成网卡不能工作的故障。正常工作时，两个引脚之间的电压为 1.1 ~ 2.1 V。

习　题

一、问答题

1. 试画出由 PNP 管组成的共射极基本放大电路图，并说明各元件的作用。

2. 什么是放大电路的直流等效电路和交流等效电路？

3. 放大电路为什么要设置合适的静态工作点？

4. 在放大电路中引入直流负反馈和交流负反馈分别有什么作用？

5. 功率放大电路与小信号电压放大电路在主要功能、工作状态和主要参数方面各有哪些特点？

6. 正弦波振荡器由哪几部分组成？各部分的作用是什么？

二、选择题

1. 乙类 OTL 功效电路的效率比较高，但这种电路会产生特有的非线性失真，称为（　　）失真。

A. 饱和　　B. 截止　　C. 交越

2. 振荡器产生振荡和放大器产生自激振荡，在物理本质上是（　　）。

A. 不同的　　B. 相同的　　C. 相似的

3. 正弦波振荡电路维持振荡的条件是（　　）。

A. $\dot{A}\dot{F}=1$　　B. $\dot{A}\dot{F}=-1$　　C. $\dot{A}\dot{F}=0$

4. 根据产生正弦波振荡的相位平衡条件可知，振荡电路必须为（　　）反馈。

A. 负　　B. 正　　C. 无

5. 正弦波振荡电路的类型很多，对不同的振荡频率，所采用振荡电路类型不同。若要求振荡频率较高，且要求振荡频率稳定，应采用（　　）。

A. 电感三点式振荡电路　　B. 石英晶体振荡电路　　C. 电容三点式振荡电路

三、分析判断题

1. 判断如题图 5—1 所示电路有无正常的电压放大作用。为什么？

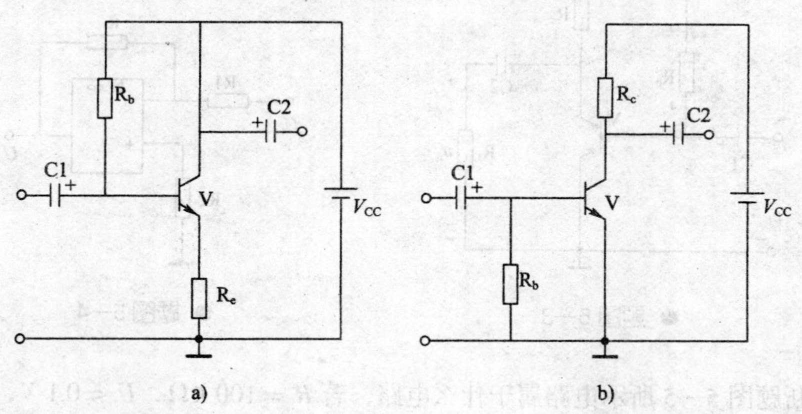

题图 5—1

2. 如果某振荡器的 $A = 80$，$F = 0.04$，$\varphi_A + \varphi_F = 360°$，试问该电路能产生振荡吗？为什么？

3. 试判断题图 5—2 中两个电路是否满足振荡的相位平衡条件。

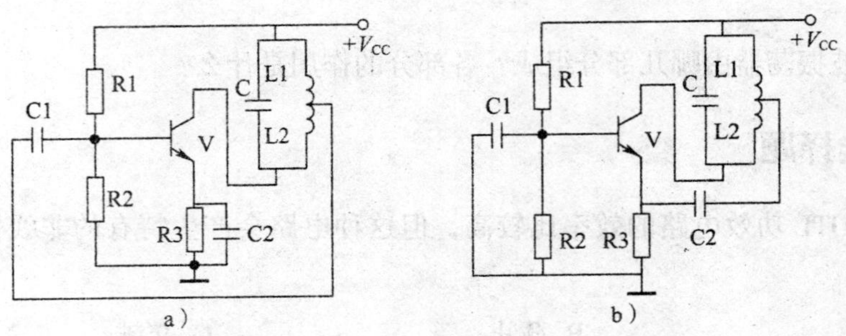

● 题图 5—2

四、分析计算题

1. 题图 5—3 所示为固定偏置放大电路，若三极管的 $\beta = 50$，$V_{CC} = 12\ \text{V}$，$R_b = 250\ \text{k}\Omega$，$R_C = 4\ \text{k}\Omega$，$R_L = 1\ \text{k}\Omega$，试求：

（1）放大电路的静态工作点。

（2）放大电路的电压放大倍数。

（3）放大电路的输入电阻和输出电阻。

2. 判断题图 5—4 所示电路属于什么电路，若 $R_1 = 5.1\ \text{k}\Omega$，$U_i = 0.2\ \text{V}$，$U_o = -3\ \text{V}$，试计算 R_f 的阻值。

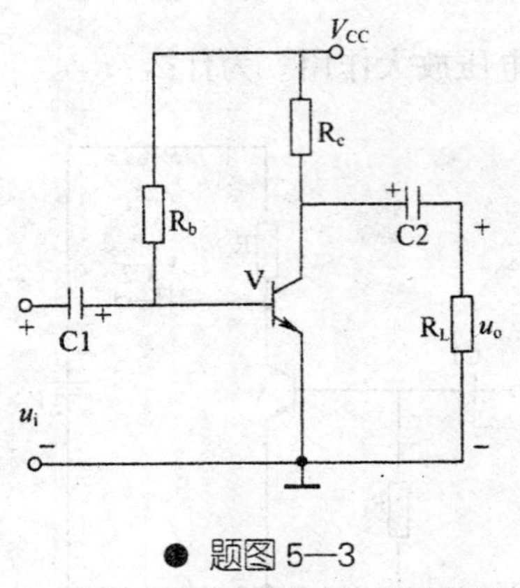

● 题图 5—3

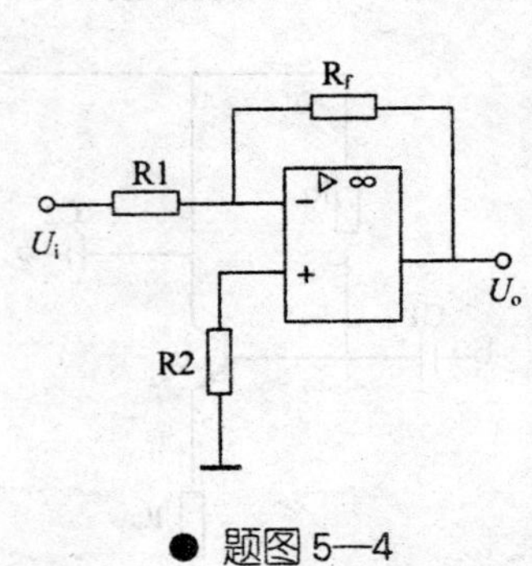

● 题图 5—4

3. 判断题图 5—5 所示电路属于什么电路，若 $R_f = 100\ \text{k}\Omega$，$U_i = 0.1\ \text{V}$，$U_o = 2.1\ \text{V}$，试计算 R1 的阻值。

4. 判断题图 5—6 所示电路属于什么电路，若 $U_{i1} = 4\ \text{V}$，$U_{i2} = -3\ \text{V}$，$R_1 = R_2 = R_f =$

10 kΩ，试计算输出电压 U_o。

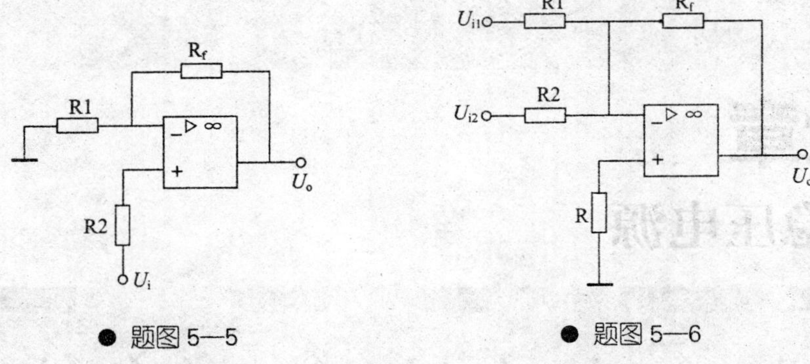

● 题图 5—5　　　● 题图 5—6

5. 题图 5—7 所示为单门限电压比较器及其输入电压波形，试画出对应于输入电压 U_i 的输出电压 U_o 的波形。

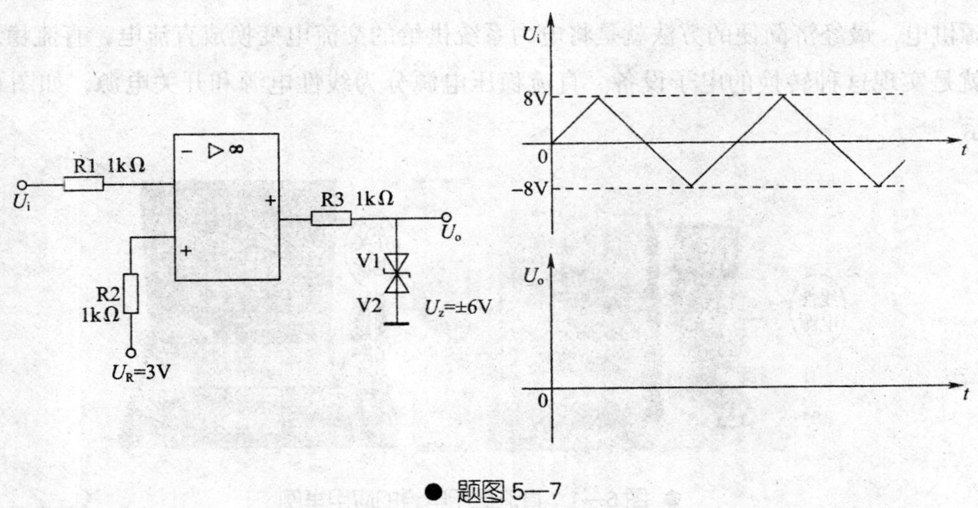

● 题图 5—7

第六章 直流稳压电源

在实际生活中，许多电子产品如计算机、学习机、电视机等都需要由稳定的直流电源供电，最经济简便的方法就是将电力系统供给的交流电变换成直流电，直流稳压电源就是实现这种转换的电子设备。直流稳压电源分为线性电源和开关电源，如图 6—1 所示。

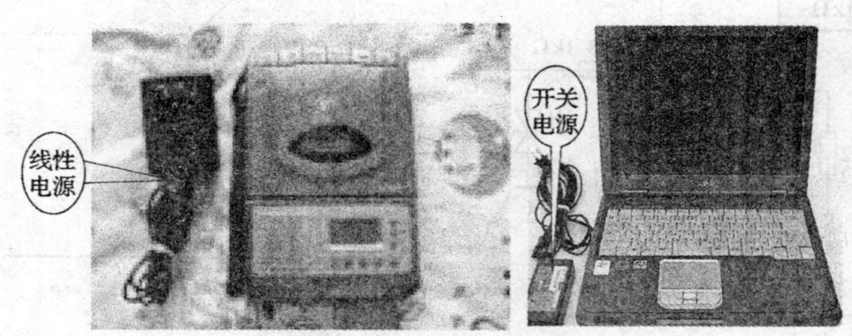

● 图 6—1 直流稳压电源的应用举例

线性电源和开关电源的区别主要在于其工作方式不同，线性电源的功率器件工作在线性状态，工作效率低，发热量大，体积大，笨重；但其纹波小，调整率好，对外干扰小。开关电源的功率器件工作在开关状态，效率高，体积小；但是与线性电源相比，其纹波、电压电流调整率比较差。

§6—1 并联型稳压电源

线性电源又可分为并联型稳压电源和串联型稳压电源两种。串联型稳压电源在直流电源电路中应用较为广泛，而并联型稳压电源电路简单，在要求不高的电路中应用比较方便。线性直流稳压电源的原理框图如图 6—2 所示，各个组成部分的作用如下：

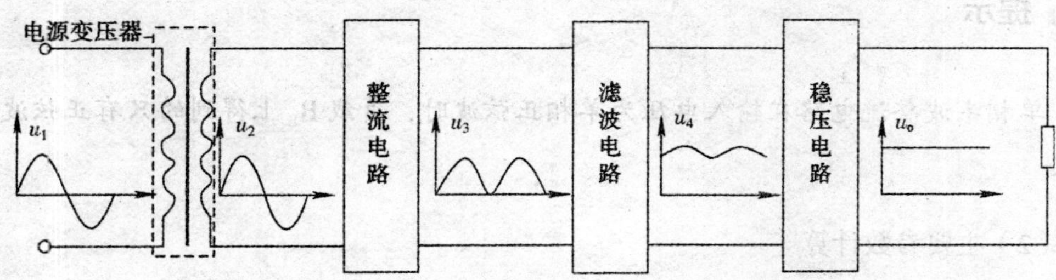

● 图 6—2　线性直流稳压电源的原理框图

电源变压器——将交流电网电压 u_1 变为合适的交流电压 u_2。

整流电路——将交流电压 u_2 变为脉动的直流电压 u_3。

滤波电路——将脉动直流电压 u_3 转变为平滑的直流电压 u_4。

稳压电路——清除电网波动及负载变化的影响，保持输出电压 u_o 的稳定。

一、整流和滤波电路

单相整流滤波电路用于对电网交流 220 V 电压进行整流，将其变成脉动直流电压后滤波，输出较为平滑的直流电。常见的整流电路有单相半波整流电路、单相全波整流电路和单相桥式整流电路等几种。

1. 单相半波整流电路

（1）电路组成及工作原理

单相半波整流电路如图 6—3 所示，电源变压器将电压 u_1 变为整流电路所需的电压 u_2。若二极管的正向管压降为零，当 $u_2 > 0$ 时，V 导通，输出电压 $u_o = u_2$；当 $u_2 < 0$ 时，V 截止，$I_L = 0$，$u_o = 0$，下一个周期到来时重复上述过程，输出电压波形如图 6—4 所示。

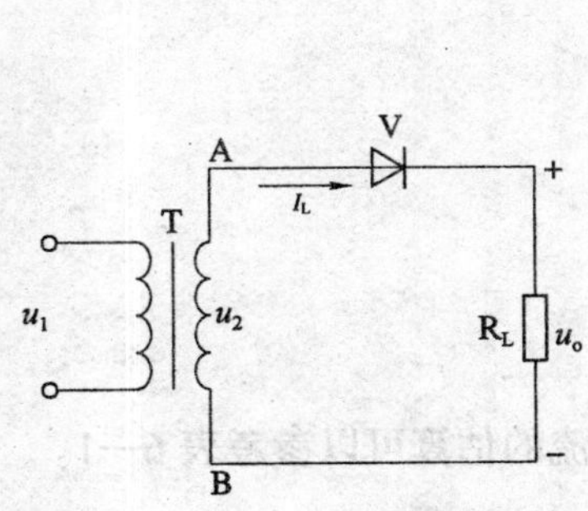

● 图 6—3　单相半波整流电路

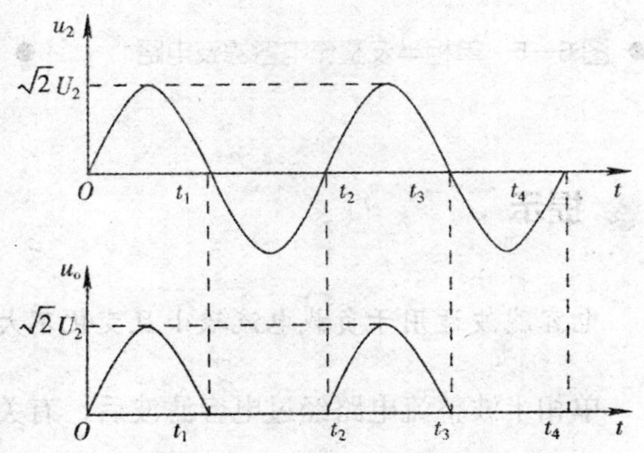

● 图 6—4　单相半波整流电路输出电压波形图

提示

单相半波整流电路在输入电压为单相正弦波时，负载 R_L 上得到的只有正弦波的半个波。

（2）主要参数计算

输出电压的平均值：$U_o = 0.45U_2$

输出电流的平均值：$I_L = \dfrac{U_L}{R_L}$

通过二极管的平均电流：$I_F = I_L$

二极管承受的最大反向电压：$U_{RM} = \sqrt{2}U_2$

2. 单相半波整流电容滤波电路

单相半波整流电容滤波电路如图 6—5 所示，滤波电容与负载并联，V 导通时给 C 充电，V 截止时 C 向 R_L 放电，单相半波整流滤波电路波形图如图 6—6 所示。利用滤波电容的充放电作用，把脉动直流电中的交流成分滤除掉，使输出电压的脉动程度大为减弱，波形相对平滑，输出电压平均值也得到提高。

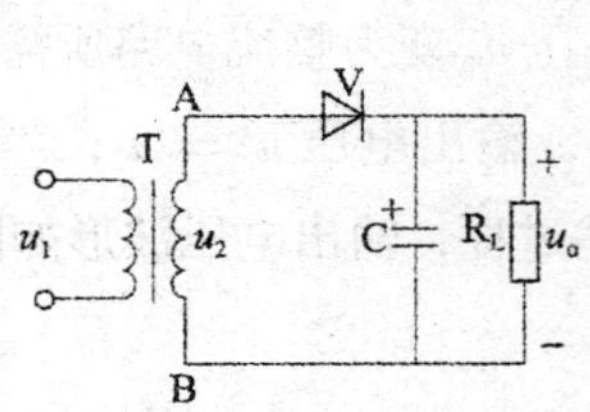

● 图 6—5 单相半波整流电容滤波电路

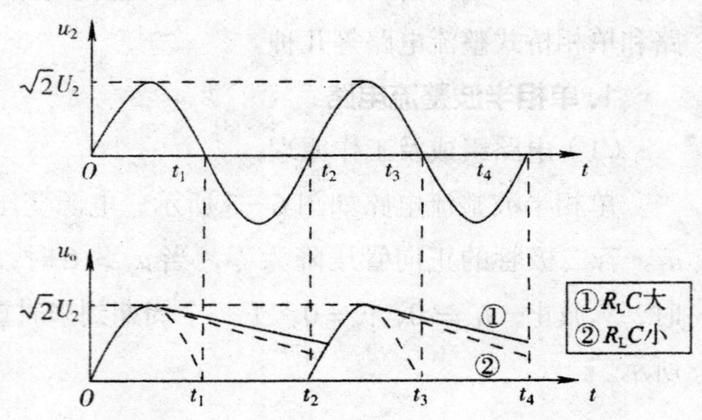

● 图 6—6 单相半波整流电容滤波电路波形图

提示

电容滤波适用于负载电流较小且变化不大的场合。

单相半波整流电路经过电容滤波后，有关电压和电流的估算可以参考表 6—1。

表 6—1　　单相半波整流电容滤波电路电压和电流的估算

输入交流电压（有效值）	整流电路输出电压		整流器件上的电压和电流	
	负载开路时的电压	带负载时的电压（估计值）	最大反向电压 U_{RM}	通过的电流 I_F
U_2	$\sqrt{2}\,U_2$	U_2	$2\sqrt{2}\,U_2$	I_L

例 1　在如图 6—7 所示单相半波整流电容滤波电路中，要求输出直流电压为 6 V，负载电流为 60 mA。求电源变压器二次绕组电压 U_2、流过二极管的正向平均电流 I_F 和二极管承受的最大反向电压 U_{RM}。若将开关 S 断开，则输出的直流电压和负载电流又会是多少？

● 图 6—7　单相半波整流电容滤波电路

解　负载电阻 $R_L=\dfrac{U_o}{I_L}=\dfrac{6}{60}=0.1(\text{k}\Omega)$

电源变压器二次绕组电压　$U_2=U_o=6$（V）

流过二极管的正向平均电流 $I_F=I_L=60$（mA）

二极管承受的最大反向电压 $U_{RM}=2\sqrt{2}\,U_2=2\sqrt{2}\times6\approx17$（V）

若将开关 S 断开，则为单相半波整流电路。

输出的直流电压 $U_o=0.45U_2=0.45\times6=2.7$（V）

负载电流 $I_L=\dfrac{U_o}{R_L}=\dfrac{2.7}{0.1}=27(\text{mA})$

3. 单相桥式整流电路

（1）电路组成及工作原理

单相桥式整流电路如图 6—8 所示，图 6—8b 所示为一种习惯画法，图 6—8c 所示是一种简化画法。

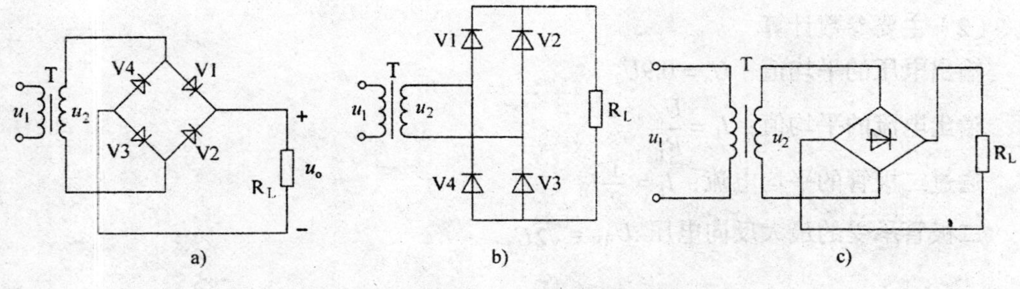

● 图 6—8　单相桥式整流电路

a）电路图　b）习惯画法　c）简化画法

若二极管的正向管压降为零，$u_2>0$ 时，V1、V3 导通，V2、V4 截止，电流方向如图

6—9a 所示，输出电压 $u_o = u_2$；当 $u_2 < 0$ 时，V2、V4 导通，V1、V3 截止，电流方向如图 6—9b 所示，输出电压 $u_o = u_2$，下一个周期重复上述过程。输出电压波形如图 6—10 所示。

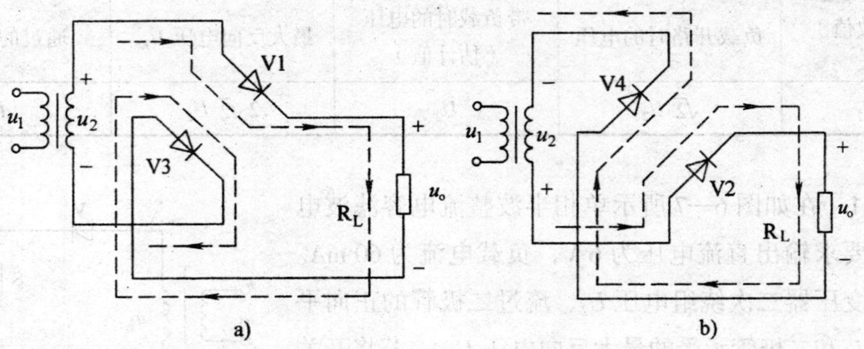

● 图 6—9　单相桥式整流电路工作原理

a）$u_2 > 0$ 的工作情况　b）$u_2 < 0$ 的工作情况

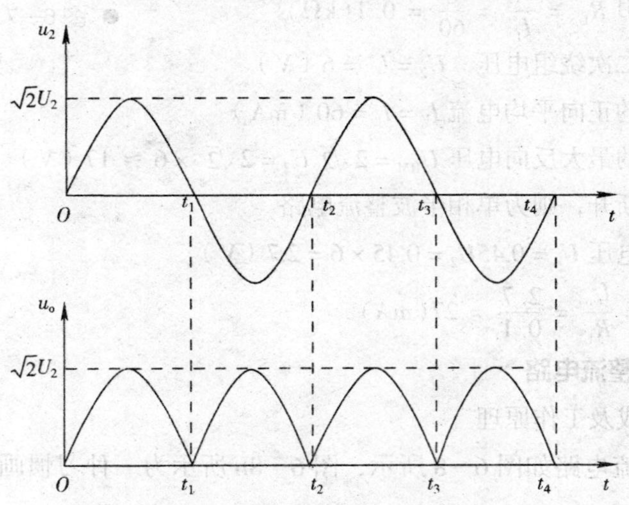

● 图 6—10　单相桥式整流电路输出电压波形

（2）主要参数计算

输出电压的平均值：$U_o = 0.9U_2$

输出电流的平均值：$I_L = \dfrac{U_o}{R_L}$

通过二极管的平均电流：$I_F = \dfrac{1}{2}I_L$

二极管承受的最大反向电压：$U_{RM} = \sqrt{2}U_2$

提示

桥式整流电路的平均输出电压是单相半波整流电路的两倍，流过二极管的电流只有负载电流的一半。

4. 单相桥式整流电容滤波电路

单相桥式整流电容滤波电路如图 6—11 所示，滤波电容与负载并联，V2、V3 或者 V1、V4 导通时给 C 充电；它们都截止时 C 向 R_L 放电，R_LC 越大 u_o 越大，滤波后 u_o 的波形变得平缓，平均值提高，输出电压波形如图 6—12 所示。

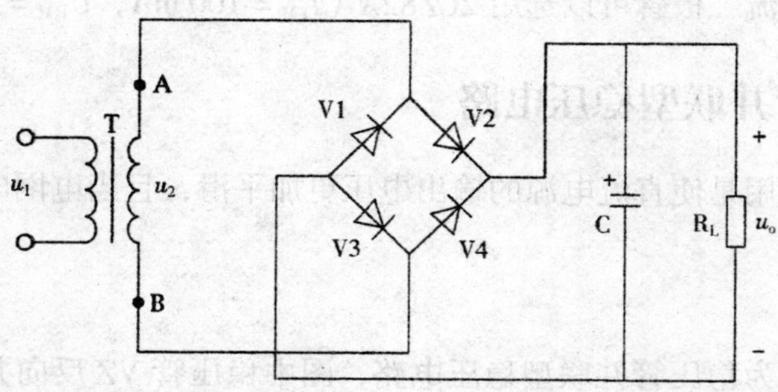

● 图 6—11　单相桥式整流电容滤波电路

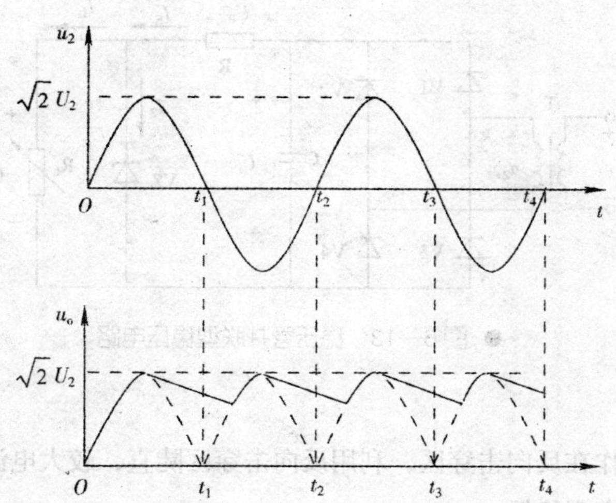

● 图 6—12　单相桥式整流电容滤波电路波形图

单相桥式整流电路经过电容滤波后，有关电压和电流的估算可以参考表 6—2。

表 6—2　　单相桥式整流电容滤波电路电压和电流的估算

输入交流电压（有效值）	整流电路输出电压		整流器件上电压和电流	
	负载开路时的电压	带负载时的电压（估计值）	最大反向工作电压 U_{RM}	通过的电流 I_F
U_2	$\sqrt{2}U_2$	$1.2U_2$	$\sqrt{2}U_2$	$0.5I_L$

例2　在单相桥式整流电容滤波电路中，要求输出直流电压为6 V，负载电流为60 mA。试选择合适的整流二极管。

解　电源变压器二次绕组电压　$U_2 = U_o/1.2 = 6/1.2 = 5$（V）

流过每只二极管的平均电流 $I_F = 0.5I_L = 0.5 \times 60 = 30$（mA）

每只二极管承受的最大反向工作电压 $U_{RM} = \sqrt{2}\,U_2 = \sqrt{2} \times 5 \approx 7$（V）

经查手册，整流二极管可以选用2CZ82A（$I_{FM} = 100$ mA，$U_{RM} = 25$ V）。

二、稳压管并联型稳压电路

稳压电路的作用是使直流电源的输出电压更加平滑，且当电网电压波动或负载变化时能稳定输出电压。

1. 电路组成

图6—13所示为稳压管并联型稳压电路，图中稳压管VZ反向并联在负载 R_L 两端，故称为并联型稳压电路。

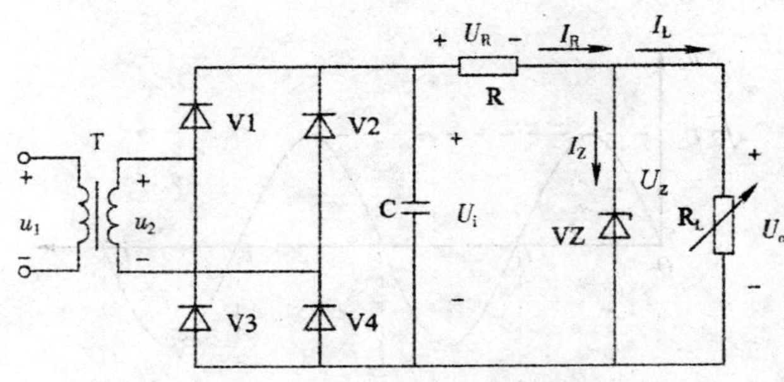

● 图6—13　稳压管并联型稳压电路

2. 稳压原理

稳压二极管工作在反向击穿区，利用反向击穿区陡直，较大电流的变化只会引起较小电压变化的特性实现稳压。

（1）当负载电阻不变，电网电压变化时的稳压过程

若电网电压升高，则输入电压 U_i 增加，必然引起 U_o 的增加，即 U_Z 增加，从而使 I_Z 增加，I_R 增加，使 U_R 增加，从而使输出电压 U_o 减小。这一稳压过程可概括如下：

$$U_i\uparrow \rightarrow U_o\uparrow \rightarrow U_Z\uparrow \rightarrow I_Z\uparrow \rightarrow I_R\uparrow \rightarrow U_R\uparrow \rightarrow U_o\downarrow$$

这里 U_o 减小应理解为由于输入电压 U_i 的增加，在稳压二极管的调节下，使 U_o 的增加没有那么大而已。

（2）当电网电压不变，负载电流变化时的稳压过程

若负载电流 I_L 增加，必然引起 I_R 的增加，即 U_R 增加，从而使 $U_Z=U_o$ 减小，I_Z 减小。I_Z 的减小必然使 I_R 减小，U_R 减小，从而使输出电压 U_o 增加。这一稳压过程可概括如下：

$$I_L\uparrow \longrightarrow I_R\uparrow \longrightarrow U_R\uparrow \longrightarrow U_o\downarrow \longrightarrow U_Z\downarrow \longrightarrow I_Z\downarrow \longrightarrow I_R\downarrow \longrightarrow U_R\downarrow \longrightarrow U_o\uparrow$$

图 6—13 中电阻 R 起着限流和调压的双重作用，如果 $R=0$，则 $U_o=U_i$，电路根本没有稳压作用，同时可能引起稳压管的反向电流过大而烧坏稳压管。

稳压管并联型稳压电路结构简单，设计制作容易；但是输出电流较小，输出电压不可以调节。因此，只适用于电压固定的小功率负载且电流变化范围不大的场合，当负载电流较大且要求稳压性能好时，可采用串联型直流稳压电路。

§6—2　串联型稳压电路

一、电路组成

图 6—14 所示为带放大环节的晶体三极管串联型稳压电路。它由四个部分组成，调整部分（调整管 V1）、取样电路（R3、RP、R4 组成的分压器）、基准电路（稳压管 VZ 和 R2 组成的稳压电路）、比较放大电路（放大管 V2 等），图中 R1 既是放大管 V2 的集电极电阻，又是调整管 V1 的偏置电阻。其框图如图 6—15 所示。

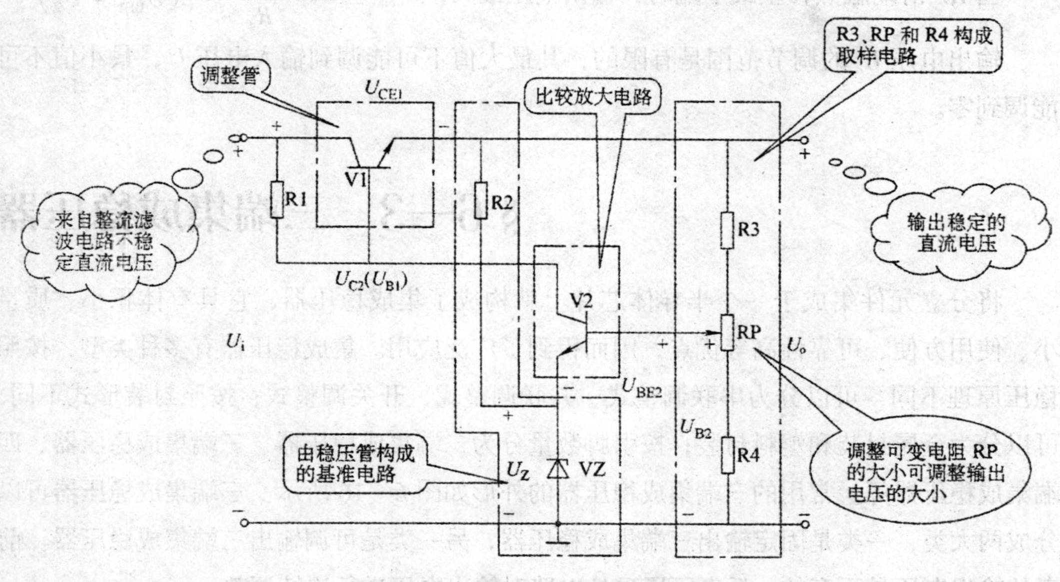

● 图 6—14　串联型直流稳压电路

因为调整管与负载相串联，所以称为串联型直流稳压电路。

图 6—15　串联型稳压电路的组成框图

二、稳压过程

当输出电压变化时，取样电路电阻将其变化量的一部分送到比较放大电路。取样电压和基准电压 U_Z 进行比较放大，再控制调整管的基极电位，然后通过控制 U_{CE1} 的变化调整输出电压，从而保证 U_o 基本稳定。

假设由于某种原因（如电网电压波动或者负载电阻变化等）使输出电压 U_o 有上升的趋势，其稳定过程可以表示如下：

$$U_o \uparrow \rightarrow U_{B2} \uparrow \rightarrow U_{BE2} \uparrow \rightarrow I_{B2} \uparrow \rightarrow U_{C2}\ (U_{B1}) \downarrow \rightarrow U_{CE1} \uparrow \rightarrow U_o \downarrow$$

可见，串联型稳压电路实质上是靠引入深度负反馈来稳定输出电压的。

三、输出电压的调节

调节 RP 阻值可以调节输出电压 U_o 的大小，使其在一定的范围内变化。忽略三极管 V2 的基极电流，当 RP 滑动触点移至最上端时

$$U_{BE2} + U_Z = \frac{R_P + R_4}{R_4 + R_P + R_3} U_o$$

这时输出电压最小，$U_{omin} = \dfrac{R_4 + R_P + R_3}{R_P + R_4}(U_{BE2} + U_Z)$

当 RP 滑动触点移至最下端时，输出电压最大，$U_{omax} = \dfrac{R_4 + R_P + R_3}{R_4}(U_{BE2} + U_Z)$

输出电压 U_o 的调节范围是有限的，其最大值不可能调到输入电压 U_i，最小值不可能调到零。

§6—3　三端集成稳压器

将分立元件集成于一个半导体芯片上就构成了集成稳压器，它具有体积小、质量小、使用方便、可靠性高等优点，因而得到了广泛应用。集成稳压器有多种类型，按照稳压原理不同，可以分为串联调整式、并联调整式、开关调整式；按照封装形式不同，可以分为金属封装和塑料封装；按引脚数量分为二端集成稳压器、三端集成稳压器、四端集成稳压器等。常用的三端集成稳压器的外形如图 6—16 所示。三端集成稳压器可以分成两大类，一类是固定输出三端集成稳压器，另一类是可调输出三端集成稳压器。前者的输出电压是不变的，后者可通过外电路对输出电压进行连续调整。

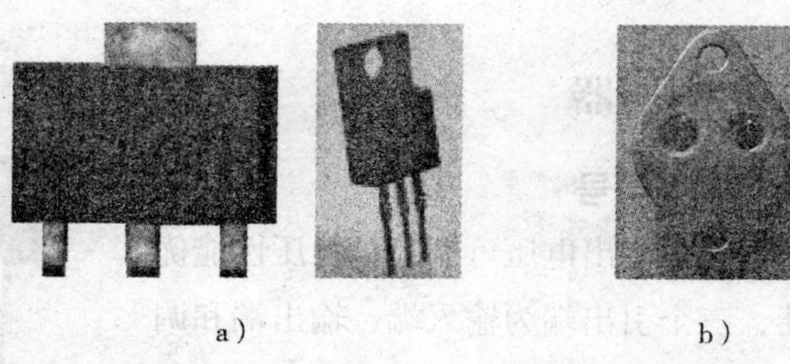

● 图 6—16　三端集成稳压器的外形

a）塑料壳封装　b）金属壳封装

一、固定式三端稳压器

1. 固定式三端稳压器的型号

固定式三端稳压器有输入端、输出端和公共端三个引出端。此类稳压器属于串联调整式，除了基准、取样、比较放大和调整等环节外，还有较完整的保护电路。常用的 CW78×× 系列是正电压输出，CW79×× 系列是负电压输出。根据国家标准，其型号意义如图 6—17 所示。

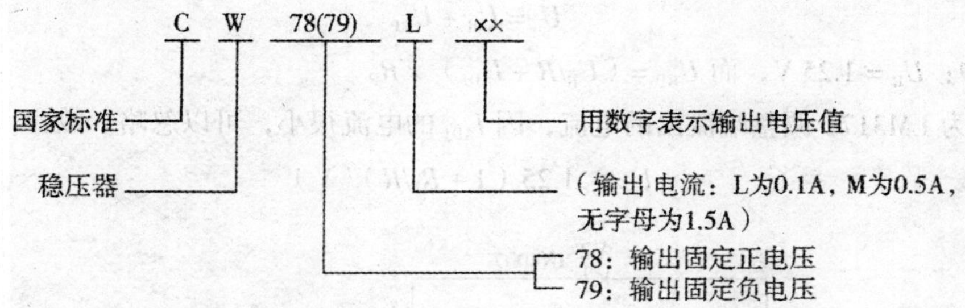

● 图 6—17　固定式三端集成稳压器的型号意义

2. 固定式三端稳压器的基本应用电路

图 6—18 所示为固定式三端集成稳压器的基本应用电路。图中，输入端电容 C1 用于减小输入电压的脉动和防止过电压；输出端电容 C2 用于削弱电路的高频干扰，并具有消振作用。为保证稳压器正常工作，输入电压应至少大于输出电压 2 V。

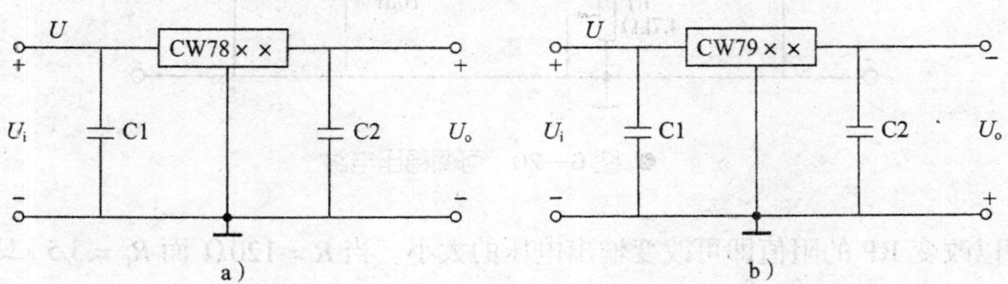

● 图 6—18　固定式三端集成稳压器的基本应用电路

a）正电压输出　b）负电压输出

二、可调式三端稳压器

● 图 6—19　LM317T 型可调式三端集成稳压器

1. 可调式三端稳压器的型号

可调式三端稳压器不仅输出电压可调，且稳压性能优于固定式三端稳压器，三个引出端为输入端、输出端和调整端，产品序号为三位数，前一位的含义是：1 为军工；2 为工业和半军工；3 为民用。后两位的含义是：17 为输出正电压，37 为输出负电压。如图 6—19 所示为 LM317T 的外形图。LM317T 为三端集成稳压器，3 脚为输入端，1 脚为调整端，2 脚为输出端。它的输出端与调整端的电压为 1.25 V 的基准电压。

2. 可调稳压电路

如图 6—20 所示为可调稳压电路，为了使输出电压能在 1.25~31 V 之间连续可调，在 LM317T 的调整端（又称为 ADJ 端）与地之间需接一个电位器 RP，此时的输出电压为 R 和 RP 两端的电压之和，即

$$U_o = U_R + U_{RP}$$

其中：$U_R = 1.25$ V，而 $U_{RP} = (U_R/R + I_{ADJ}) \times R_P$

I_{ADJ} 为 LM317T 调整端流出的电流，因 I_{ADJ} 的电流很小，可以忽略，故：

$$U_o \approx 1.25\,(1 + R_P/R)\,(\text{V})$$

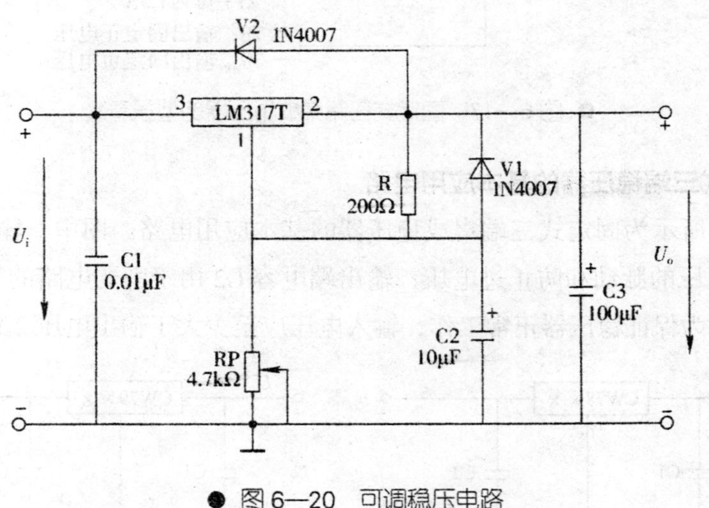

● 图 6—20　可调稳压电路

所以改变 RP 的阻值即可改变输出电压的大小。当 $R = 120\,\Omega$ 而 $R_P = 3.5\ \text{k}\Omega$ 时，能实现输出电压在 1.25~37.7 V 范围内连续可调。

如果集成稳压器离滤波电容较远时，为了加强滤波效果，应在 LM317T 靠近输入端

处接上一只 0.01 μF 的滤波电容 C1。接在调整端和地之间的电容 C2 用来滤除 RP 两端电压的交流分量，使得输出电压脉动程度明显降低。另一方面，由于电路中接了电容 C2，此时一旦输入端或输出端发生短路，C2 中储存的电荷会通过 LM317T 形成放电电流，造成 LM317T 损坏。为了避免这种情况，在 R 的两端并联一只二极管 V1。

LM317T 在没有容性负载的情况下，可以稳定地工作。但当输出端有 500~5 000 pF 的容性负载时，就容易发生自激。为了抑制自激，在输出端接一只 100 μF 的电解电容 C3。该电容还可以改善电源的瞬态响应。但是，接上该电容以后，集成稳压器的输入端一旦发生短路，C3 将对稳压器的输入端放电，其放电电流可能损坏稳压器，故在稳压器的输入与输出端之间，接一只保护二极管 V2。

工程应用

电源指示灯电路

三端稳压器的最简单应用如图 6—21 所示，220 V 交流电经过变压器降压为 18 V 交流电，通过桥式整流变成脉动直流电，再经过三端稳压器 CW7812 输出 12 V 的直流电压供给负载（发光二极管），R 为限流电阻，发光二极管在 12 V 电源电压作用下导通发光，作为指示灯用。

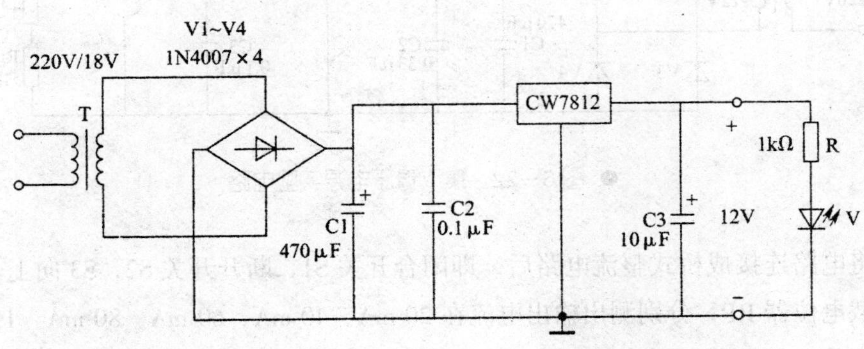

图 6—21 电源指示灯电路

实验 8 集成稳压电源电路测试

一、实验目的

1. 熟悉整流、滤波、集成稳压器的电路组成。

2. 掌握直流电源外特性的测试方法。

3. 观察直流稳压电路中各处的电压波形。

二、实验器材

1. 示波器1台，变压器1台。

2. 万用表1块。

3. 直流电压表1块。

4. 直流毫安表1块。

5. 元件：三端稳压器CW7806 1块，1N4004型二极管4个，1 kΩ电位器1个，51 Ω电阻1个，470 μF、0.33 μF、0.1 μF电容各1个，单刀单掷开关2个，双刀双掷开关1个。

三、实验步骤

1. 按图6—22所示电路接好线路。

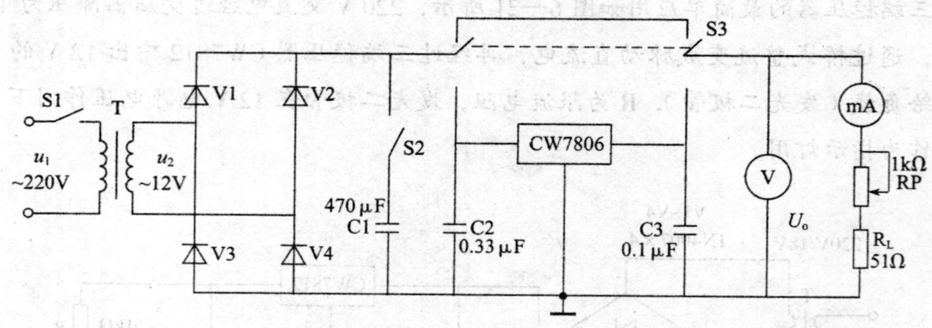

● 图6—22　集成稳压电源实验电路

2. 将电路连接成桥式整流电路后，即闭合开关S1，断开开关S2，S3向上合。然后调节负载电位器RP，分别测出输出电流在20 mA、40 mA、60 mA、80 mA、100 mA时的输出电压，将测得的数据记录在表6—3中。然后用示波器观察100 mA时的变压器二次电压 u_2 的波形和桥式整流后的电压波形 u_o，并把波形画在表6—4对应的位置。

表6—3　　整流、滤波、稳压电路输出电压记录

I_o（mA）	20	40	60	80	100
被测电路	输出电压 U_o（V）				
桥式整流					
桥式整流、滤波					
桥式整流、滤波、稳压					

3. 将电路连成桥式整流电容滤波电路，即闭合 S2，接入滤波电容 C1，调节 RP，测出在不同输出电流时（见表 6—3）对应的输出电压，并记录在表 6—3 中。然后观察 100 mA 时的电压波形 u_o，并把波形画在表 6—4 对应的表格内。调节 RP，观察比较在不同 I_o 时，输出电压波形 u_o 有何不同。

4. 将开关 S3 向下合，接上集成稳压电路，调节 RP，分别测出在不同输出电流时（见表 6—3）对应的输出电压，并记录在表 6—3 中。然后观察 100 mA 时的电压波形 u_o，并把波形画在表 6—4 对应的表格内。

表 6—4　　I_o = 100 mA 时，输出电压 u_o 的波形

输入电压波形	坐标轴：u_2，$\sqrt{2}U_2$，O，t_1，t_2，t_3，t_4，t
经桥式整流后的电压波形	坐标轴：u_o，$\sqrt{2}U_2$，O，t_1，t_2，t_3，t_4，t
经电容 C1 滤波后的电压波形	坐标轴：u_o，$\sqrt{2}U_2$，O，t_1，t_2，t_3，t_4，t
经 CW7806 稳压后的电压波形	坐标轴：u_o，$\sqrt{2}U_2$，O，t_1，t_2，t_3，t_4，t

四、实验报告

1. 完成测试表 6—3 和表 6—4 的填写。
2. 根据所测数据和波形，说明整流电路、滤波电路和稳压电路各起什么作用。

§6—4　开关型稳压电源简介

传统的线性稳压电源虽然电路结构简单、工作可靠，但它存在着效率低（只有 40%~50%），体积大，铜、铁消耗量大，工作温度高及调整范围小等缺点。为了提高效

率，人们研制出了调整管工作在开关状态的开关式稳压电源，效率可达85%，稳压范围宽。除此之外，它还具有稳压精度高、不使用电源变压器等特点，是一种较理想的稳压电源。正因为如此，开关型稳压电源已广泛应用于各种电子设备中，如计算机、电视机、录像机等对稳压电源要求较高的设备。

一、开关型稳压电源的基本工作原理

开关型稳压电源按控制方式分为调宽式和调频式两种，在实际的应用中，调宽式使用得较多，在目前开发和使用的开关电源集成电路中，绝大多数也为脉宽调制型。因此下面主要介绍调宽式开关稳压电源。

调宽式开关稳压电源的脉冲如图6—23所示。

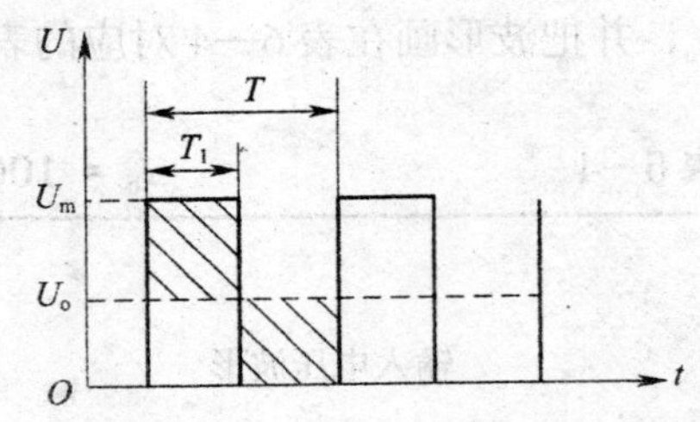

图6—23 调宽式开关稳压电源的脉冲

对于单极性矩形脉冲来说，其直流平均电压U_o取决于矩形脉冲的宽度，脉冲越宽，其直流平均电压值就越高。直流平均电压U_o可由下列公式计算：

$$U_o = U_m \times T_1/T$$

式中U_m为矩形脉冲最大电压值；T为矩形脉冲周期；T_1为矩形脉冲宽度。

从上式可以看出，当U_m与T不变时，直流平均电压U_o将与脉冲宽度T_1成正比。这样，只要设法使脉冲宽度随稳压电源输出电压的增高而变窄，就可以达到稳定电压的目的。

二、开关型稳压电源的基本电路

开关型稳压电源的基本电路框图如图6—24所示。

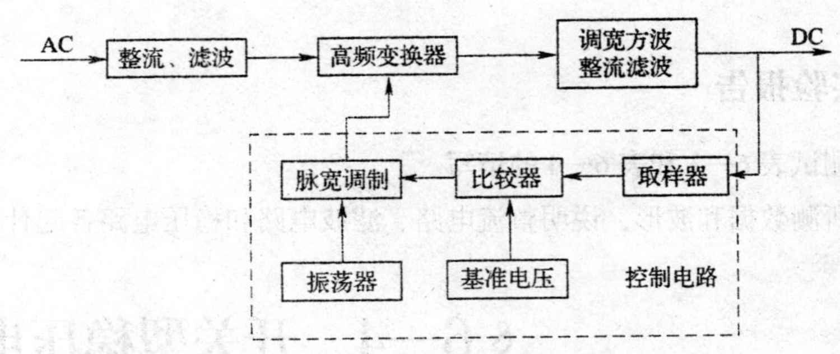

图6—24 开关型稳压电源的基本电路框图

交流电压经整流电路及滤波电路整流滤波后，变成含有一定脉动成分的直流电压。

该电压进入高频变换器被转换成所需电压值的方波，最后再将这个方波电压经整流、滤波变为所需要的直流电压。

控制电路为脉冲宽度调制器，它主要由取样器、比较器、振荡器、脉宽调制及基准电压电路构成。这部分电路目前已集成化，制成了各种开关电源用集成电路。控制电路用来调整高频开关元件的开关时间比例，以达到稳定输出电压的目的。

三、常用开关电源电路

1. 单端反激式开关电源

单端反激式开关电源的典型电路如图 6—25 所示。该电路中所谓的单端是指高频变换器的磁心仅工作在磁滞回线的一侧。所谓的反激，是指当开关管 VT 导通时，高频变压器 T 一次绕组的感应电压为上正下负，整流二极管 VD 处于截止状态，在一次绕组中存储能量。当开关管 VT 截止时，变压器 T 一次绕组中存储的能量通过二次绕组及 VD 整流和电容 C 滤波后向负载输出。单端反激式开关电源使用的开关管 VT 承受的最大反向电压是电路工作电压值的两倍，工作频率为 20 ~ 200 kHz。

单端反激式开关电源是一种成本最低的电源电路，输出功率为 20 ~ 100 W，可以同时输出不同的电压，且有较好的电压调整率。唯一的缺点是输出的电压纹波较大，外特性差，适用于相对固定的负载。

2. 自激式开关稳压电源

自激式开关稳压电源的典型电路如图 6—26 所示。这是一种利用间歇振荡电路组成的开关电源，也是目前广泛应用的基本电源之一。

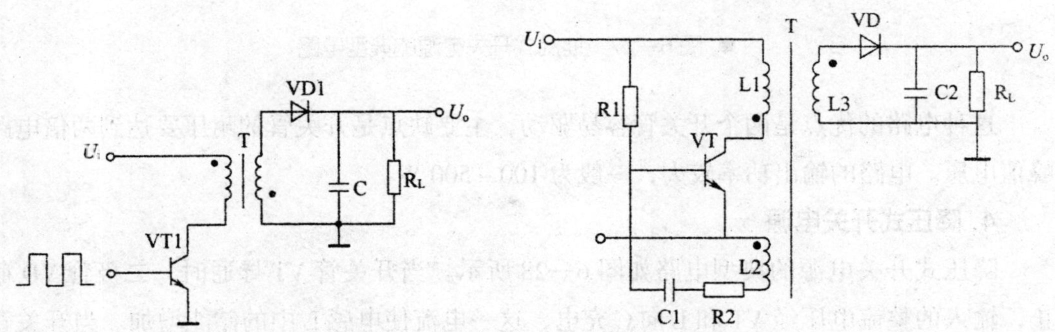

● 图 6—25 单端反激式开关电源的典型电路 ● 图 6—26 自激式开关稳压电源的典型电路

当接入电源后，通过 R1 给开关管 VT 提供启动电流，使 VT 导通，其集电极电流 I_c 在 L1 中线性增长，在 L2 中感应出使 VT 基极为正、发射极为负的正反馈电压，使 VT 很快饱和。与此同时，感应电压给 C1 充电，随着 C1 充电电压的增高，VT 基极电位逐

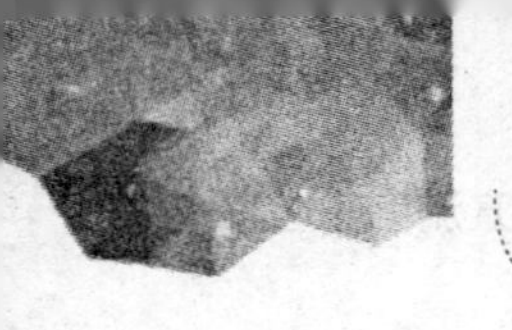

渐变低，致使 VT 退出饱和区，I_c 开始减小，在 L2 中感应出使 VT 基极为负、发射极为正的电压，使 VT 迅速截止，这时二极管 VD 导通，高频变压器 T 一次绕组中的储能释放给负载。在 VT 截止时，L2 中没有感应电压，直流供电输入电压又经 R1 给 C1 反向充电，逐渐提高 VT 基极电位，使其重新导通，再次翻转达到饱和状态，电路就这样重复振荡下去。这里就像单端反激式开关电源那样，由变压器 T 的二次绕组向负载输出所需要的电压。

自激式开关稳压电源中的开关管起着开关及振荡的双重作用，也省去了控制电路。该电路中由于负载位于变压器的二次绕组且工作在反激状态，具有输入和输出相互隔离的优点。这种电路不仅适用于大功率电源，也适用于小功率电源。

3. 推挽式开关电源

推挽式开关电源的典型电路如图 6—27 所示。它属于双端式变换电路，高频变压器的磁心工作在磁滞回线的两侧。电路使用两个开关管 VT1 和 VT2，两个开关管在外激励方波信号的控制下交替地导通与截止，在变压器 T 二次绕组得到方波电压，经整流滤波变为所需要的直流电压。

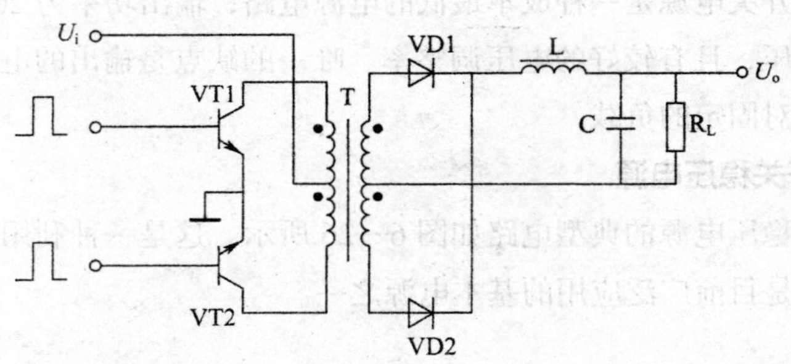

● 图 6—27　推挽式开关电源的典型电路

这种电路的优点是两个开关管容易驱动，主要缺点是开关管的耐压要达到两倍电路峰值电压。电路的输出功率较大，一般为 100 ~ 500 W。

4. 降压式开关电源

降压式开关电源的典型电路如图 6—28 所示。当开关管 VT 导通时，二极管 VD 截止，输入的整流电压经 VT 和 L 向 C 充电，这一电流使电感 L 中的储能增加。当开关管 VT 截止时，电感 L 感应出左负右正的电压，经负载 R_L 和续流二极管 VD 释放电感 L 中存储的能量，维持输出直流电压不变。电路输出直流电压的高、低由加在 VT 基极上的脉冲宽度决定。

这种电路使用元件较少，它同下面介绍的另外两种电路一样，只需要利用电感、电容和二极管即可实现。

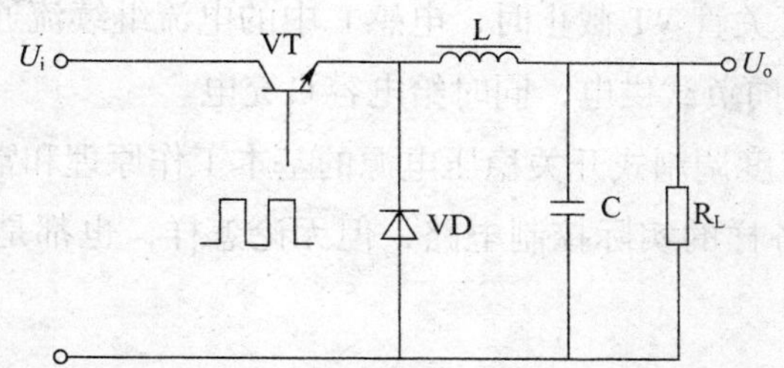

● 图 6—28　降压式开关电源的典型电路

5. 升压式开关电源

升压式开关电源的典型电路如图 6—29 所示。当开关管 VT 导通时，电感 L 存储能量；当开关管 VT 截止时，电感 L 感应出左负右正的电压，该电压叠加在输入电压上，经二极管 VD 向负载供电，使输出电压大于输入电压，故称为升压式开关电源。

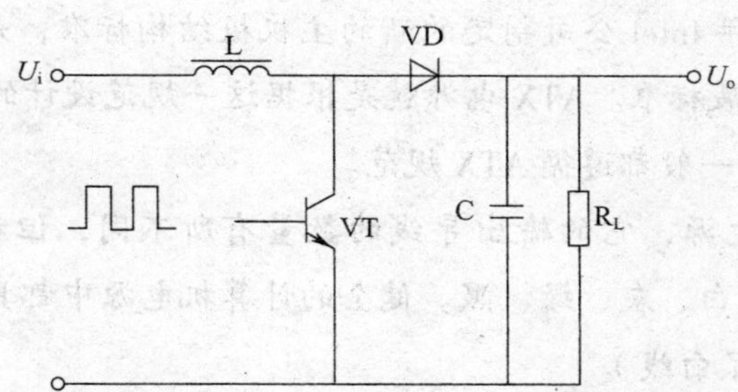

● 图 6—29　升压式开关电源的典型电路

6. 反转式开关电源

反转式开关电源的典型电路如图 6—30 所示。这种电路又称为升降压式开关电源。无论开关管 VT 之前的脉动直流电压高于还是低于输出端的稳定电压，电路均能正常工作。

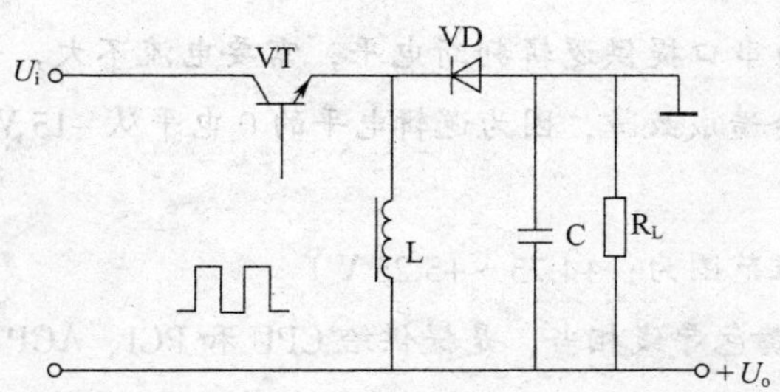

● 图 6—30　反转式开关电源的典型电路

当开关管 VT 导通时，电感 L 存储能量，二极管 VD 截止，负载 R_L 靠电容 C 上次的充电电荷供电。当开关管VT截止时，电感L中的电流继续流通，并感应出上负下正的电压，经二极管VD向负载供电，同时给电容C充电。

以上介绍了脉冲宽度调制式开关稳压电源的基本工作原理和常用电路类型，在实际应用中，还会有各种各样的实际控制电路，但无论怎样，也都是在这些基础上发展出来的。

工程应用

计算机电源

计算机电源是把220 V交流电转换成直流电，并专门为计算机配件如主板、驱动器、显卡等供电的设备，是计算机的重要组成部分。目前计算机电源大都是开关型电源。

ATX规范是1995年Intel公司制定的新的主机板结构标准，是英文AT Extend的缩写，可以翻译为AT扩展标准。ATX电源就是根据这一规范设计的电源。目前市面上销售的家用计算机电源，一般都遵循ATX规范。

对于不同定位的电源，它的输出导线的数量有所不同，但都离不开这9种颜色：黄、红、橙、紫、蓝、白、灰、绿、黑。健全的计算机电源中都具备这9种颜色的导线（目前主流电源都省去了白线）。

黄色：+12 V（标准范围：+11.40~+12.60 V）

黄色的线路为CPU、显卡和标准的驱动电路（如光驱、硬盘的电动机）供电。

黄色的线路在电源中应该是数量较多的一种，在电源里举足轻重。+12 V的电压输出不正常时，常会造成硬盘和光驱的读盘性能不稳定，影响显卡性能和CPU（死机）。

蓝色：–12 V（标准范围为：–13.20～–10.80 V）

–12 V的电压是为串口提供逻辑判断电平，需要电流不大，一般在1A以下，即使电压偏差过大，也不会造成故障，因为逻辑电平的0电平从–15 V到–3 V，有很宽的范围。

红色：+5 V（标准范围为：+4.75～+5.25 V）

+5 V导线数量与黄色导线相当，是提供给CPU和PCI、AGP、ISA等集成电路的工作电压，是计算机中主要的工作电源。目前，CPU都使用了+12 V和+5 V的混合供电，对于它的要求已经没有以前那么高。只是在最新的Intel ATX 12 V 2.2版本加强了+5 V的供电能力，加强双核CPU的供电。它的电源质量的好坏，直接关系着计算机的系统稳定性。

白色：-5 V（标准范围为：-5.50～-4.50 V）

目前市售电源中很少有带白色导线的，白色 -5 V 也是为逻辑电路提供判断电平的，需要电流很小，一般不会影响系统正常工作，基本上可有可无。

橙色：+3.3 V（标准范围为：+3.14～+3.45 V）

这是 ATX 电源专门设置的为内存供电的电源。在最新的 24 PIN 主接口电源中，着重加强了 +3.3 V 供电。该电压要求严格，输出稳定，纹波系数小，输出电流大，在 20 A 以上。一些中高档次的主板为了安全，都采用大功率场效应管控制内存的电源供电，不过也会因为内存插反而把大功率场效应管烧毁。使用 +2.5 V DDR 内存和 +1.8 V DDR2 内存的平台，主板上都安装了电压变换电路。

紫色：+5 VSB（+5 V 待机电源）（标准范围为：+4.75～+5.25 V）

ATX 电源通过 PIN9 向主板提供＋5 V、720 mA 的电源，这个电源为 WOL（Wake-up On Lan）、开机电路、USB 接口等电路提供电源。如果不使用网络唤醒等功能时，可将此类功能关闭，跳线去除，可以避免这些设备从 +5 VSB 供电端分取电流。这路输出的供电质量直接影响到了计算机待机时的功耗。

绿色：P-ON（电源开关端）

通过电平来控制电源的开启。当该端口的信号电平大于 1.8 V 时，主电源为关；当信号电平低于 1.8 V 时，主电源为开。使用万用表测试该脚的输出信号电平，一般为 4 V 左右。

灰色：监测线（Power Good）

一般情况下，灰色线 P-OK 的输出如果在 2 V 以上，那么这个电源就可以正常使用；如果 P-OK 的输出在 1 V 以下时，这个电源将不能保证系统的正常工作，必须更换。这也是判断电源寿命及是否合格的主要手段之一。

黑色：地线（0 V）

习 题

1. 在题图 6—1 所示半波整流电路中，当 $U_2 = 100$ V，$R_L = 1$ kΩ 时，试求：

（1）负载上直流电压 U_L 及电流 I_F 是多少？

（2）流过二极管的平均电流 I_F 及二极管承受的反向峰值电压 U_{RM} 是多少？

（3）如采用电容滤波，U_L、I_L、I_F 及 U_{RM} 各是多少？

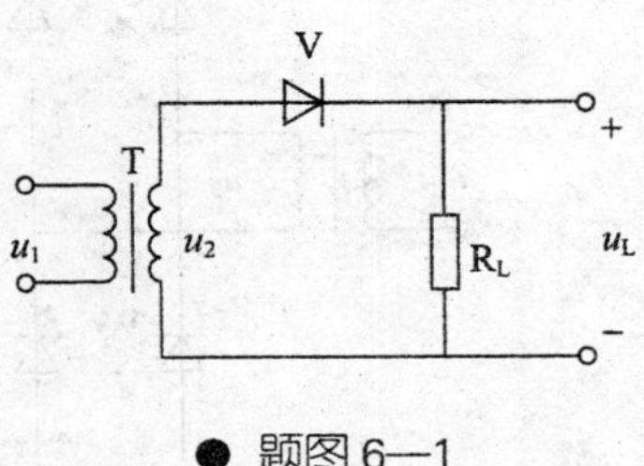

题图 6—1

2. 判断题图 6—2 所示是什么电路，当 $U_2 = 100$ V 时，U_L 是多少？在图中标明 U_L 的极性。如采用电容滤波，U_L 又是多少？

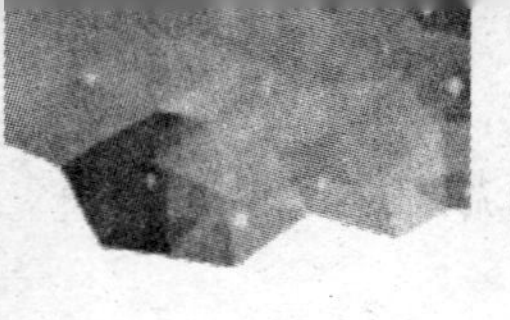

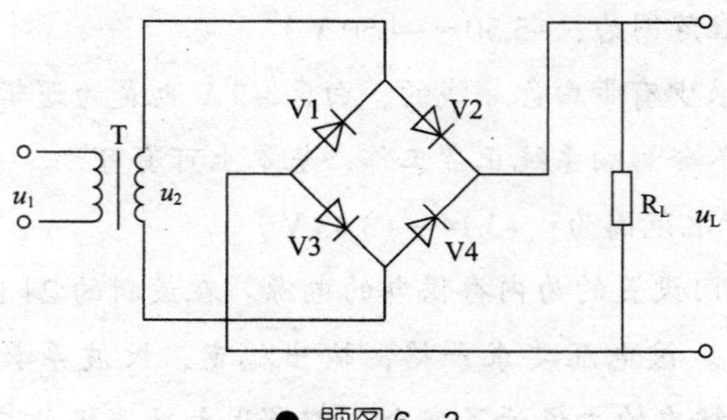

● 题图 6—2

3. 在题图 6—3 所示电路中，已知 $U_2 = 18$ V，$U_Z = 5$ V，$I_{Lmin} = 10$ mA，$I_{Lmax} = 30$ mA。（1）试说明它的稳压过程。（2）若电网电压不变，要求稳压管最小电流 $I_{Zmin} = 5$ mA，求限流电阻 R。（3）选定限流电阻后，稳压管工作电流最大值为多少？

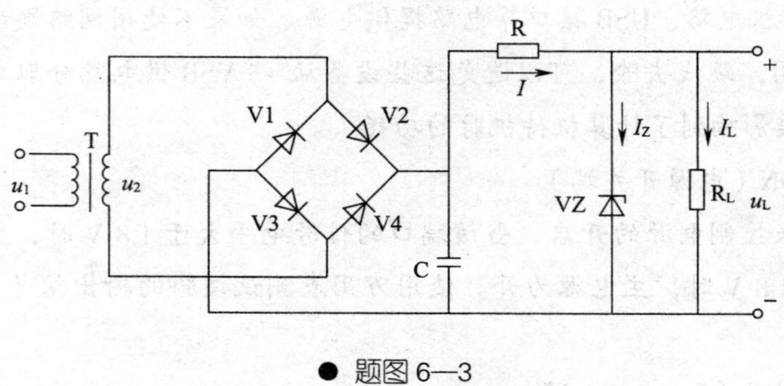

● 题图 6—3

4. 串联型稳压电路如题图 6—4 所示，试说明它的稳压过程。若稳压管的稳定电压 $U_Z = 6$ V，$U_{BE7} = 0.7$ V，取样电路的 $R_P = 620\,\Omega$，$R_3 = 1.2$ kΩ，$R_4 = 1.5$ kΩ，求输出电压 U_o 的调节范围。

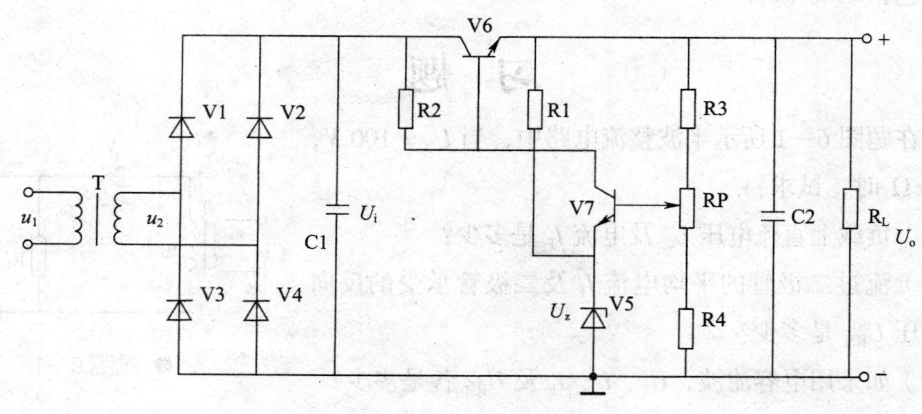

● 题图 6—4

5. 题图 6—5 所示电路是一个用三端集成稳压器组成的直流稳压电路。试说明各元器件的作用，并且指出电路在正常工作时的输出电压值。

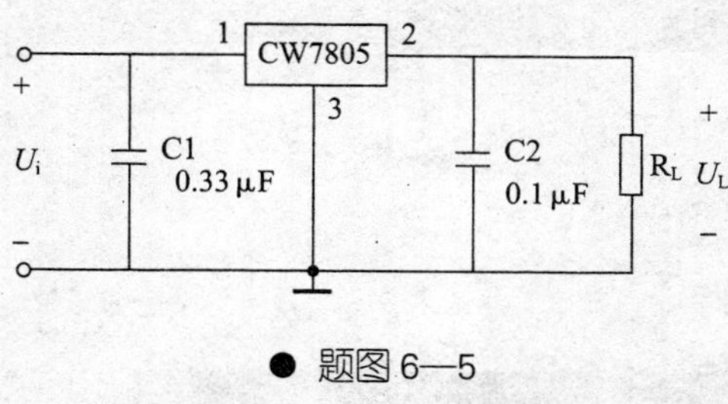

● 题图 6—5

第七章
数字电路

随着电子技术的发展，数字逻辑电路已广泛应用于计算机、自动控制、电子测量仪表、电视、雷达、通信等各个领域。另一方面，集成技术的发展，尤其是中、大规模和超大规模集成电路的发展，数字电路的应用范围将会更广，与人们的生活也会联系更紧密。数字电路主要由组合逻辑电路和时序逻辑电路组成，门电路是构成数字电路的基本单元。

§7—1　门电路

一、基本逻辑关系及其门电路

门电路是实现一定逻辑关系的电路，在数字逻辑电路中，基本逻辑关系有与、或、非三种，实现这三种逻辑功能的电路称为与门电路、或门电路和非门电路，简称与门、或门和非门。

1. 与逻辑和与门

（1）与逻辑

1）与逻辑定义。在有些重大问题的表决中不是采用少数服从多数原则，而是一票否决制，只有当所有表决的人都赞成的时候，这件事情才能通过，这件事的通过和决定它的所有人的表态之间的因果关系就是与逻辑关系，因此与逻辑可概括为：只有当决定一个事件的所有条件都成立时，事件才会发生，这种逻辑关系称为与逻辑关系。

想一想

你可以举一些生活中的与逻辑关系的实例吗?

2）运算规则。如图 7—1 所示电路是由两个开关串联控制电灯亮或灭的电路，要使电灯亮的这个事件发生，必须两个开关都闭合，所以这个电路就电灯亮与开关闭合的因果关系而言是与逻辑关系，如果用 Y 来表示灯亮这个事件的发生与否，用 A 和 B 分别表示开关的状态，那么与逻辑关系可表示为：

$$Y = A \cdot B$$

其中“·”为与逻辑的运算符号，“A · B”读作“A 与 B”，与逻辑运算符号“·”在运算中可以省略，上式可写成 Y = AB。Y = AB 称为逻辑表达式，A、B、Y 都是逻辑变量，逻辑变量只有两种状态，通常用 1 或 0 来表示，作为逻辑取值的 1 和 0 并不表示数值的大小，而是表示完全对立的两个逻辑状态，可以是条件的有或无，事件的发生或不发生，如灯的亮或灭，开关的通或断，电压的高或低等。根据与逻辑的定义，若用“1”表示灯亮，“0”表示灯灭；用“1”表示开关闭合状态，“0”表示开关断开状态，可以得到与逻辑的运算规则：

$$0 \cdot 0 = 0 \qquad 1 \cdot 0 = 0 \qquad 0 \cdot 1 = 0 \qquad 1 \cdot 1 = 1$$

（2）二极管与门电路

二极管与门电路如图 7—2 所示。

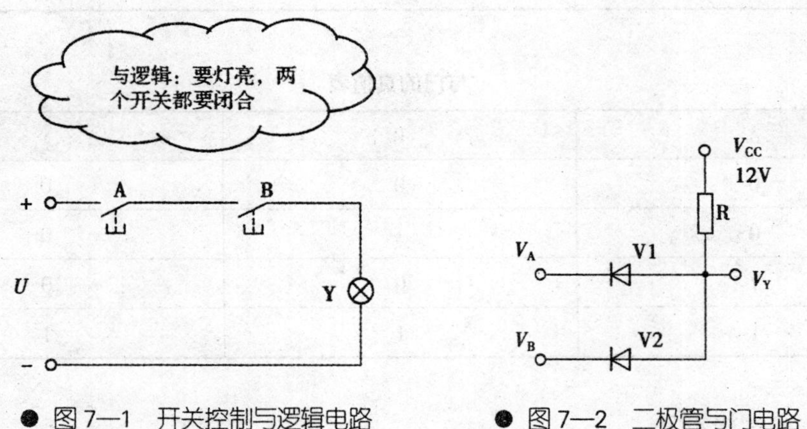

● 图 7—1　开关控制与逻辑电路　　● 图 7—2　二极管与门电路

1）工作原理。数字电路中的信号，通常只有高电平和低电平两种状态。如图 7—2 所示电路中，V_A、V_B 是两个输入信号，设高电平 $V_H = 3$ V，低电平 $V_L = 0.3$ V，如忽略二极管导通时的管压降，则 A、B 两个输入端共有如下 4 种不同的输入情况：

① $V_A = V_B = 0.3$ V 时，V1 管、V2 管均导通，输出电位 $V_Y = 0.3$ V。

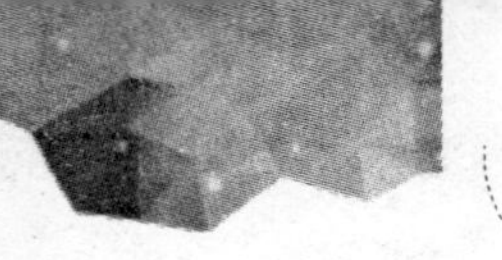

② $V_A = 0.3$ V，$V_B = 3$ V 时，V1 管两端所承受的正向电压大而优先导通，V_Y 被钳位于 0.3 V，V2 管反偏而截止。此时输出电位 $V_Y = 0.3$ V。

③ $V_A = 3$ V，$V_B = 0.3$ V 时，这种情况与②类似，此时 V2 管导通，V1 管截止，输出电位 $V_Y = 0.3$ V。

④ $V_A = 3$ V，$V_B = 3$ V 时，V1 管、V2 管均导通，输出电位 $V_Y = 3$ V。

由上述分析结果可得表 7—1。由此表可看出：只有当输入信号 V_A、V_B 均为高电平时，该电路的输出 V_Y 才是高电平。因此，这个二极管电路对输出获得高电平而言，输入信号与输出信号之间具有与逻辑关系，该电路为与门电路。

2）真值表和逻辑表达式。如果用“1”表示高电平，“0”表示低电平。用字母 A、B 来表示输入信号，字母 Y 表示输出信号。这样表 7—1 可改写成表 7—2，这种用 1 和 0 表示的所有可能的输入状态的取值和相应的输出状态的取值所组成的表格称为真值表。由表 7—2 可以归纳出与门的逻辑功能为：“有 0 出 0，全 1 出 1”。

与门的逻辑表达式为：　　　　　　$Y = AB$

表 7—1　　　　二极管与门输入、输出关系表

V_A（V）	V_B（V）	V_Y（V）
0.3	0.3	0.3
0.3	3	0.3
3	0.3	0.3
3	3	3

表 7—2　　　　与门的真值表

A	B	Y
0	0	0
0	1	0
1	0	0
1	1	1

（3）与门逻辑符号

如图 7—3 所示是两输入的与门逻辑符号。

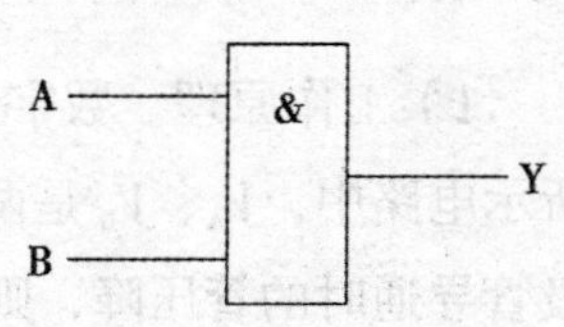

图 7—3　与门逻辑符号

例 1　根据与门的逻辑功能和输入信号波形，画出与门的输出波形。

解　答案如图 7—4 所示。

由图 7—4 可见，与门电路具有控制作用，就像一种开关，当控制端 A = 1 时，允许 B 端信号通过。

2. 或逻辑和或门

（1）或逻辑

如果把图 7—1 中的开关 A、B 改为并联再和电灯连接起来，就可以得到如图 7—5 所示电路。

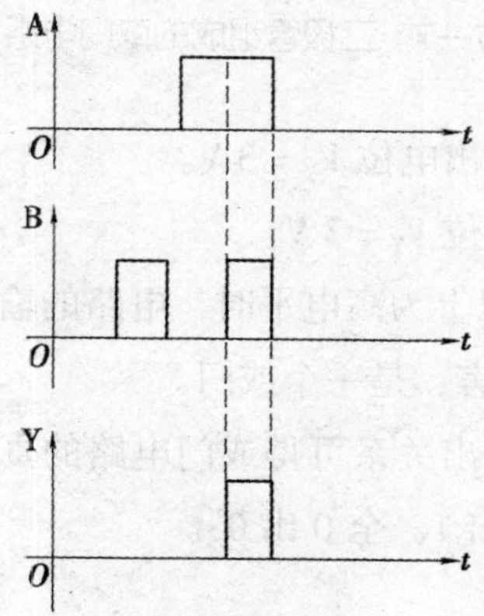

● 图 7—4 与门电路的控制作用波形

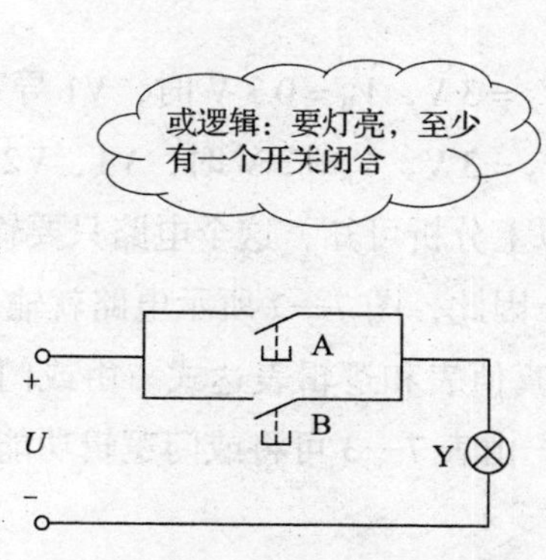

● 图 7—5 开关控制或逻辑电路

显然，灯亮的条件是，只要开关 A 或 B 有一个闭合就行。所以这种灯亮与开关闭合的关系是“或”逻辑，因此或逻辑可概括为：

在决定一个事件发生的几个条件中，只要其中一个或者一个以上的条件成立，事件就会发生，这种逻辑电路关系称为或逻辑关系。或逻辑可以表示为

$$Y = A + B$$

式中“+”为或逻辑运算符号，“A + B”读成“A 或 B”。

想一想

你能举一些生活中的或逻辑关系的实例吗？

扫描二维码
查看参考答案

（2）二极管或门电路

或门的逻辑符号如图 7—6 所示。二极管组成的或门电路如图 7—7 所示。

1）工作原理

当 $V_A = V_B = 0.3$ V 时，V1、V2 均导通，输出电位 $V_Y = 0.3$ V。

当 $V_A = 0.3$ V，$V_B = 3$ V 时，V2 两端承受正向电压大而优先导通，V_Y 被钳位于 3 V，V1 因反偏而截止，此时输出电位 $V_Y = 3$ V。

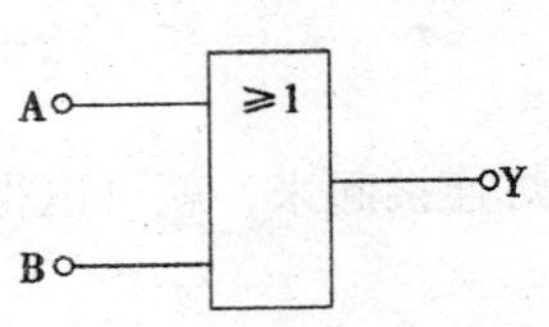

● 图 7—6　或门的逻辑符号

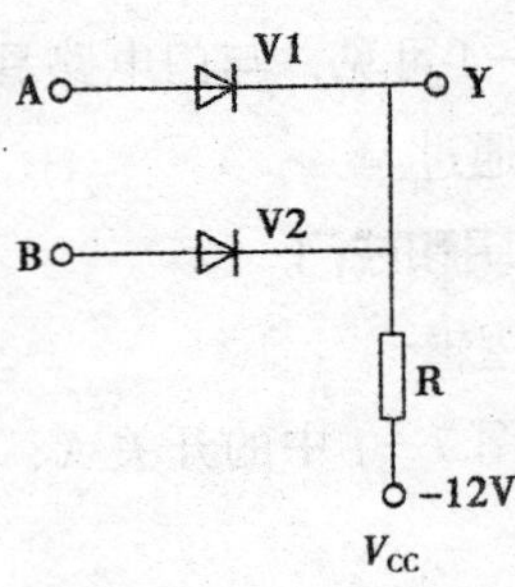

● 图 7—7　二极管组成的或门电路

当 $V_A = 3$ V，$V_B = 0.3$ V 时，V1 导通，V2 截止，输出电位 $V_Y = 3$ V。

当 $V_A = 3$ V，$V_B = 3$ V 时，V1、V2 均导通，输出电位 $V_Y = 3$ V。

由以上分析可知，这个电路只要输入信号有一个以上为高电平时，电路的输出就是高电平。因此，图 7—7 所示电路就输出获得高电平而言，是一个或门。

2）真值表和逻辑表达式。由或门电路的输入、输出关系可得或门电路的真值表见表 7—3。由表 7—3 可将或门逻辑功能归纳为："有 1 出 1，全 0 出 0"。

表 7—3　**或门的真值表**

A	B	Y
0	0	0
0	1	1
1	0	1
1	1	1

或门的逻辑表达式为：

$$Y = A+B$$

例 2　或门输入波形如图 7—8 所示，试画出它的输出波形。

解　或门的输出波形如图 7—8 所示。

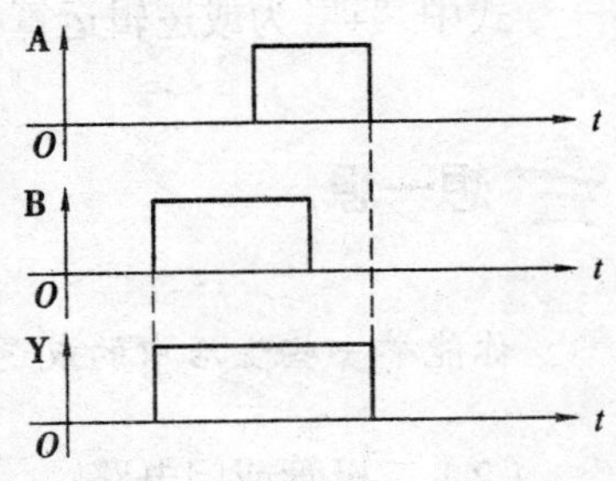

● 图 7—8　或门输入、输出的波形图

在上述二极管门电路的分析中，用电路的高电平和低电平来分别代表逻辑 1 和逻辑 0，电路的电平和逻辑取值之间这种对应关系的规定，称为逻辑规定。逻辑规定分为正逻辑和负逻辑。

所谓正逻辑，是指用电路的高电平代表逻辑 1，低电平代表逻辑 0。

所谓负逻辑，是指用电路的低电平代表逻辑 1，高电平代表逻辑 0。

对于一个数字电路，既可以采用正逻辑，也可采用负逻辑。同一电路，如果采用不同的逻辑规定，那么电路所实现的逻辑运算可能是不同的。各种与门、或门的正、负的逻辑电平关系见表 7—4 和表 7—5。

表 7—4 逻辑门正逻辑电平关系表

输入	输出	
X Y	与门	或门
0 0	0	0
0 1	0	1
1 0	0	1
1 1	1	1

表 7—5 逻辑门负逻辑电平关系表

输入	输出	
X Y	与门	或门
0 0	0	0
0 1	1	0
1 0	1	0
1 1	1	1

比较表 7—4 和表 7—5 可以看出：正逻辑与门和负逻辑或门相对应；正逻辑或门和负逻辑与门相对应。对于同一电路，采用正逻辑，电路实现与运算，而采用负逻辑，电路实现或运算。

通常情况下采用的是正逻辑，以后不再说明。

3. 非逻辑和非门

（1）非逻辑

图 7—9 所示开关控制电路中，要使电灯亮，开关 A 必须断开，所以这个电路就电灯亮与开关闭合而言符合非逻辑关系，故非逻辑可概括为：

在事件中，结果总是和条件呈相反状态，这种逻辑关系称为非逻辑关系。逻辑变量 A 的非逻辑可以表示为：$Y=\overline{A}$。

式中 A 上面的“-”为非逻辑运算符号，“$\overline{A}$”读成“A 非”。

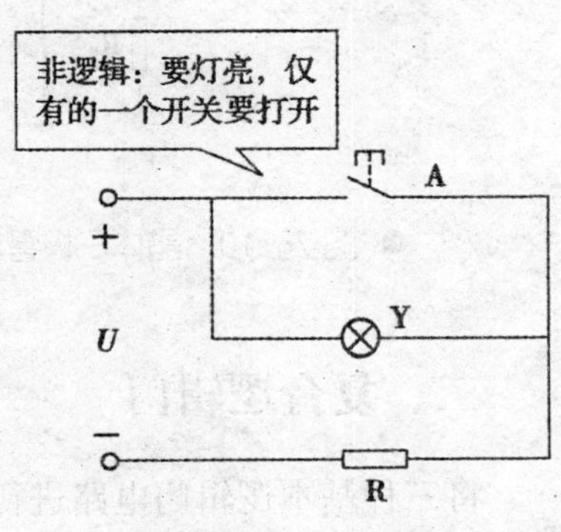

● 图 7—9 开关控制非逻辑电路

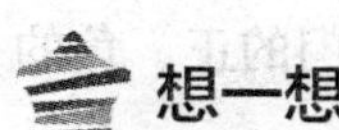

想一想

扫描二维码
查看参考答案

你能举出生活中非逻辑关系的实例吗？

（2）三极管非门电路

晶体三极管非门电路如图 7—10 所示，晶体三极管工作在饱和或截止状态。

图中 V_i 为输入信号，V_o 为输出信号，R_K 为限流电阻，偏置电源 $-V_{BB}$ 和偏置电阻 R_B 正是为了保证输入为低电平时晶体管能可靠截止而设置的。

1）当 V_i 为低电平时。$-V_{BB}$ 通过 R_K 和 R_B 分压加到晶体管基极上，使 $U_{be} < 0$，晶体管 V 可靠截止，输出 V_o 为高电平，此时输出 $V_o \approx V_{CC}$。

2）当 V_i 为高电平时。适当选取电路组件参数，使 $I_B > I_{BS}$，晶体管 V 饱和导通，输出 V_o 为低电平，此时 $V_o \approx 0.3$ V。

由以上分析可知，图 7—11 所示电路的输出电平与输入电平总是相反的，实现了非逻辑关系，所以是非门。

非门的逻辑功能为：

输入低电平时，输出为高电平；

输入高电平时，输出为低电平。

非门的逻辑表示式为：$Y = \overline{A}$。

由于非门输出信号与输入信号反相，所以也称图 7—10 所示电路为反相器。非门电路只有一个输入端 A，其真值表见表 7—6。

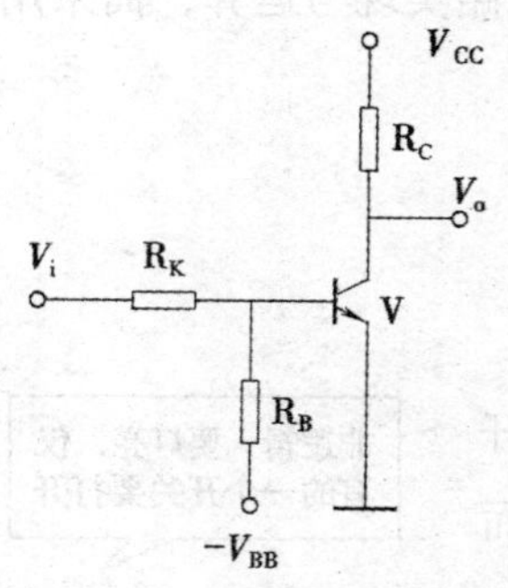

图 7—10　晶体三极管非门电路

表 7—6　非门电路的真值表

A	Y
0	1
1	0

二、复合逻辑门

将三种基本逻辑门电路进行适当的组合，就可以构成与非门、或非门和与或非门等复合逻辑门电路，见表 7—7。

表 7—7　　　　复合逻辑门电路

名称	逻辑结构	逻辑符号	逻辑表达式
与非门	A B & 1 Y	A B & Y	$Y=\overline{AB}$
或非门	A B ≥1 1 Y	A B ≥1 Y	$Y=\overline{A+B}$
与或非门	A B & AB C D & CD ≥1 Y	A B C D & & ≥1 Y	$Y=\overline{AB+CD}$

三、集成逻辑门电路

上述用二极管、晶体三极管、电阻元件等组装而成的门电路，称为分立元件电路，具有使用元件多、体积大、工作速度低、可靠性欠佳、带负载能力差等缺点，所以目前分立元件电路很少使用，已逐渐被数字集成电路替代。所谓数字集成电路就是把电路元件都制作在一块芯片上的电路。数字集成门电路目前应用较多的有两类：TTL（晶体管 - 晶体管逻辑门电路）集成电路和 CMOS（互补对称连接的金属 - 氧化物 - 半导体场效应管）集成电路。在集成逻辑门电路中，较典型的门电路是与非门，如图 7—11 所示为 CD4012 型双四输入与非门集成电路。

图 7—11　集成与非门电路外形图

1. TTL 与非门

（1）TTL 与非门电路

图 7—12 所示是常用的 TTL 与非门电路及其逻辑符号。

V1 是多发射极晶体管，可把它的集电结看成一个二极管，而把发射结看成与前者背靠背的几个二极管，如图 7—13 所示。这样，V1 的作用和二极管与门的作用完全相似。

（2）TTL 与非门电路的工作原理

1）输入端不全为高电平的情况。当输入端中有一个或几个为低电平（约为 0.3 V）时，则 V1 的基极与输入低电平发射极间处于正向偏置状态，V1 的基极电位 $V_{B1}\approx 0.3+0.7=1$（V），它不足以向三极管 V2 提供正向基级电流，所以 V2 管截止，以至于 V5 管也截止。在 V2 管处于截止状态下，电源将通过电阻 R2 使晶体三极管 V3 和 V4 导通，所以输出端的电位为：

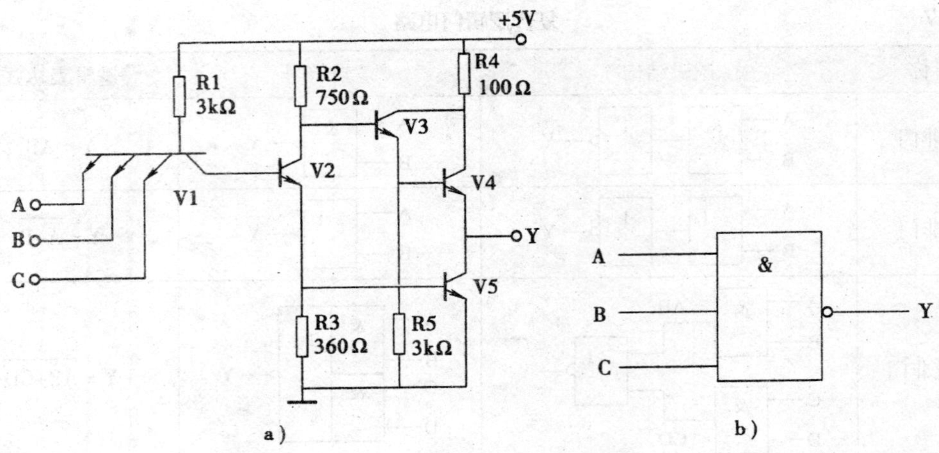

● 图 7—12　常用的 TTL 与非门电路及其逻辑符号

a）TTL 与非门电路　b）与非门逻辑符号

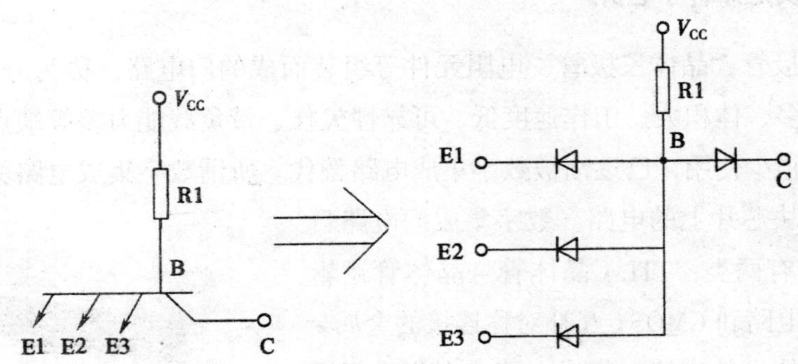

● 图 7—13　集成电路中的多发射极晶体管

$$V_Y = V_{CC} - I_{B3}R_2 - U_{BE3} - U_{BE4}$$

因为 I_{B3} 很小，可以忽略不计，于是有：

$$V_Y \approx V_{CC} - U_{BE3} - U_{BE4}$$
$$= 5-0.7-0.7 = 3.6\text{（V）}$$

即输出为高电平。

2）输入端全为高电平的情况。当输入端均接高电平（约为 3.6 V），即 $V_A = V_B = V_C =$ 3.6 V 时，V1 管的基极电位升高，当 V_{B1} 达到 2.1 V 时，就会使 V1 管的 B1–C1 结、V2 管的 B2–E2 结和 V5 管的 B5–E5 结这三个 PN 结正向导通，V1 管的基极电位 V_{B1} 将被钳位在 2.1 V，不再升高。V2 管的饱和导通使 V2 管集电极电位值 $V_{C2} = V_{E2} + U_{CE2} = V_{B5} + U_{CE2} \approx 0.7\text{ V} + 0.3\text{ V} = 1\text{ V}$，此即 V3 的基极电位，所以 V3 可以导通。V3 管的发射极电位 $V_{E3} \approx 1\text{ V} - 0.7\text{ V} = 0.3\text{ V}$，此即 V4 管的基极电位，而 V4 管的发射极电位也为 0.3 V，因此 V4 管截止。

输出端的电位为：$V_Y = 0.3$ V，

即输出为低电平。

所以图 7—13 所示电路的输入、输出关系符合与非逻辑，该电路是一个与非门。其逻辑表达式为：$Y = \overline{ABC}$。

图 7—14 所示是一种 TTL 与非门的外引线排列图。一片集成电路内的各个逻辑门互相独立，可以单独使用，但共用一根电源引线和一根地线。

（3）TTL 与非门电路的电压传输特性

电压传输特性是研究 TTL 与非门电路的输入电压 U_i 改变时，输出电压 U_O 如何随之变化的特性曲线，如图 7—15 所示。这条曲线可以分成 AB、BC、CD、DE 四段。

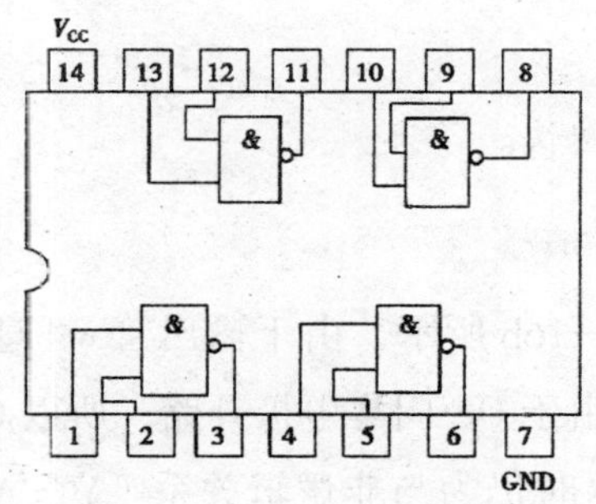

● 图 7—14 TTL 与非门的外引线排列图

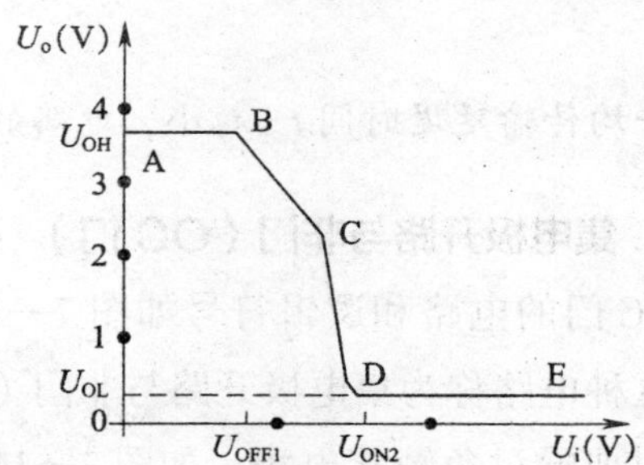

● 图 7—15 与非门电路的电压传输特性

AB 段——当 $U_i < 0.7$ V 时，V1 饱和，V2、V5 截止，V3、V4 导通，输出电压 $U_i \approx 3.6$ V，与非门处于截止状态。

BC 段——$0.7\ \text{V} \leqslant U_i < 1.3$ V 时，TTL 与非门的 V2 管开始导通，V2 管的集电极电位 V_{C2} 下降，输出电压 U_o 随输入电压 V_I 的增大而线性地减小。

CD 段——当 $1.3\ \text{V} \leqslant U_i < 1.4$ V 时，V5 管开始导通，输出迅速转为低电平，$U_i \approx 0.3$ V。

DE 段——当 $U_i \geqslant 1.4$ V 时，V5 已饱和，保持输出为低电平。

（4）主要参数

TTL 与非门的主要参数见表 7—8。

表 7—8　　**TTL 与非门的主要参数**

参数名称	符号	典型值	参数含义
输出高电平	U_{OH}	≥ 3.2 V	当输入端有“0”时，在输出端得到的输出电平
输出低电平	U_{OL}	≤ 0.35 V	当输入端全为“1”时，在输出端得到的输出电平
开门电平	U_{ON}	≤ 1.8 V	在额定负载条件下，使输出为“0”（V5 管饱和导通，即开门）所需的最小输入高电平值

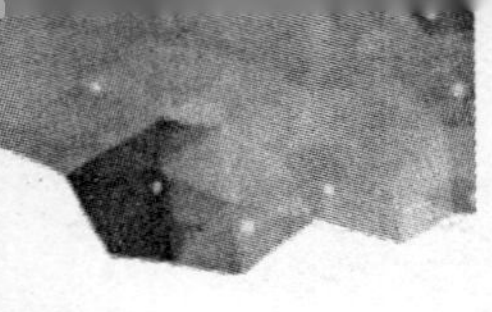

续表

参数名称	符号	典型值	参数含义
关门电平	U_{OFF}	Q ≥ 0.8 V	在额定负载条件下，使输出为“1”（V5管截止，即关门）所需的最大输入低电平值
扇出系数	N_O	≥ 8	正常工作时能驱动的同类门的数目，也叫负载能力
平均传输延迟时间	t_{pd}	≤ 40 ns	$t_{pd}=\frac{t_{PHL}+t_{PLH}}{2}$ 其中，t_{PHL} 表示输出电压由0跳变到1时的传输延迟时间 t_{PLH} 表示输出电压由1跳变到0时的传输延迟时间

提示

平均传输延迟时间 t_{pd} 越小，电路的开关速度越快。

2. 集电极开路与非门（OC门）

OC门的电路和逻辑符号如图7—16a和图7—16b所示，由于输出管V4悬空，所以把这种电路称为集电极开路与非门（OC门）。由于OC门集电极开路，所以OC门在使用时要通过负载接电源，如图7—16c所示，这时仍为与非逻辑关系（$Y=\overline{AB}$）。在使用多个OC门时，可将它们并联使用，共用一个外接电阻R，这时能实现并联输出端相与的功能，这种靠线的连接形成与功能的方式称为线与连接，如图7—16d所示，即$Y=\overline{AB}\ \overline{CD}\ \overline{EF}$。

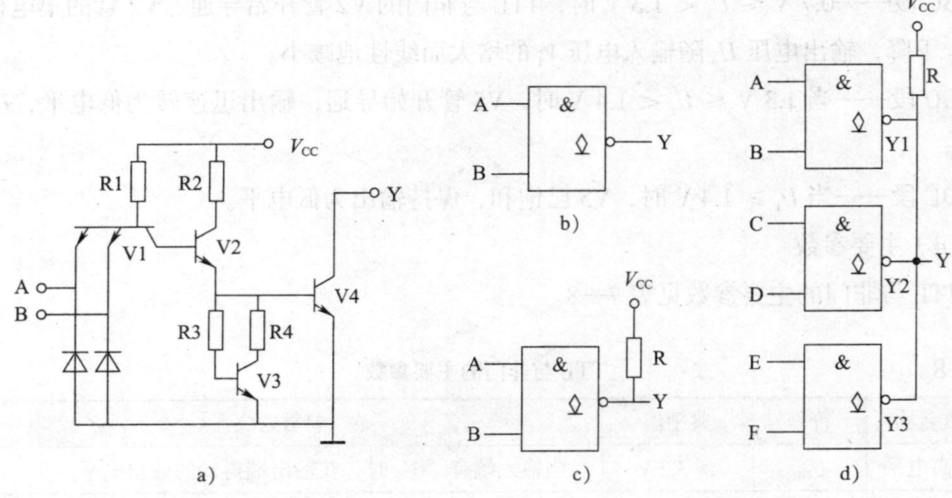

图7—16　集电极开路与非门（OC门）

a）电路　b）逻辑符号　c）单个使用　d）多个使用

3. 三态门（TSL门）

（1）电路和逻辑符号

三态门的输出端可以输出高电平、低电平、高阻态三种状态。三态门的电路和逻辑符号如图 7—17a 所示，三态门可以看作是由两个与非门和一个二极管组成的。

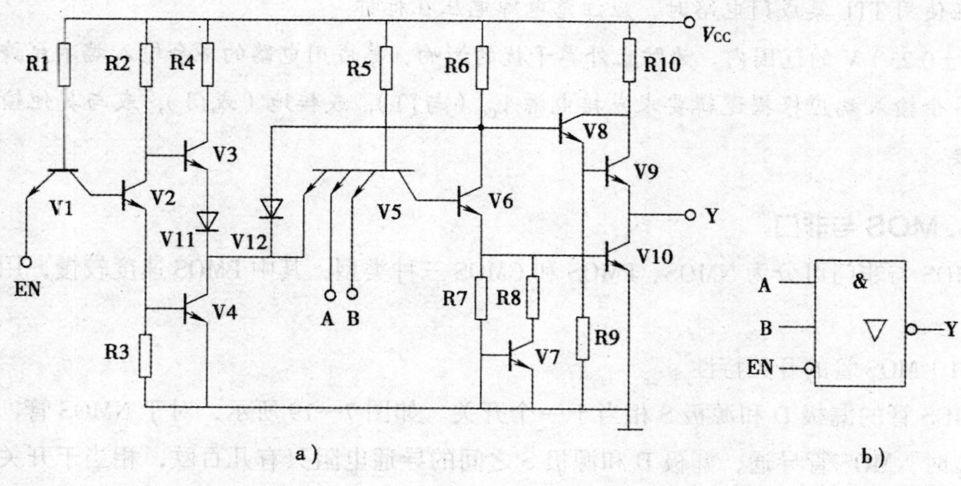

图 7—17 三态门（TSL门）

a）电路 b）逻辑符号

EN 端称为使能端，当 EN 端接低电平时，V4 输出一个高电平，V2 截止，电路仍是与非门电路，$Y=\overline{AB}$，这种状态称为三态门的工作状态。当 EN 端接高电平时，V4 输出低电平给 V5，使 V6、V7、V10 截止；V12 导通，将 V8 基极电位钳位在 1 V，V9 截止，从输出端看进去，电路处于高阻状态。

（2）逻辑真值表

三态门逻辑真值表见表 7—9。

表 7—9 三态门的逻辑真值表

EN	A	B	Y
0	0	0	1
0	0	1	1
0	1	0	1
0	1	1	0
1	×	×	高阻态

此外，还有一种三态门，其使能端为高电平有效，即 EN = 1 时为工作状态；EN =

0 时输出为高阻态。其逻辑符号如图 7—18 所示。

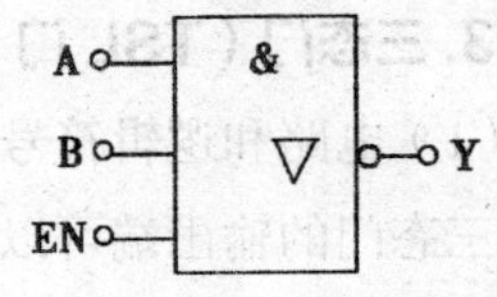

● 图 7—18　另一种三态门符号

提示

在使用 TTL 集成门电路时，应注意电源电压在标称值（5±0.25）V 的范围内。为防止外界干扰的影响，集成门电路的多余输入端不允许悬空，多余输入端应根据逻辑要求或接电源 V_{CC}（与门），或接地（或门），或与其他输入端连接。

4. MOS 与非门

MOS 与非门可分为 NMOS、PMOS 和 CMOS 三种类型，其中 PMOS 速度较慢，用得较少。

（1）MOS 管的开关特性

MOS 管的漏极 D 和源极 S 相当于一个开关。如图 7—19 所示，对于 NMOS 管，当 $V_{GS}>V_T$ 时，MOS 管导通，漏极 D 和源极 S 之间的导通电阻只有几百欧，相当于开关闭合。当 $V_{GS}<V_T$ 时，MOS 管截止，漏极 D 和源极 S 之间的电阻非常大，相当于开关断开。PMOS 管与 NMOS 管类似，但导通电阻相对大一些。

（2）CMOS 与非门

CMOS 与非门又称为互补型 MOS 与非门，由 NMOS 和 PMOS 管共同组成。

1）电路的组成。如图 7—20 所示，CMOS 与非门由 4 个 MOS 管组成，其中两只驱动管 V1、V2 是 N 沟道增强型 MOS 管，而两只负载管 V3、V4 是 P 沟道增强型 MOS 管。两个 PMOS 管相并联，而两个 NMOS 管相串联。

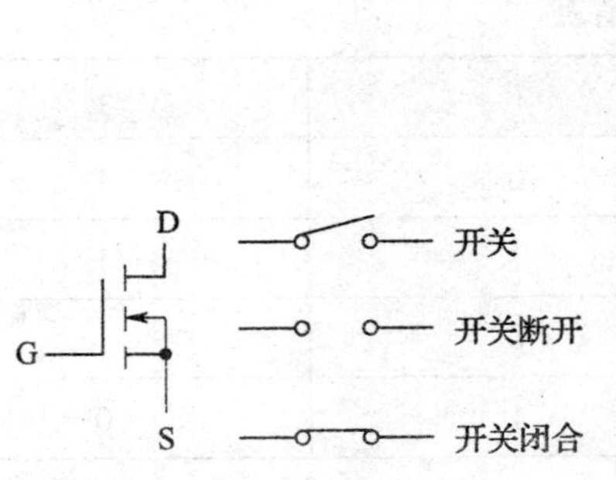

● 图 7—19　NMOS 场效应管及开关等效电路

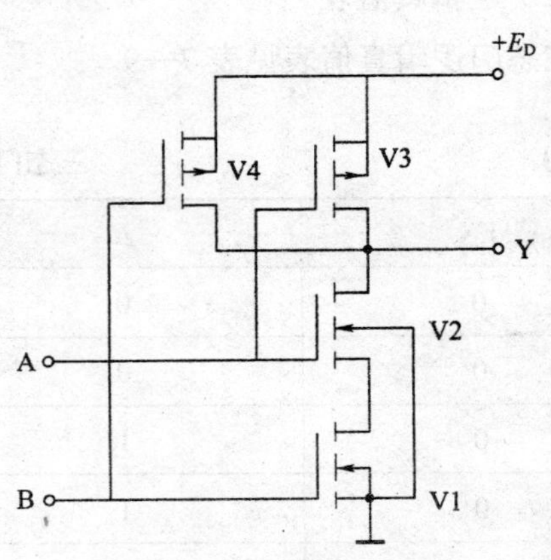

● 图 7—20　CMOS 与非门

2）工作原理。当输入信号 A 和 B 中有一个为低电平时，由于 V1 与 V2 串联，驱动管仍不导通，而负载管中有一个导通，因此输出端Y为高电平。当输入信号A和B同时为高电平时，V1、V2同时导通，V3、V4截止，这时输出端Y为低电平，而且输出电阻为两个驱动管导通电阻之和，因此图示电路具有“与非”逻辑功能，即 $Y=\overline{AB}$。

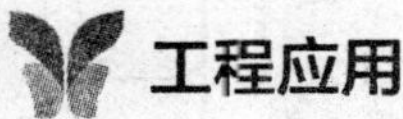

工程应用

OC门与三态门的典型应用

1. OC门典型应用

在实际应用中，OC门不仅可实现线与逻辑，而且可实现逻辑电平的转换。

在数字逻辑系统中，可能会应用到不同逻辑电平的电路，如TTL逻辑电平（$U_H=3.6$ V，$U_L=0.3$ V）和CMOS逻辑电平（$U_H=10$ V，$U_L=0$ V）不同，如果信号在不同逻辑电平的电路之间传输，就会不匹配，因此中间必须加上接口电路，OC门就可以用来做这种接口电路。如图7—21所示就是用OC门作为TTL和CMOS门的电平转换的接口电路。TTL的逻辑高电平 $U_H=3.6$ V，输入OC门后，经OC门变换输出低电平 $U_L=0.3$ V；TTL的逻辑低电平 $U_L=0.3$ V，输入OC门后，经OC门变换，输出的高电平为外接电源 E_p 电平，即 $U_H=E_p=10$ V，这就是CMOS所允许的逻辑电平值。

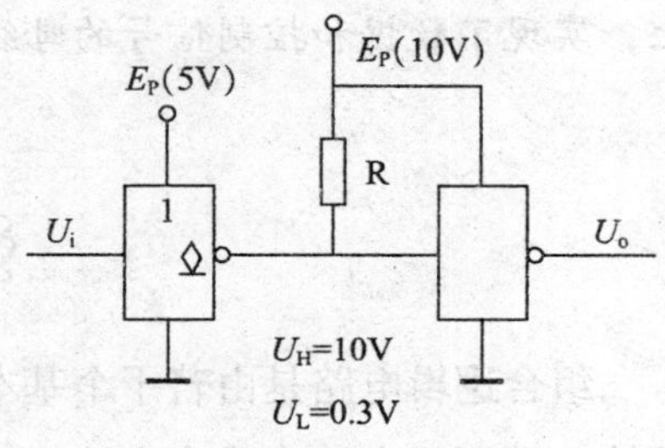

图7—21　逻辑电平转换接口电路

OC门除作为电平转换接口外，还可作为驱动电路，图7—22所示为用TTL OC门作为继电器线圈的驱动电路。当OC门为全高出低时，线圈L上流过电流，常开触点K闭合；当OC门为有低出高时，线圈L上无电流流过，常开触点K断开。通常数字逻辑电路要外接指示电路，如图7—23所示为OC门驱动发光二极管V的接口电路。当OC门全高出低时，有较大的电流从 E_C 经电阻R、发光二极管V到OC门输出端L，发光二极管V发亮；当OC门有低出高时，发光二极管不亮。

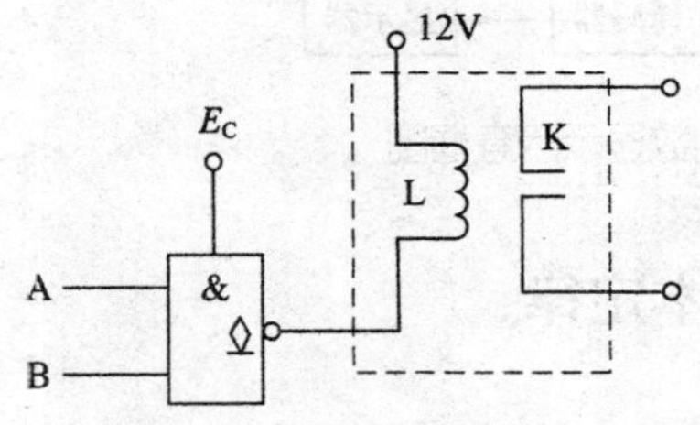

图7—22　驱动感性负载的接口电路

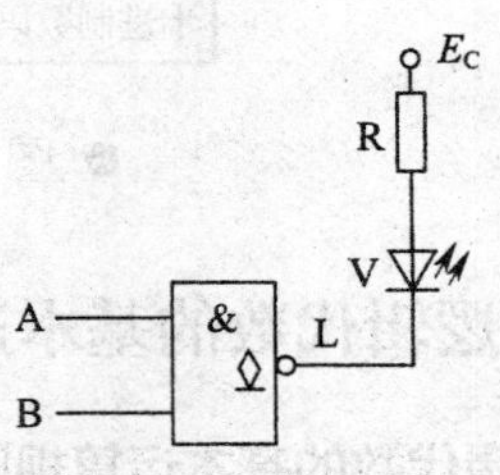

图7—23　驱动发光二极管电路

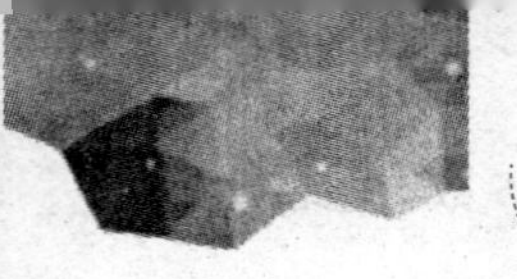

2. 三态门典型应用

三态门也可作为三态反相器或缓冲器，常用做计算机系统中各部件的输出级，如图 7—24 所示的用三态门实现用同一根导线轮流传送几个不同数据或控制信号的典型应用。图中可以接收三个输出信号的线 MN 称为母线，如果令 EN1 为低电平，EN2、EN3 为高电平，则门 D1 为与非门，而门 D2、D3 为高阻态，门 D1 的输出将由母线 MN 传送出去。当令 EN1、EN2、EN3 依次为低电平时，那么三个三态门的输出可以轮流送到母线 MN 上，实现了数据和控制信号的母线传送。

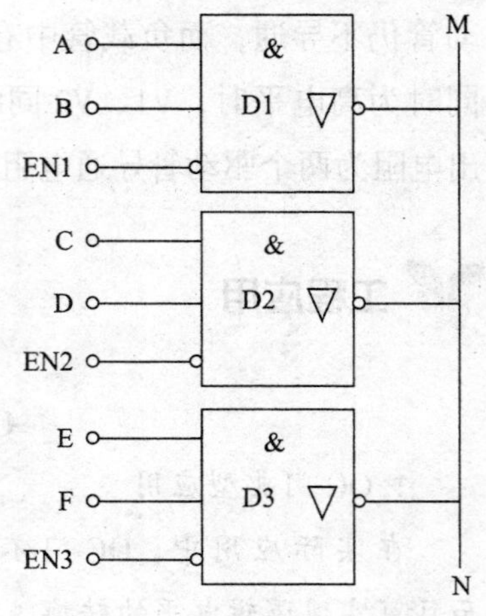

图 7—24 三态门的典型应用

§7—2 常用集成组合逻辑电路

组合逻辑电路是由若干个基本逻辑门电路和复合逻辑门电路组成的。组合逻辑电路的输入端可以有一个或多个输入变量，输出端也可以有一个或多个逻辑函数，是一种非记忆性逻辑电路。常见的组合逻辑电路有编码器、译码器、加法器、比较器、数据选择/分配器等，在数字系统中用途十分广泛，本节着重介绍编码器和译码器。例如，在日常生活和生产实际中，经常可以看到的十进制数显示，如图 7—25 所示，要想将十进制数直观地显示出来，直接送显示器是无法显示的，必须经编码器、译码器后才能由显示器显示，其显示示意框图如图 7—26 所示。

图 7—25 生活、生产中的十进制数显示实例

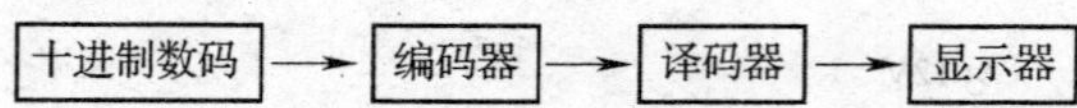

图 7—26 形成十进制数显示示意框图

一、逻辑代数的基本运算规则和基本定律

1. 逻辑代数的基本运算规则

常用基本逻辑运算规则见表 7—10。

表 7—10 常用基本逻辑运算规则

与运算	或运算	非运算
$A \cdot 0=0$ $A \cdot 1=A$ $A \cdot A=A$ $A \cdot \overline{A}=0$	$A+0=A$ $A+1=1$ $A+A=A$ $A+\overline{A}=1$	$\overline{\overline{A}}=A$

2. 逻辑代数的基本定律

逻辑代数的基本定律见表 7—11。

表 7—11 逻辑代数的基本定律

交换律	$A+B=B+A$，$A \cdot B=B \cdot A$
结合律	$A+B+C=(A+B)+C=A+(B+C)$，$(A \cdot B) \cdot C=A \cdot (B \cdot C)$
分配律	$A \cdot (B+C)=A \cdot B+A \cdot C$，$A+B \cdot C=(A+B) \cdot (A+C)$
反演律	$\overline{A+B}=\overline{A} \cdot \overline{B}$，$\overline{A \cdot B}=\overline{A}+\overline{B}$
吸收律	$AB+A\overline{B}=A$，$A+\overline{A}B=A+B$，$A+AB=A$
冗余律	$AB+\overline{A}C+BC=AB+\overline{A}C$

二、逻辑函数的化简

逻辑表达式的形式一般有 5 种，除了与或表达式外还有或与表达式、与非—与非表达式、或非—或非表达式、与或非表达式，所以一个逻辑函数可以有不同的表达式。

提示

对于一个逻辑函数而言，如果表达式是最简式，那么实现这个逻辑表达式的电路所需要的元件就最少，从而功耗小、可靠性高。

在逻辑函数的几种表达式中，与或表达式最常用，也容易转换成其他的表达式，因此，下面着重讨论最简的与或表达式。最简的与或表达式是指在不改变逻辑关系的情况下，首先乘积项的个数最少，其次是每一个乘积项中变量的个数最少。

1. 并项法

利用公式 $AB+A\overline{B}=A$ 将两个乘积项合并为一项，合并后消去一个互补的变量。例如，

$$A\overline{B}C+A\overline{B}\,\overline{C}=A\overline{B}(C+\overline{C})=A\overline{B}$$

2. 吸收法

利用公式 $A+AB=A$ 吸收多余的乘积项。例如，

$$\overline{A}B+\overline{A}BC=\overline{A}B$$

3. 消去法

利用公式 $A+\overline{A}B=A+B$ 消去多余的因子。例如，

$$\overline{A}+AC+B\overline{C}D=\overline{A}+C+B\overline{C}D=\overline{A}+C+BD$$

4. 配项法

利用 $A=A(B+\overline{B})$ 可将某项拆成两项，然后再用上述方法进行化简。

例 3 化简逻辑函数 $Y=A\overline{B}+B\overline{C}+\overline{B}C+\overline{A}B$。

解 $Y=A\overline{B}(C+\overline{C})+(A+\overline{A})B\overline{C}+\overline{B}C+\overline{A}B$

$=A\overline{B}C+A\overline{B}\,\overline{C}+AB\overline{C}+\overline{A}B\overline{C}+\overline{B}C+\overline{A}B$

$=(A+1)\overline{B}C+A\overline{C}(\overline{B}+B)+\overline{A}B(\overline{C}+1)$

$=\overline{B}C+A\overline{C}+\overline{A}B$

如果用 $(A+\overline{A})$ 去乘 $\overline{B}C$，用 $(C+\overline{C})$ 去乘 $\overline{A}B$，然后化简，则得：

$$Y=A\overline{B}+B\overline{C}+\overline{A}C$$

可见，经逻辑代数法化简得到的最简与或表达式，有时不是唯一的，实际解题时，往往遇到比较复杂的逻辑函数，因此必须综合运用基本公式和常用公式，才能得到最简的结果。

例 4 已知逻辑函数的真值表见表 7—12，试写出该函数的最简逻辑表达式。

表 7—12　　**真值表**

A	B	C	Y
0	0	0	0
0	0	1	0
0	1	0	0
0	1	1	1
1	0	0	0
1	0	1	1
1	1	0	1
1	1	1	1

解 （1）由真值表写出逻辑函数表达式。

把真值表中函数值等于 1 的变量组合写出来，变量值是 1 的写成原变量，是 0 的写成反变量，这样对应于函数值为 1 的每一个变量组合就可以写成一个乘积项，再把这些乘积项相加，就得到相应的逻辑表达式：$Y = \overline{A}BC + A\overline{B}C + AB\overline{C} + ABC$

（2）化简逻辑函数

$$\begin{aligned}Y &= \overline{A}BC + A\overline{B}C + AB\overline{C} + ABC \\ &= \overline{A}BC + A\overline{B}C + AB(\overline{C} + C) \\ &= \overline{A}BC + A\overline{B}C + AB \\ &= \overline{A}BC + A(\overline{B}C + B) \\ &= \overline{A}BC + A(C + B) \\ &= (AB + A)C + AB \\ &= (B + A)C + AB \\ &= AB + BC + AC\end{aligned}$$

三、组合逻辑电路的分析

1. 组合逻辑电路的分析步骤

（1）根据组合逻辑电路的逻辑图，逐级写出逻辑函数的表达式。

（2）对表达式进行化简或变换，以得到最简的函数表达式。

（3）根据最简的函数表达式，列出真值表。

（4）分析真值表确定电路的逻辑功能。

2. 分析步骤示例

例 5 试分析图 7—27 所示逻辑电路的功能。

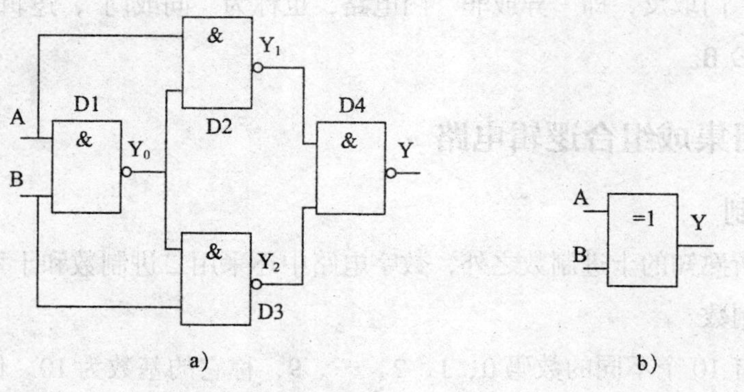

● 图 7—27

a）逻辑电路图 b）异或门的图形符号

解 （1）由逻辑电路图写出逻辑表达式

从输入端到输出端，依次写出各个门的逻辑式，最后写出输出变量 Y 的逻辑式：

D1 门：$Y_0 = \overline{AB}$

D2 门：$Y_1 = \overline{AY_0} = \overline{A \cdot \overline{AB}}$

D3 门　$Y_2 = \overline{BY_0} = \overline{B \cdot \overline{AB}}$

D4 门　$Y = \overline{Y_1 Y_2} = \overline{\overline{A \cdot \overline{AB}} \cdot \overline{B \cdot \overline{AB}}}$

$= \overline{\overline{A \cdot \overline{AB}}} + \overline{\overline{B \cdot \overline{AB}}}$

$= A \cdot \overline{AB} + B \cdot \overline{AB} = A(\overline{A} + \overline{B}) + \overline{B}(\overline{A} + \overline{B})$

$= A\overline{A} + A\overline{B} + B\overline{A} + B\overline{B} = A\overline{B} + B\overline{A}$

（2）由逻辑式列出真值表（见表 7—13）

表 7—13　　**异或门真值表**

A	B	Y
0	0	0
0	1	1
1	0	1
1	1	0

（3）分析逻辑功能

当输入端 A 和 B 不是同为“1”或“0”时，输出为“1”；否则，输出为“0”。这种电路称为“异或”门电路，其图形符号如图 7—27b 所示，其逻辑表达式写成 $Y = A\overline{B} + B\overline{A} = A \oplus B$。

将“异或”门取反，即“异或非”门电路，也称为“同或门”，逻辑表达式写成 $Y = \overline{A\,\overline{B} + B\,\overline{A}} = A \odot B$。

四、常用集成组合逻辑电路

1. 常用数制

除了人们所熟知的十进制数之外，数字电路中还采用二进制数和十六进制数等。

（1）十进制数

十进制数有 10 个不同的数码 0、1、2、…、9，称它的基数为 10。任何一个十进制数都可用这 10 个数码按一定规律排列起来表示。十进制的计数规律是“逢十进一”。

在一个十进制数中，每个数码位置不同时，它代表的数值也不同。例如，数 4751 可写成：

$$4\,751 = 4 \times 10^3 + 7 \times 10^2 + 5 \times 10^1 + 1 \times 10^0$$

4751 右边第一位是个位（10^0），第二位是十位（10^1），第三位是百位（10^2），第四位是千位（10^3）。通常把 10^3、10^2、10^1、10^0 称为对应数位的权，它是表示数码在数中处于不同位置时其数值的大小量级。

（2）二进制数

二进制数只有两个数码：0 和 1，它的基数为 2，计数规律是“逢二进一”。一个二进制数也可以按权位展开，例如，

$$1\,101 = 1 \times 2^3 + 1 \times 2^2 + 0 \times 2^1 + 1 \times 2^0$$

式中 2^3、2^2、2^1、2^0 就是对应数位的权。可见，四位二进制数的权分别为 8、4、2、1。

（3）十六进制数

采用二进制来表示数，通常位数很多、书写麻烦。例如，十进制数 116 写成二进制数为 1 110 100。数越大，书写越长。所以，常采用十六进制数来表示二进制数。十进制数的表示也可推广到十六进制数。十六进制数有 16 个数码：0、1、2、…、9、A、B、C、D、E、F，它的基数为 16，计数规律是“逢十六进一”。

2. 编码器

把二进制数码 0 和 1 按一定的规律编排成一组组代码，并使每组代码具有一定的含义（如代表某个十进制数），这就叫作编码。能完成编码的数字电路称为编码器。

（1）二－十进制编码器

将十进制数字 0~9 编成二进制代码的电路称为二－十进制编码器，也称为 BCD 码编码器。要对 0～9 十个数字编码，至少需要四位二进制代码。四位二进制数码有 16 种排列，而从 16 种组合中取出 10 种来表示 0～9 十个数字，这种取法有多种编排方式，最常用的是 8421BCD 码。

8421BCD 码的编码表见表 7—14。

表 7—14　　8421BCD 码的编码表

十进制数	输入变量	输出				十进制数	输入变量	输出			
		Y_3	Y_2	Y_1	Y_0			Y_3	Y_2	Y_1	Y_0
0	I_0	0	0	0	0	5	I_5	0	1	0	1
1	I_1	0	0	0	1	6	I_6	0	1	1	0
2	I_2	0	0	1	0	7	I_7	0	1	1	1
3	I_3	0	0	1	1	8	I_8	1	0	0	0
4	I_4	0	1	0	0	9	I_9	1	0	0	1

由编码表可以得到：

$$Y_3 = I_8 + I_9$$

$$Y_2 = I_4 + I_5 + I_6 + I_7$$

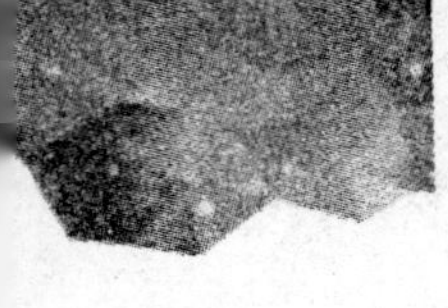

$$Y_1 = I_2 + I_3 + I_6 + I_7$$

$$Y_0 = I_1 + I_3 + I_5 + I_7 + I_9$$

如图 7—28 所示就是由上述逻辑表达式画出的 8421 编码器。

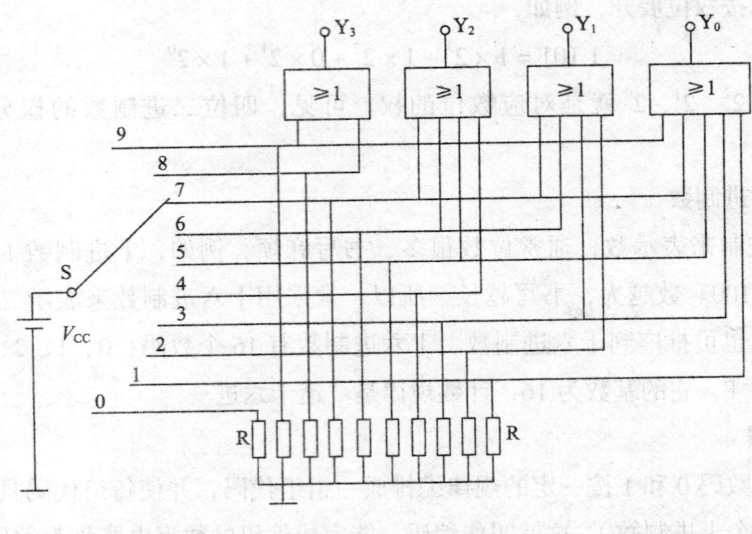

● 图 7—28 8421 编码器

（2）优先编码器

上述的编码器每次只能对一个输入信号进行编码。但是，在实际应用中往往同时有多个信号输入编码器，这时编码器不可能对这些信号同时进行编码，而只能按信号的轻重缓急，即按输入信号的优先级别进行编码。具有这种功能的编码器就称为优先编码器。

如常用的 CT74LS147 型 10 线 -4 线优先编码器，其外形图如图 7—29 所示，外引脚排列图如图 7—30 所示，各引脚功能说明如下：

● 图 7—29 CT74LS147 的外形图

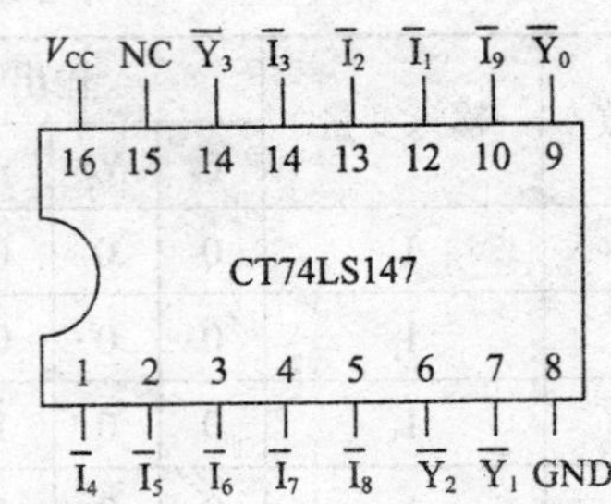

● 图 7—30 CT74LS147 外引脚排列图

$\overline{I}_1 \sim \overline{I}_9$——9 个编码输入端，低电平有效；

$\overline{Y}_0 \sim \overline{Y}_3$——4 个编码输出端，输出为反码；

V_{CC}——电源；

GND——地；

NC——空脚。

CT74LS147 型优先编码器的编码表见表 7—15。

表 7—15　　CT74LS147 型优先编码器的编码表

输入									输出			
$\overline{I_9}$	$\overline{I_8}$	$\overline{I_7}$	$\overline{I_6}$	$\overline{I_5}$	$\overline{I_4}$	$\overline{I_3}$	$\overline{I_2}$	$\overline{I_1}$	$\overline{Y_3}$	$\overline{Y_2}$	$\overline{Y_1}$	$\overline{Y_0}$
1	1	1	1	1	1	1	1	1	1	1	1	1
0	×	×	×	×	×	×	×	×	0	1	1	0
1	0	×	×	×	×	×	×	×	0	1	1	1
1	1	0	×	×	×	×	×	×	1	0	0	0
1	1	1	0	×	×	×	×	×	1	0	0	1
1	1	1	1	0	×	×	×	×	1	0	1	0
1	1	1	1	1	0	×	×	×	1	0	1	1
1	1	1	1	1	1	0	×	×	1	1	0	0
1	1	1	1	1	1	1	0	×	1	1	0	1
1	1	1	1	1	1	1	1	0	1	1	1	0

由表 7—15 可见，CT74LS147 型 10 线 -4 线优先编码器有 9 个输入变量 $\overline{I_1} \sim \overline{I_9}$，4 个输出变量 $\overline{Y_0} \sim \overline{Y_3}$，它们都是反变量。输入的反变量对低电平有效，即有信号时，输入为“0”。输出的反变量组成反码，对应于 0 ~ 9 十个十进制数码。

扫描二维码
查看参考答案

想一想

表 7—15 中第三行，当所有输入端无信号时，为什么输出的不是与十进制数码 0 对应的二进制数 0000，而是 1111？另外，当 $\overline{I_9} = 0$ 时，若 $\overline{I_8} = 0$，能对 $\overline{I_8}$ 编码吗？

五、译码器和显示器

译码器的功能与编码器相反，它将具有特定含义的二进制代码按其原意“翻译”出来，并转换成相应的输出信号。这个输出信号可以是脉冲，也可以是电位。译码器也叫解码器。

1. 二 - 十进制译码器

将二进制代码译成十进制数码 0~9 的电路叫作二 - 十进制译码器。一个二 - 十进制代码有四位二进制代码，所以，这种译码器有四个输入端、十个输出端，通常也叫作

4 线 -10 线译码器。如图 7—31 所示是 8421BCD 码译码器逻辑电路图，输出为低电平译码有效。

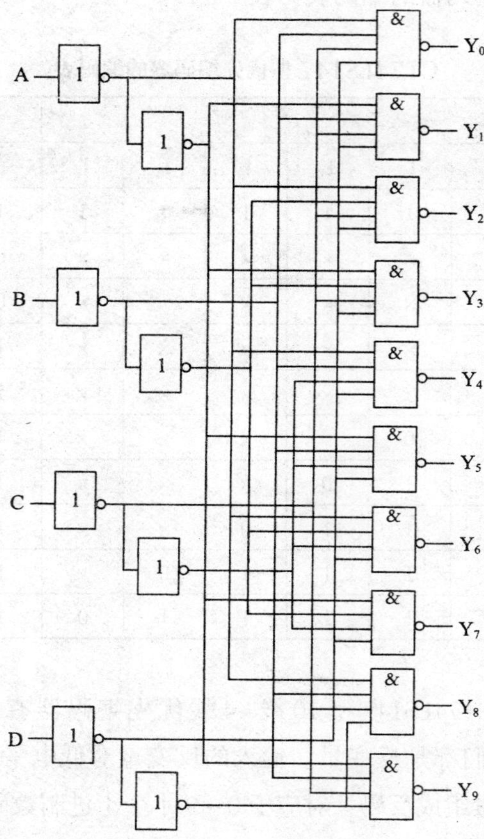

● 图 7—31　8421BCD 码译码器逻辑电路图

由该电路可以得到：

$$Y_0=\overline{\bar{D}\,\bar{C}\,\bar{B}\,\bar{A}}$$

$$Y_1=\overline{\bar{D}\,\bar{C}\,\bar{B}\,A}$$

$$Y_2=\overline{\bar{D}\,\bar{C}B\,\bar{A}}$$

$$Y_3=\overline{\bar{D}\,\bar{C}BA}$$

$$Y_4=\overline{\bar{D}C\,\bar{B}\,\bar{A}}$$

$$Y_5=\overline{\bar{D}C\,\bar{B}A}$$

$$Y_6=\overline{\bar{D}CB\,\bar{A}}$$

$$Y_7=\overline{\bar{D}CBA}$$

$$Y_8=\overline{D\,\bar{C}\,\bar{B}\,\bar{A}}$$

$$Y_9=\overline{D\,\bar{C}\,\bar{B}\,A}$$

Y_0~Y_9 就是译码器的输出逻辑表达式。当 DCBA 分别为 0000~1001 十个 8421BCD 码时，就可以得到表 7—16 所示的译码器真值表。

表 7—16 8421BCD 码译码器真值表

DCBA	Y_0	Y_1	Y_2	Y_3	Y_4	Y_5	Y_6	Y_7	Y_8	Y_9
0000	0	1	1	1	1	1	1	1	1	1
0001	1	0	1	1	1	1	1	1	1	1
0010	1	1	0	1	1	1	1	1	1	1
0011	1	1	1	0	1	1	1	1	1	1
0100	1	1	1	1	0	1	1	1	1	1
0101	1	1	1	1	1	0	1	1	1	1
0110	1	1	1	1	1	1	0	1	1	1
0111	1	1	1	1	1	1	1	0	1	1
1000	1	1	1	1	1	1	1	1	0	1
1001	1	1	1	1	1	1	1	1	1	0

例如，DCBA = 0000 时，$Y_0 = 0$，而 $Y_1 = Y_2 = \cdots = Y_9 = 1$，它表示 8421BCD 码 “0000” 译成的十进制数码为 0。由译码输出逻辑表达式可以看到，译码器除了能把 8421BCD 码译成相应的十进制数码之外，它还能 “拒绝伪码”。所谓伪码，这里是指 1010~1111 六个码。当输入该六个码中任意一个码时，Y_0~Y_9 均为 “1”，即得不到译码输出，这就是拒绝伪码。

2. 显示译码器

在数字系统中，运算、操作的对象主要是二进制数码。人们往往希望把运算或操作的结果用十进制数直观地显示出来，因此数字显示电路是数字系统的一个组成部分。

数字显示器件的种类较多，主要有半导体发光二极管显示器、液晶显示器等。显示的字形是由显示器的各段组合成数字 0~9，或者其他符号。我国字形管标准为七段字形，图 7—32 所示为笔段字形图。它有七个能发光的段，当给某些段加上一定的电压或驱动电流时，它就会发光，从而显示出相应的字形。由于各种数码显示管的驱动要求不同，驱动各种数码显示管的译码器也不同。

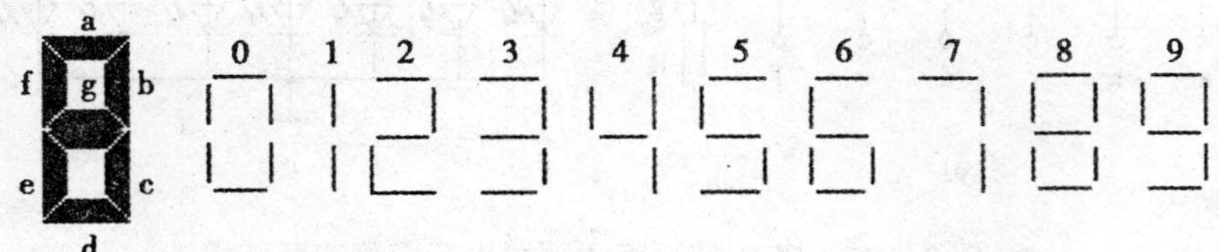

图 7—32 七段显示器字形图

（1）常用的数码显示器

1）半导体发光二极管显示器（LED 数字显示器）。发光二极管与普通二极管的主要区别在于它导通时能发光，即外加正向电压时，能发出醒目的光。发光二极管工作电压为 1.5~3 V，工作电流一般取 10 mA/ 段左右，既保证亮度适中，又不损坏器件。

LED 数字显示器又称数码管，它由七段发光二极管封装组成，它们排列成“日”字形，引脚排列如图 7—33 所示，其外形如图 7—34 所示。

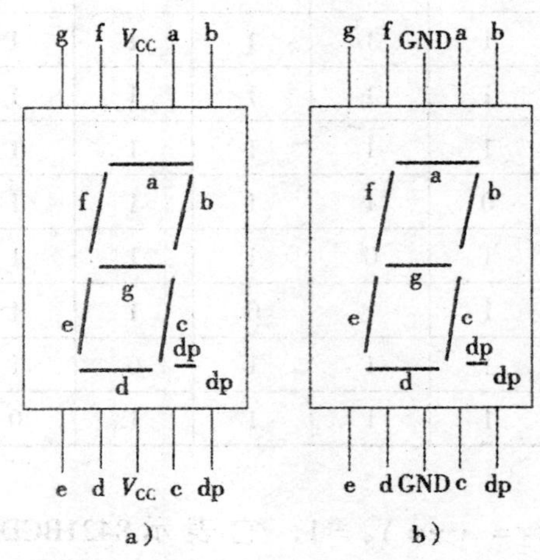

● 图 7—33 LED 数码管引脚

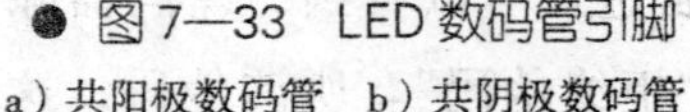

a）共阳极数码管 b）共阴极数码管

● 图 7—34 LED 数字显示器外形

LED 数码管各引脚说明如下：

a、b、c、d、e、f、g——字形七段输入端；

dp——小数点输入端；

V_{CC}——电源；

GND——地。

LED 数码管内部发光二极管的接法有两种：共阳极或共阴极接法，如图 7—35 所示。

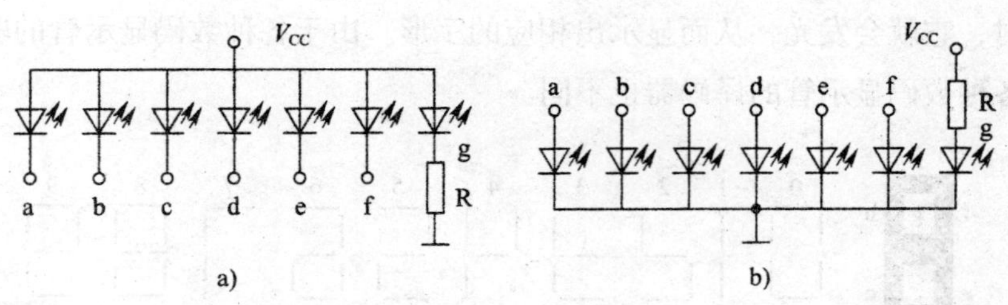

● 图 7—35 LED 数码管内部发光二极管的两种接法

a）共阳极 b）共阴极

共阳极接法是将 LED 显示器中 7 个发光二极管的阳极共同连接，并接到电源。若要某段发光，该段相应的发光二极管阴极须经限流电阻 R 接低电平。共阴极接法是将 LED 显示器中 7 个发光二极管的阴极共同连接，并接地。若要某段发光，该段相应的发光二极管阳极应经限流电阻 R 接高电平。

2）液晶显示器。液晶显示器通常简称 LCD。液晶是一种介于固体和液体之间的有机化合物。它和液体一样可以流动，但在不同方向上的光学特性不同，具有显示类似于晶体的性质，故称这类物质为液晶。

液晶显示器是一种新型平板薄型显示器件。液晶显示器本身不发光，它是用电来控制光在显示部位的反射和不反射（光被吸收）来实现显示的。正因为如此，LCD 工作电压低（2~6 V）、功耗小（1 μW/cm^2 以下），能与 CMOS 电路匹配。LCD 显示柔和、字迹清晰、体积小、质量小、可靠性高、使用寿命长，自 1968 年问世以来，其发展速度之快，应用之广，远远超过了其他发光型显示器件。LED 数码显示器如图 7—36 所示。

● 图 7—36　LCD 数码显示器

（2）BCD 七段显示译码器

BCD 七段显示译码器能把“8421”二－十进制代码译成对应于数码管的七个字段信号，驱动数码管，显示出相应的十进制数码。例如，共阳极显示译码器 CT74LS247 型译码器，其外形图如图 7—37a 所示，引脚排列如图 7—37b 所示。

a）

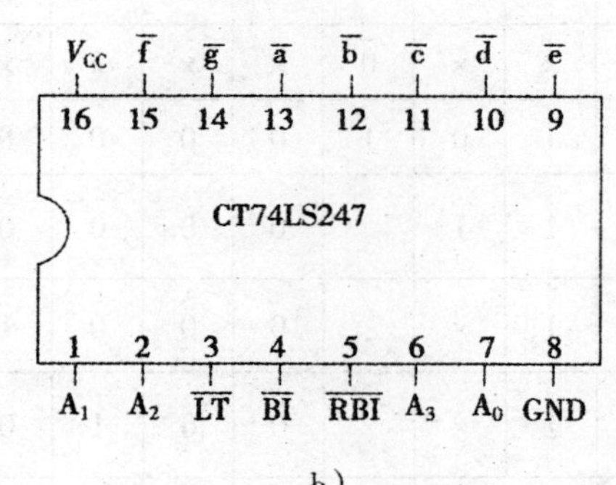

b）

● 图 7—37　CT74LS247 的外形和引脚排列

a）外形图　b）引脚排列图

各引脚说明如下：

A_3、A_2、A_1、A_0——8421 码的四个输入端；

$\overline{a}$、$\overline{b}$、$\overline{c}$、$\overline{d}$、$\overline{e}$、$\overline{f}$、$\overline{g}$——七个输出端（低电平有效）；

V_{CC}——电源端；

GND——接地端；

$\overline{LT}$——试灯输入端；

$\overline{BI}$——灭灯输入端；

$\overline{RBI}$——灭 0 输入端。

提示

$\overline{a}$、$\overline{b}$、$\overline{c}$、$\overline{d}$、$\overline{e}$、$\overline{f}$、$\overline{g}$ 为译码器输出端，应该分别与七段数码显示器的各段相连接，同时连接限流电阻。

当 $A_3 = A_2 = A_1 = A_0 = 0$ 时，$\overline{a} = \overline{b} = \overline{c} = \overline{d} = \overline{e} = \overline{f} = 0$，只有 $\overline{g} = 1$。所以，七段显示器的 a、b、c、d、e、f 段分别发亮，而 g 段不亮，七段显示器显示“0”。当 $A_3 = A_2 = A_1 = 0$，$A_0 = 1$ 时，$\overline{b} = \overline{c} = 0$，而 $\overline{a} = \overline{d} = \overline{e} = \overline{f} = \overline{g} = 1$，七段显示器的 b、c 发亮，而 a、d、e、f、g 不亮，七段显示器显示“1”。依次类推，就可以得到 CT74LS247 型译码器的功能表，见表 7—17。

表 7—17　　CT74LS247 型译码器的功能表

功能和十进制数	输入							输出笔画段状态							显示字符
	$\overline{LT}$	$\overline{RBI}$	$\overline{BI}$	A3	A2	A1	A0	$\overline{a}$	$\overline{b}$	$\overline{c}$	$\overline{d}$	$\overline{e}$	$\overline{f}$	$\overline{g}$	
试灯	0	×	1	×	×	×	×	0	0	0	0	0	0	0	
灭灯	×	×	0	×	×	×	×	1	1	1	1	1	1	1	
灭 0	1	0	1	0	0	0	0	1	1	1	1	1	1	1	
0	1	1		0	0	0	0	0	0	0	0	0	0	1	
1	1	×		0	0	0	1	1	0	0	1	1	1	1	
2	1	×		0	0	1	0	0	0	1	0	0	1	0	
3	1	×		0	0	1	1	0	0	0	0	1	1	0	
4	1	×		0	1	0	0	1	0	0	1	1	0	0	
5	1	×		0	1	0	1	0	1	0	0	1	0	0	
6	1	×		0	1	1	0	0	1	0	0	0	0	0	
7	1	×		0	1	1	1	0	0	0	1	1	1	1	

续表

功能和十进制数	输入							输出笔画段状态							显示字符
	$\overline{LT}$	$\overline{RBI}$	$\overline{BI}$	A3	A2	A1	A0	$\overline{a}$	$\overline{b}$	$\overline{c}$	$\overline{d}$	$\overline{e}$	$\overline{f}$	$\overline{g}$	
8	1	×		1	0	0	0	0	0	0	0	0	0	0	
9	1	×		1	0	0	1	0	0	0	0	1	0	0	

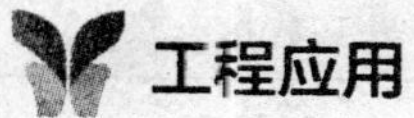

工程应用

LED显示器与LCD显示器

LED就是Light Emitting Diode（发光二极管）的英文缩写，LED数码显示中每一个像素单元就是一个发光二极管，如果是单色，一般是红色发光二极管；如果是彩色，一般是三个三原色小二极管组成的一个大二极管。这些二极管组成的矩阵由数码控制实时显示文字或者图像，造价相对低廉，组成的显像面积大。一般车站、广场等公共场合的字幕牌，露天大电视墙都是采用LED显示的。

LCD是Liquid Crystal Display（液晶显示器）的英文缩写，为平面超薄的显示设备，它由一定数量的彩色或黑白像素组成，放置于光源或者反射面前方。LCD液晶显示的像素单元是整合在同一块液晶版当中分隔出来的小方格。通过数码控制这些极小的方格进行显像。LCD造价高，但是显示效果细腻、柔和。目前，主流的计算机、手机、数码照相机、摄像机和家用电视机的屏幕用的都是LCD。

实验9　编码译码显示电路观测

一、实验目的

1. 通过实验使学生熟悉优先编码器（如CT74LS147型10线–4线优先编码器）、共阳极显示译码器（如CT74LS247型）和共阳极LED数码管的外形及引脚功能。

2. 通过测试十进制数码显示电路，使学生增加对集成逻辑电路的感性知识，了解编码、译码及显示的过程，巩固万用表等常用仪器仪表的使用方法。

3. 通过分析十进制数码显示电路，使学生进一步牢固掌握编码、译码及显示电路的功能，并熟悉其应用。

二、实验器材

1. +5 V 稳压电源一台。

2. 万用表一块。

3. 各类元件（见表 7—18）。

表 7—18　　元件明细表

代号	名称	型号	数量
IC1	LED 数码管	BS204	1
IC2	显示译码器	CT74LS247	1
IC3	六反相器	CD4069UBE	1
IC4	10 线 -4 线优先编码器	CT74LS147	1
	集成电路插座	16 脚	2
	集成电路插座	14 脚	1
S0~S9	按钮开关	—	各 1 个
R1~R7	电阻器	510 Ω	各 1 个
R8~R17	电阻器	1 kΩ	各 1 个

三、实验步骤

1. 按元件明细表 7—18 核对元器件的数量、型号和规格，如有短缺、差错应及时补缺和更换。用万用表的电阻挡对 LED 数码管、按钮、电阻等元器件进行检测，剔除不符合质量要求的元器件并更换。

2. 识别集成电路。CD4069UBE 为六非门，其外形如图 7—38 所示，引脚排列如图 7—39 所示。

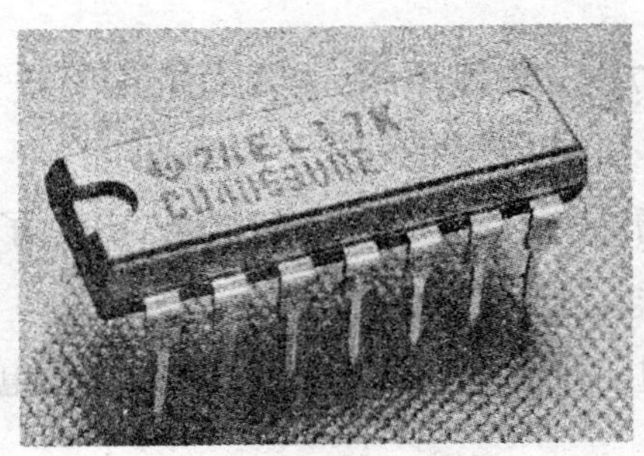

图 7—38　CD4069UBE 的外形图

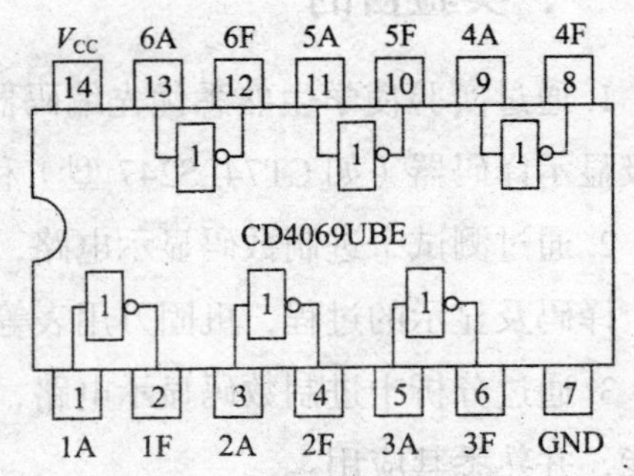

图 7—39　CD4069 的引脚排列图

CD4069UBE 引脚排列说明如下：

V_{CC}——电源端；

GND——接地端；

1A、2A、3A、4A、5A、6A——六个非门的输入；

1F、2F、3F、4F、5F、6F——六个非门的输出。

3. 按实验图 7—40 所示接好线路。

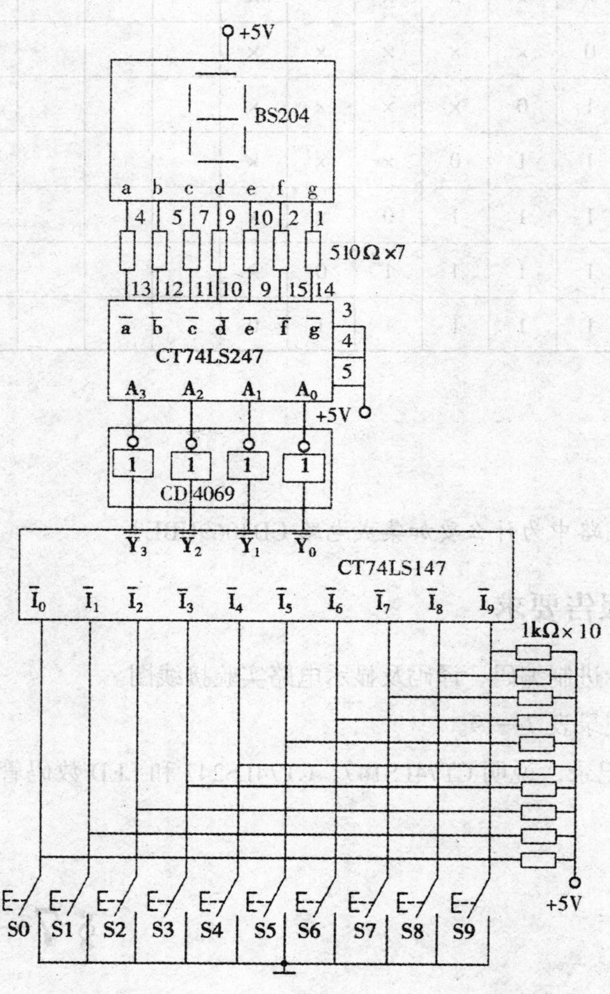

● 图 7—40　十进制编码、译码及显示的实验电路

4. 设 S1、S2、S3、S4、S5、S6、S7、S8、S9 按下为“0”，未按下为“1”，“×”表示按钮可按下或未按下，按表 7—19 中的要求分别设置 S1、S2、S3、S4、S5、S6、S7、S8、S9 的状态，用万用表分别测量 $\overline{Y}_0$、$\overline{Y}_1$、$\overline{Y}_2$、$\overline{Y}_3$ 点的电位，将测量值填入表 7—19 中，并观察记录数码管的状态。

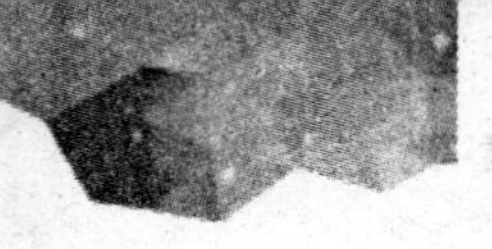

表 7—19　　测试记录表

S9	S8	S7	S6	S5	S4	S3	S2	S1	$\overline{Y_3}$	$\overline{Y_2}$	$\overline{Y_1}$	$\overline{Y_0}$	数码管的状态
1	1	1	1	1	1	1	1	1					
0	×	×	×	×	×	×	×	×					
1	0	×	×	×	×	×	×	×					
1	1	0	×	×	×	×	×	×					
1	1	1	0	×	×	×	×	×					
1	1	1	1	0	×	×	×	×					
1	1	1	1	1	0	×	×	×					
1	1	1	1	1	1	0	×	×					
1	1	1	1	1	1	1	0	×					
1	1	1	1	1	1	1	1	0					

想一想

扫描二维码
查看参考答案

请分析测量电路中为什么要加集成电路 CD4069UBE?

四、实验报告要求

1. 分别画出十进制编码、译码及显示电路实验接线图。

2. 完成测试记录表 7—19。

3. 分析测试记录，说明 CT74LS147、CT74LS247 和 LED 数码管的功能及其在电路中的作用。

§7—3　触发器

组合逻辑电路的输出状态仅由该时刻的输入信号决定，而时序逻辑电路的输出状态不仅与同一时刻的输入状态有关，而且与电路原有状态有关。触发器是组成时序逻辑电路的基本单元电路，是最简单的时序逻辑电路。

触发器在某个时刻的输出状态不仅取决于该时刻的输入状态，而且还和它本身的状态有关，因此它具有记忆功能。触发器按功能分为 RS 触发器、JK 触发器、D 触发器和 T 触发器。

一、RS 触发器

1. 基本 RS 触发器

基本 RS 触发器是构成各种触发器的基本电路，它有“与非”型和“或非”型两种。

（1）“与非”型基本 RS 触发器

1）电路。“与非”型基本 RS 触发器如图 7—41 所示，它由两个与非门交叉耦合组成。触发信号由输入端 R、S 进入，Q、$\overline{Q}$ 为一对互补的输出端。

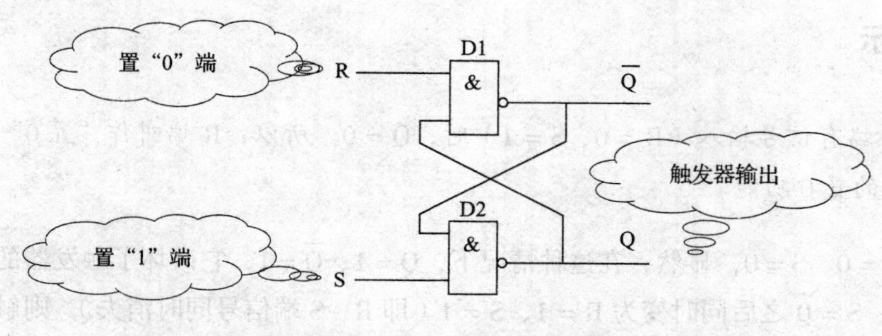

● 图 7—41 “与非”型基本 RS 触发器

2）工作原理

① R = 1、S = 1，根据与非门的逻辑功能——“有 0 出 1、全 1 出 0”，可知在这种情况下，D1、D2 的输出决定于 Q、$\overline{Q}$ 的状态。

设电路原状态为 Q = 0、$\overline{Q}$ = 1，则 D1 的一个输入端 Q = 0，输出 $\overline{Q}$ = 1。而 D2 的两个输入端 S、$\overline{Q}$ 均为 1，“全 1 出 0”，所以输出 Q = 0。同理，设电路的原状态为 Q = 1、$\overline{Q}$ = 0，则 D1 的两个输入端 R = 1、Q = 1，输出 Q = 0。而 D2 的一个输入端 $\overline{Q}$ = 0，“有 0 出 1”，输出 Q = 1。

提示

不论电路的原状态是什么，基本 RS 触发器在 R = 1、S = 1 的条件下，将维持原状态不变。这就是触发器的保持功能，体现了触发器具有记忆能力。所以，R = 1、S = 1 也表示触发器的两个输入端没有触发信号输入。

② R = 1、S = 0，由于 S = 0，D2 输出 Q = 1，此时 D1 的两个输入端全为 1，则输出 $\overline{Q}$ = 0。

可见，在这种情况下，Q = 1、$\overline{Q}$ = 0，触发器置“1”，而与电路原状态无关。所以，S = 0 表示 S 端有信号输入。

提示

当 S 端有信号输入（R = 1、S = 0）时，Q = 1，S 端叫“置 1”端，这就是触发器的置 1 功能。

③ R = 0、S = 1，由于 R = 0，D1 输出 $\overline{Q}$ = 1，此时 D2 的两个输入端全为 1，输出 Q = 0。可见，在这种情况下，触发器状态必定为“0”态，而与电路原来状态无关。

提示

当 R 端有信号输入（R = 0、S = 1）时，Q = 0。所以，R 端叫作“置 0”端，这就是触发器的置 0 功能。

④ R = 0、S = 0，显然，在这种情况下，Q = 1、$\overline{Q}$ = 1，它破坏了触发器的功能。如果 R = 0、S = 0 之后同时变为 R = 1、S = 1（即 R、S 端信号同时消失），则触发器的状态将是不确定的。所以，必须避免出现 R = 0、S = 0 的情况。在应用基本 RS 触发器时，不允许 R 及 S 端同时为 0。

根据输入、输出的关系可以写出基本 RS 触发器的真值表，见表 7—20。表中的“*”号表示 R、S 同时加信号时，Q = 1、$\overline{Q}$ = 1，当触发信号同时消失后，触发器状态是不确定的。

表 7—20　基本 RS 触发器真值表

R	S	Q	$\overline{Q}$
0	0	1*	1*
0	1	0	1
1	0	1	0
1	1	不变	不变

与非型基本 RS 触发器的逻辑符号如图 7—42 所示。其中，输入端带小圆圈表示低电平触发；输出端不带小圆圈表示 Q 端，带小圆圈表示 $\overline{Q}$ 端。

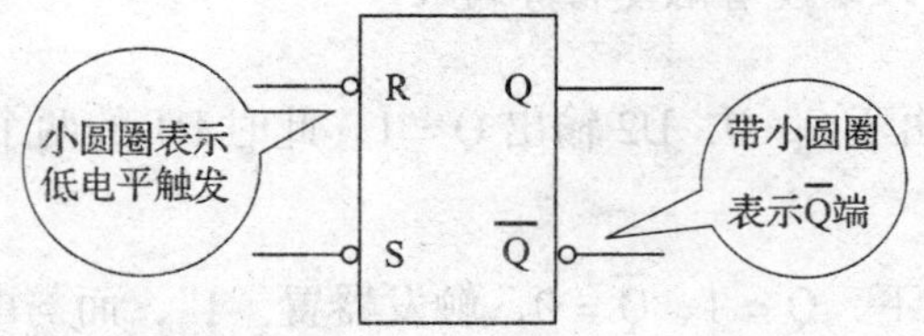

图 7—42　与非型基本 RS 触发器的逻辑符号

（2）“或非”型基本 RS 触发器

“或非”型基本 RS 触发器如图 7—43a 所示。它由两个“或非”门交叉耦合组成。

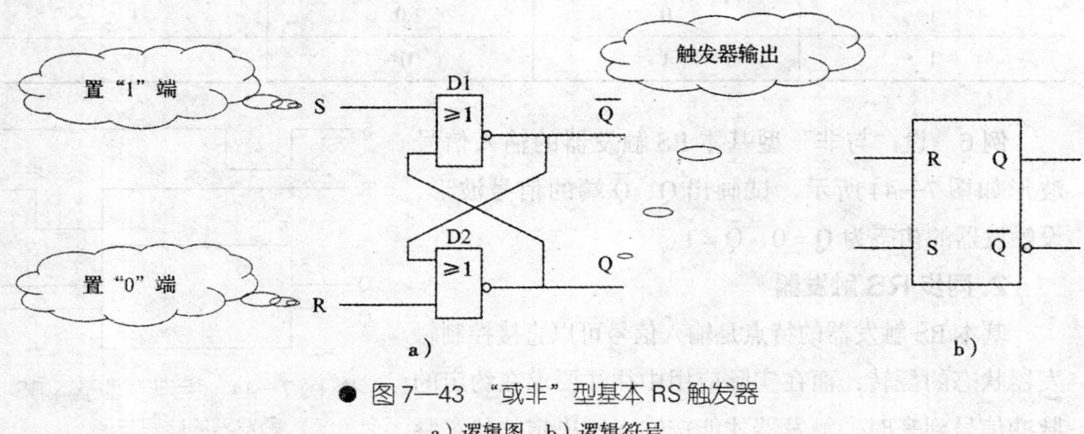

● 图 7—43 “或非”型基本 RS 触发器

a）逻辑图 b）逻辑符号

按照“或非”门的逻辑功能，“有 1 出 0，全 0 出 1”，下面简要分析“或非”型基本 RS 触发器的功能。

当 R = 0、S = 0 时，触发器维持原状态。

当 R = 1、S = 0 时，不论触发器原状态是什么，D1 的一个输入端 R = 1，则 $\overline{Q}$ = 0；而 D2 两个输入端 $\overline{Q}$、S 全为 0，所以 Q = 1，即触发器被置“0”。

当 R = 0、S = 1 时，触发器被置“1”。

当 R = 1、S = 1 时，D1、D2 都有一个输入端为 1，所以 Q = 0、$\overline{Q}$ = 0。如果输入端由 R = 1、S = 1 同时变为 R = 0、S = 0，则触发器状态不定。因此必须避免 R = 1、S = 1 的情况出现。

提示

“或非”型 RS 触发器是高电平触发（或输入高电平有效），具有置 0、置 1 和记忆功能。

“或非”型 RS 触发器的逻辑符号如图 7—43b 所示，真值表见表 7—21。表中的“*”号表示 R = 1、S = 1 同时消失后触发器状态不定。

表 7—21 “或非”型基本 RS 触发器真值表

R	S	Q	$\overline{Q}$
0	0	不变	不变
0	1	1	0

续表

R	S	Q	$\overline{Q}$
1	0	0	1
1	1	0*	0*

例 6 设“与非”型基本 RS 触发器的输入信号波形如图 7—44 所示，试画出 Q、$\overline{Q}$ 端的信号波形，设触发器的初态为 Q = 0、$\overline{Q}$ = 1。

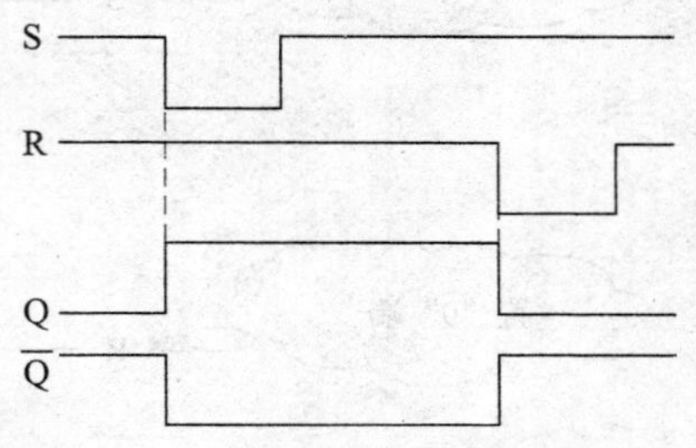

图 7—44 “与非”型基本 RS 触发器的信号波形

2. 同步 RS 触发器

基本 RS 触发器的特点是输入信号可以直接控制触发器状态的翻转，而在实际应用中往往要求在约定的脉冲信号到来时，触发器才能按输入所决定的状态翻转。这个约定的脉冲信号称为时钟脉冲，又称 CP 脉冲。这样触发器的状态将在 CP 脉冲到来时，随输入信号的不同而变化。这种用时钟脉冲控制的触发器称为同步 RS 触发器。

（1）电路

同步 RS 触发器的逻辑电路及逻辑符号如图 7—45 所示。它是在基本 RS 触发器的两个输入端各增加一个控制门和时钟信号输入端——CP 端组成的，$\overline{R}_D$、$\overline{S}_D$ 分别为置“0”端和置“1”端。

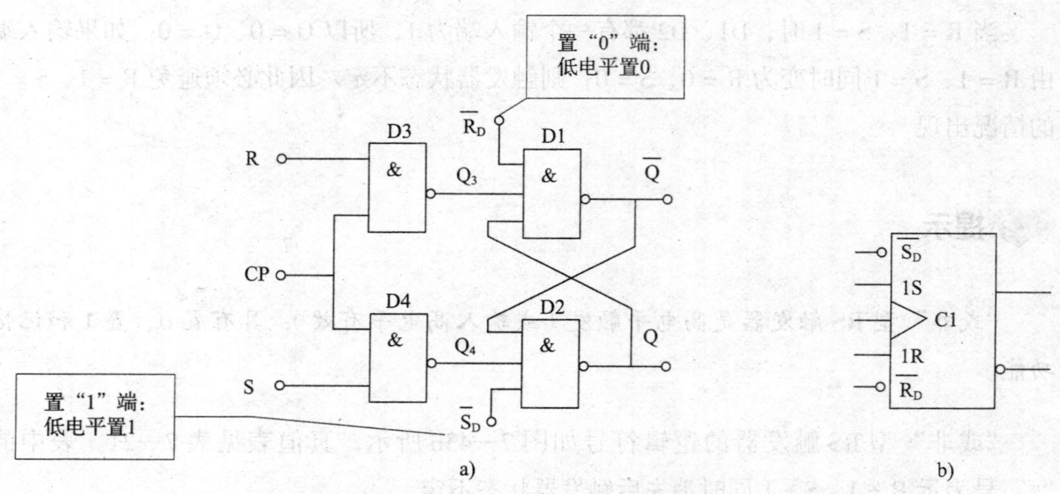

图 7—45 同步 RS 触发器的逻辑电路及逻辑符号

a）逻辑图 b）逻辑符号

（2）工作原理

控制门 D3、D4 都是与非门。和与门一样，与非门的一个输入端可以控制另一个输入端信号的通过。此处以 CP 端作为控制端。当 CP = 0 时，D3、D4 的输出被封锁为

“1”，它表示 R 端或 S 端的信号不能通过 D3、D4；当 CP = 1 时，D3、D4 开放，它表示 R 端或 S 端的信号能通过，但 D3、D4 的输出分别是 $\overline{R}$、$\overline{S}$。

1）CP = 0 期间　D3、D4 被封锁，$Q_3 = 1$、$Q_4 = 1$，触发器维持原态不变。

2）CP = 1 期间有四种情况

① R = 0、S = 0，$Q_3 = 1$、$Q_4 = 1$，触发器维持原态不变。

② R = 0、S = 1，$Q_3 = 1$、$Q_4 = 0$，触发器被置“1”，Q = 1、$\overline{Q} = 0$。

③ R = 1、S = 0，$Q_3 = 0$、$Q_4 = 1$，触发器被置“0”，Q = 0、$\overline{Q} = 1$。

④ R = 1、S = 1，$Q_3 = 0$、$Q_4 = 0$，这是不允许出现的。

提示

同步 RS 触发器只有在 CP 脉冲为高电平时才会被触发，即在 CP = 1 的情况下，再由输入信号 R 和 S 状态决定触发器输出的状态。

（3）特性表、状态图

综上所述，可以得到同步 RS 触发器的真值表，见表 7—22。表中 Q^n、Q^{n+1} 分别表示 CP 脉冲作用前和作用后触发器 Q 端的状态。Q^n 称为现态，Q^{n+1} 称为次态。表 7—22 表示输入状态、触发器的现态与次态的关系，又称为特性表。

表 7—22　同步 RS 触发器的真值表

CP	R	S	Q^n	Q^{n+1}	CP	R	S	Q^n	Q^{n+1}
1	0	0	0	0	1	1	0	0	0
1	0	0	1	1	1	1	0	1	0
1	0	1	0	1	1	1	1	0	不定
1	0	1	1	1	1	1	1	1	不定

触发器的转换规律也可以用图形的方式形象地加以表示。这个图形就称为状态转换图，简称状态图。同步 RS 触发器的状态图如图 7—46 所示。

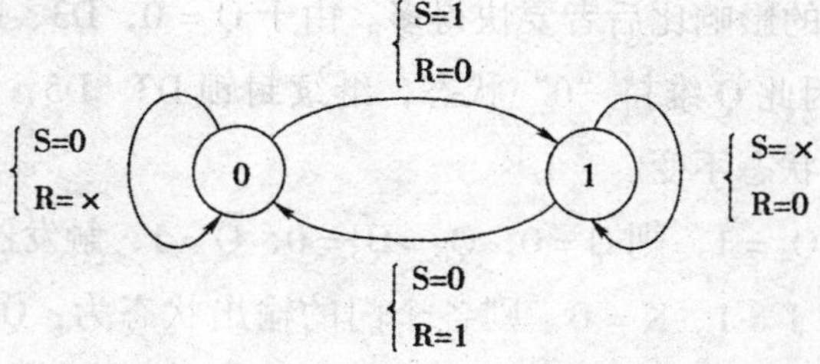

图 7—46　同步 RS 触发器的状态图

二、JK 触发器

1. 逻辑电路

如图 7—47a 所示为边沿 JK 触发器的逻辑电路，图 7—47b 所示为 JK 触发器的逻辑符号。

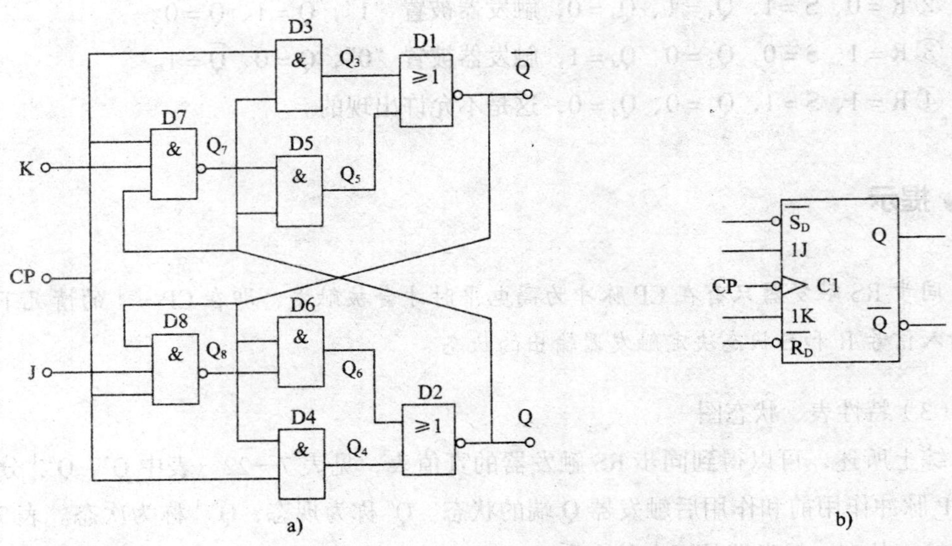

● 图 7—47　边沿 JK 触发器的逻辑电路和逻辑符号

a）逻辑电路　b）图形符号

2. 工作原理

设触发器的初态为 Q = 0、$\overline{Q}$ = 1。

当 CP = 0 时，D3、D4、D7、D8 均被封锁，J、K 的任何值均不起作用，各个门的输出状态为：$Q_3 = Q_4 = 0$、$Q_7 = Q_8 = 1$，而 $Q_5 = 0$、$Q_6 = 1$，所以触发器维持原状态不变，Q = 0、$\overline{Q}$ = 1。

当 CP 由“0”变“1”时，有两条信号通道能影响触发器的状态，一条是 D3、D4 开放，直接影响触发器的状态；另一条是 D7、D8 开放，再通过 D5、D6 而影响触发器的状态。但是，前者的影响比后者要快得多。由于 Q = 0，D3、D5 被封锁，CP 的变化通过 D4 使 $Q_4 = 1$。因此 Q 维持“0”状态，继续封锁 D3、D5，从而保持 $Q_3 = Q_5 = 0$，$\overline{Q}$ = 1。触发器维持原状态不变。

在 CP = 1 期间，$Q_4 = 1$，则 Q = 0，$Q_3 = Q_5 = 0$，$\overline{Q}$ = 1，触发器维持原状态不变。

在此期间，如果 J = 1、K = 0，则各个门的输出状态为：$Q_7 = 1$、$Q_8 = 0$、$Q_6 = 0$、$Q_4 = 1$，即 CP = 1 期间，D7、D8 开放，为接收输入信号 J、K 做好准备。

当 CP 由“1”变“0”时，Q_4 由 1 变 0，则 Q = 1，使 $Q_5 = 1$，$\overline{Q} = 0$，触发器翻转。虽然 CP 变“0”后，D7、D8、D3、D4 被封锁，$Q_7 = Q_8 = 1$，但由于与非门的传输延迟时间比与门长（在制造工艺上予以保证），Q_7 和 Q_8 这一新状态的稳定是在触发器翻转之后，CP 变“0”后，则将触发器封锁而维持翻转后的状态不变。

同理，对于 J、K 的其他值，可以分析得到：

J = 0、K = 0 时，触发器维持原状态。

J = 0、K = 1 时，触发器置“0”。

J = 1、K = 1 时，触发器状态翻转一次。

提示

边沿 JK 触发器在 CP = 0、CP 由“0”变“1”、CP = 1 期间，输入信号均不起作用，触发器维持原状态不变。只有当 CP 信号由“1”变“0”时，触发器状态才发生相应的变化，即下降沿触发。注意，也有上升沿触发的，区别在 JK 触发器的逻辑符号的 CP 输入端没有小圆圈。

JK 触发器的特性表见表 7—23。

表 7—23　　JK 触发器特性表

CP	J	K	Q^n	Q^{n+1}
↓	0	0	0	0
↓	0	0	1	1
↓	0	1	0	0
↓	0	1	1	0
↓	1	0	0	1
↓	1	0	1	1
↓	1	1	0	1
↓	1	1	1	0

由特性表可以得到 JK 触发器的特性方程：

$$Q^{n+1} = \overline{J}\,\overline{K}Q^n + J\overline{K}\,\overline{Q^n} + J\,\overline{K}Q^n + JK\,\overline{Q^n}$$
$$= J\,\overline{Q^n} + \overline{K}Q^n$$

JK 触发器的状态图如图 7—48 所示。

例 7　已知 CP、J、K 波形如图 7—49a 所示，试画出边沿 JK 触发器的输出波形图。

解：设边沿 JK 触发器的初始状态为 Q = 0，则其输出波形如图 7—49b 所示。

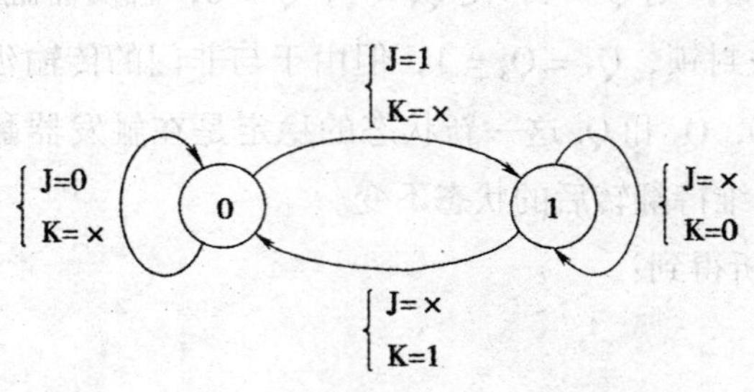

● 图7—48　状态图

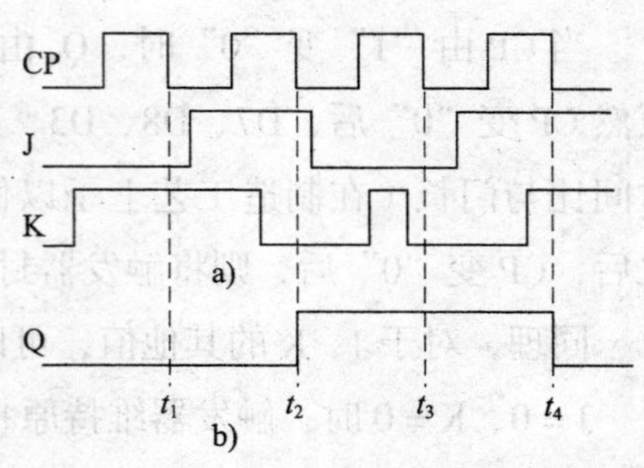

● 图7—49　JK触发器的波形图

若将J、K端连接作为T端，JK触发器就成为T触发器，如图7—50所示。即：

$$J = K = T$$

其特性方程为：$Q^{n+1} = J\overline{Q^n} + \overline{K}Q^n = T\overline{Q^n} + \overline{T}Q^n$

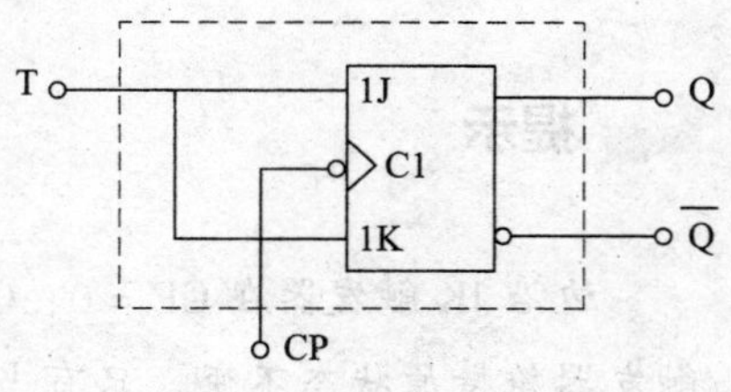

● 图7—50　T触发器

三、D触发器

1. 电路

维持阻塞D触发器如图7—51所示。图中与非门D1、D2组成基本RS触发器，D3、D4、D5、D6四个与非门组成控制门。

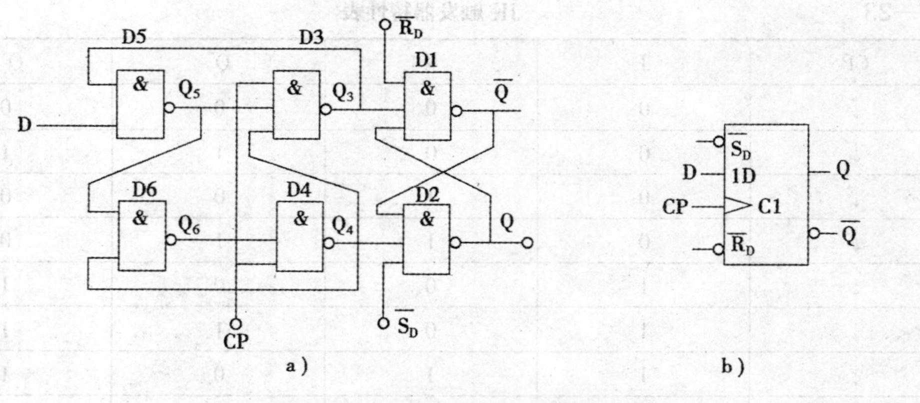

● 图7—51　维持阻塞D触发器

a）逻辑图　b）逻辑符号

2. 工作原理

CP = 0时，D3、D4被封锁，Q3 = Q4 = 1，触发器维持原状态不变。

CP的上升沿到来时：

（1）如果D = 0，则$Q_5 = 1$、$Q_6 = 0$，所以$Q_3 = 0$、$Q_4 = 1$，触发器置“0”，$Q = 0$、$\overline{Q} = 1$。由于$Q_3 = 0$，保证了$Q_5 = 1$，即使D状态发生变化，也不能再进入触发器，“阻塞”

了 D 端信号进入触发器的通道，维持了 $Q_3=0$，使触发器处于 0 状态。所以 D3 的输出端到 D5 的输入端的连线叫作“置 0 维持线”。

（2）如果 D = 1，则 $Q_5=0$，D3、D6 被封锁，$Q_3=1$，$Q_6=1$。此时，D4 开放，$Q_4=0$，触发器置“1”，$Q=1$、$\overline{Q}=0$。由于 $Q_4=0$ 封锁了 D3，从而“阻塞”了 D3 输出置“0”信号，所以 D4 输出端到 D3 输入端的连线叫作“置 0 阻塞线”。另外，$Q_4=0$，使 $Q_6=1$，保证了在 CP = 1 期间 $Q_4=0$，“维持”了触发器处于“1”状态。所以 D4 输出端到 D6 输入端的连线叫“置 1 维持线”。

提示

维持阻塞 D 触发器是在 CP 上升沿来到时才接收 D 端信号，之后即使 D 端信号改变，触发器状态也不受影响。所以，维持阻塞触发器是上升沿触发，又称为边沿 D 触发器。

综上所述，D 触发器的逻辑功能可以用表 7—24 来表示。

表 7—24　　D 触发器的特性表

CP	D	Q^n	Q^{n+1}	CP	D	Q^n	Q^{n+1}
↑	0	0	0	↑	1	0	1
↑	0	1	0	↑	1	1	1

由特性表可以得到特性方程：

$$Q^{n+1}=D\left(\overline{Q^n}+Q^n\right)=D$$

D 触发器的状态图如图 7—52 所示。

例 8　维持阻塞 D 触发器的输入波形如图 7—53 所示，试画出在给定 CP 脉冲和 D 信号作用下的 Q 和 $\overline{Q}$ 的波形。设触发器的初态为：$Q=0$、$\overline{Q}=1$。

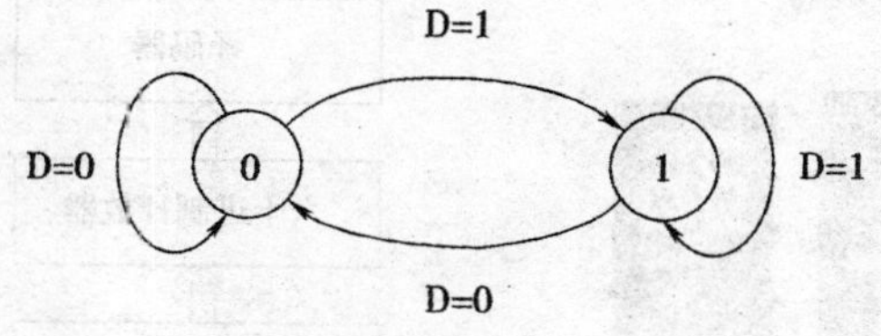

● 图 7—52　D 触发器的状态图

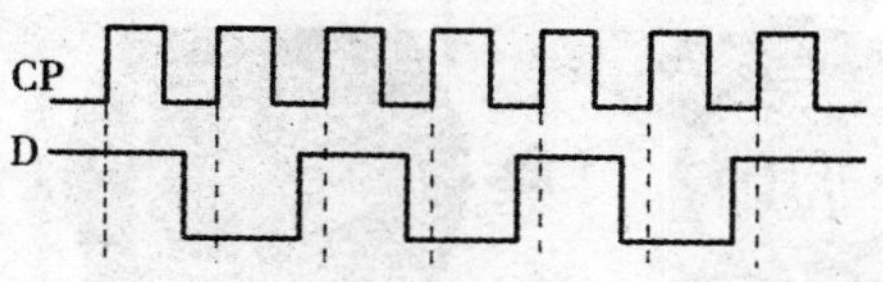

● 图 7—53　D 触发器的输入输出波形

工程应用

计算机中的存储器

存储器的主要功能是存储程序和各种数据，并能在计算机运行过程中高速、自动地完成程序或数据的存取。存储器是计算机中具有“记忆”功能的部件，触发器是构成这个记忆装置的基本单元，也可说是记忆细胞，一个触发器可存储一个二进制代码，构成存储器中最小的存储单位存储元，由若干个存储元组成一个存储单元，然后再由许多存储单元组成一个存储器。一个存储器包含许多存储单元，每个存储单元的位置都有一个编号，即地址，一般用十六进制表示。一个存储器中所有存储单元可存放数据的总和称为它的存储容量。计算机中存储器分类很多，如按存储器的读写功能分为只读存储器(ROM)（存储的内容是固定不变的，只能读出而不能写入的半导体存储器。）和随机读写存储器(RAM)（既能读出又能写入的半导体存储器）；按照与计算机中央处理器CPU的接近程度，存储器分为内存储器（如只读存储器和随机读写存储器）与外存储器（如硬盘、光盘、U盘等），简称内存与外存。

§7—4　时序逻辑电路

时序逻辑电路是数字电路的另一个重要组成部分，它与组合逻辑电路的功能、特点不同，其特点是：任一时刻电路的输出状态（新状态）不仅取决于该时刻的输入信号，而且与前一时刻电路的状态（原状态）有关。数字电路系统中的寄存器和计数器就是一些常用的时序逻辑电路。

无论在比赛场，还是在生产和生活中，经常可以看到的秒计时显示就可以利用计数器实现，如图7—54所示，该电路示意框图如图7—55所示。

图7—54　秒计时显示的应用实例

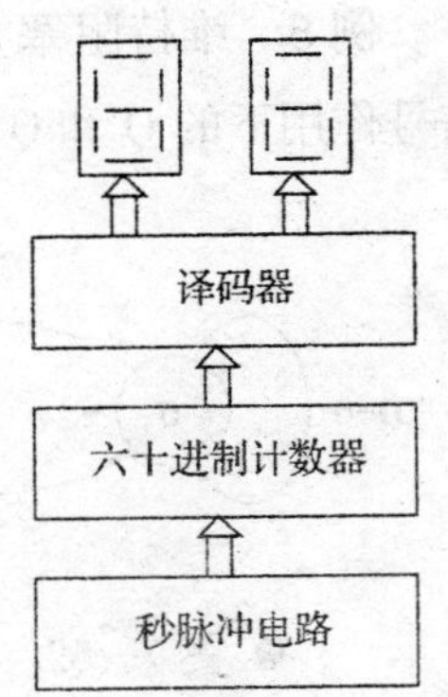

图7—55　秒计时显示电路示意框图

一、计数器

计数器是数字系统中能累计输入脉冲个数的数字电路，除了计数之外，计数器还可用来定时、分频等。

计数器按计数进制不同，可分为二进制计数器、十进制计数器和N进制计数器；按计数单元中触发器翻转顺序来分，则有异步计数器和同步计数器两大类。在异步计数器中，当计数脉冲输入时，各级触发器翻转不是同时的，而是有先后的；在同步计数器中，所有触发器在同一脉冲作用下翻转是同时的。如果按计数过程中计数器数值的增减来分，又可分为递增计数器、递减计数器和可逆计数器，随着计数脉冲的输入而递增计数的叫作递增计数器，递减计数的叫作递减计数器，可增可减的叫作可逆计数器。

1. 二进制计数器

现以三位异步二进制递增计数器为例来介绍二进制计数器。

（1）电路

异步二进制递增计数器的电路如图 7—56 所示。它由三级 JK 触发器组成，由于 J = K = 1，故而来一个触发脉冲，触发器状态翻转一次，Q 端为各触发器的输出，C 为进位输出。

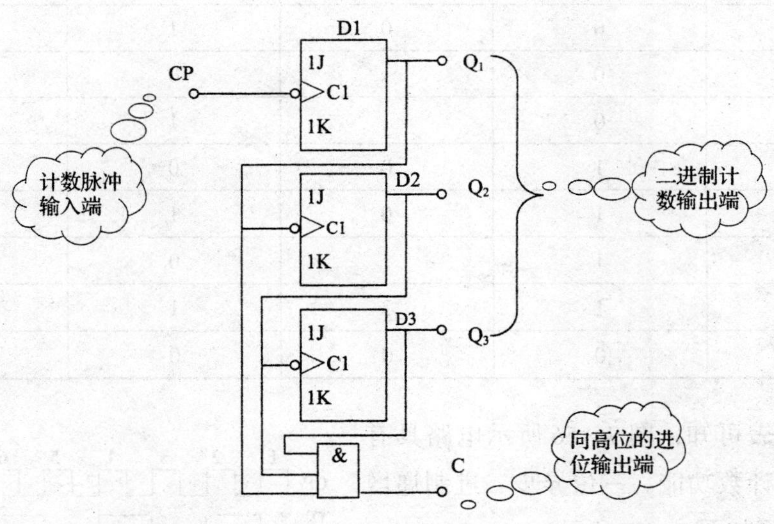

● 图 7—56 异步二进制递增计数器的逻辑电路

（2）工作原理

计数器工作前，一般都需要把所有的触发器置“0”，即计数器状态为 000。这一过程称清零或复位。清零之后，计数器就可以开始计数了。

第一个计数脉冲输入时，在该脉冲的下降沿到来时刻，D1 翻转，Q_1 由 0 变 1。Q_1

的正跳变加到 D2 的 CP 端，因为触发器都是负跳变触发，所以 D2 不翻转，计数器的状态为 001。

第二个计数脉冲输入时，D1 又翻转，Q_1 由 1 变 0。Q_1 的负跳变送到 D2 的 CP 端，D2 翻转，$Q_2=1$。Q_2 的正跳变送到 D3 的 CP 端，D3 不翻转，计数器状态为 010。

按照上述规律，当第七个脉冲输入时，计数器状态为 111。继而再输入第八个脉冲，计数器状态变成 000，并产生一个向高位的进位信号。

若用 Q^n、Q^{n+1} 分别表示 CP 脉冲作用前、后触发器 Q 端的状态，由上述可知，每向触发器 CP 端输入一个脉冲，触发器状态就翻转一次，即

$$Q^{n+1}=\overline{Q}^n$$

由图 7—56 可得到进位的表达式：

$$C=Q_3^nQ_2^nQ_1^n$$

按照计数器翻转规律，可直接得到计数器状态表，见表 7—25。

表 7—25　　三位异步二进制递增计数器状态表

输入 CP 脉冲个数	计数器状态			进位 C
	Q_3^n	Q_2^n	Q_1^n	
0	0	0	0	0
1	0	0	1	0
2	0	1	0	0
3	0	1	1	0
4	1	0	0	0
5	1	0	1	0
6	1	1	0	0
7	1	1	1	1
8	0	0	0	0

由状态表可知，图 7—56 所示电路具有二进制递增计数功能。三位异步二进制递增计数器波形图如图 7—57 所示。

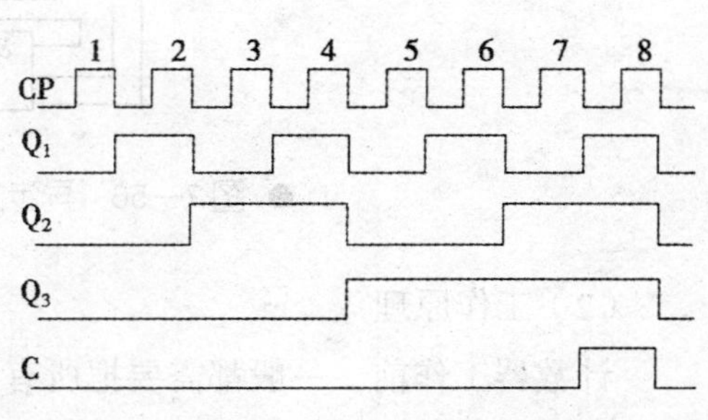

图 7—57　三位异步二进制递增计数器的波形

2. 二－五－十进制计数器

在计数器中，十进制数通常是用二进制数表示的，所以十进制计数器是指二－十进制编码的计数器。在本节中主要讲解采用二－五－十进制计数器构成十进制计数器。

（1）电路组成及引脚功能

CT74LS290 型二－五－十进制计数器由一个独立的一位二进制计数器和一个五进制计数器组成，其逻辑图如图 7—58a 所示，外引线排列图如图 7—58b 所示，其功能表如图 7—58c 所示。

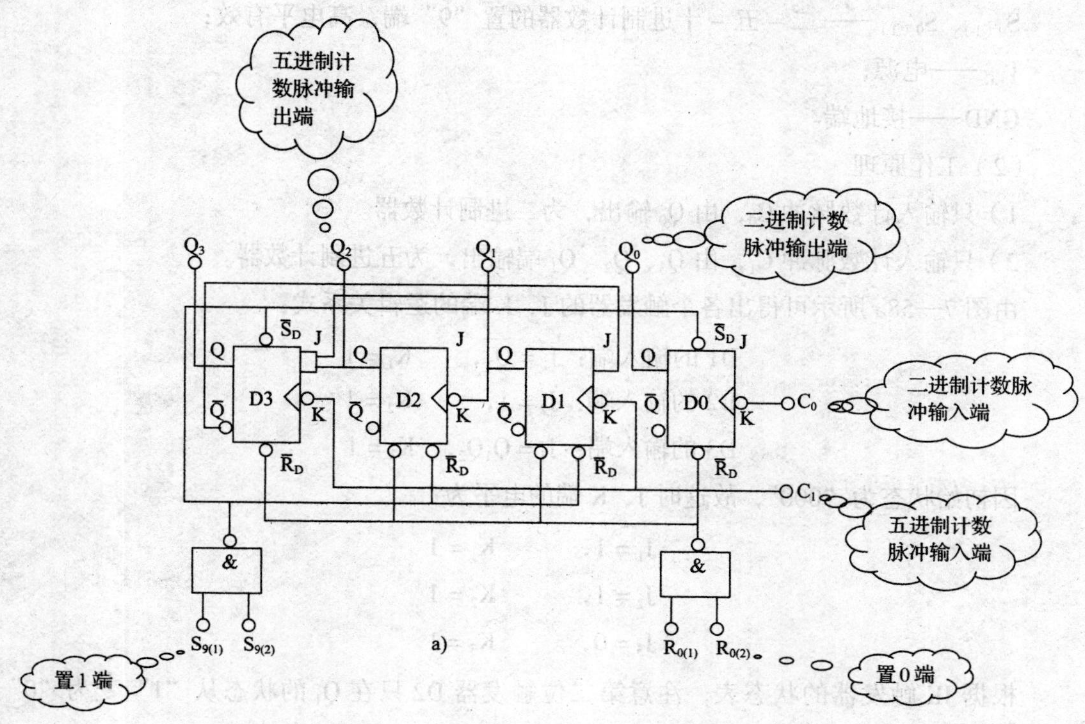

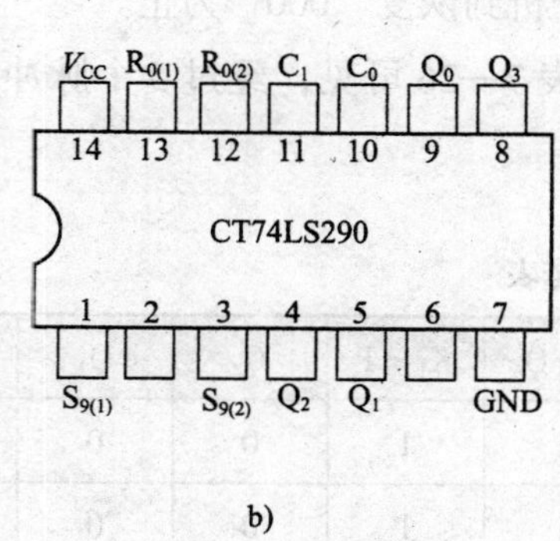

$R_{0(1)}$	$R_{0(2)}$	$S_{9(1)}$	$S_{9(2)}$	Q_3	Q_2	Q_1	Q_0
1	1	0	×	0	0	0	0
		×	0				
×	×	1	1	1	0	0	1
×	0	×	0	计数			
0	×	0	×	计数			
0	×	×	0	计数			
×	0	0	×	计数			

（×表示任意态）　c)

● 图 7—58　CT74LS290 型二－五－十进制计数器

a）逻辑图　b）外引线排列图　c）功能表

CT74LS290 各引脚功能说明如下：

C_0——一位二进制计数器的计数脉冲输入端；

Q_0——一位二进制计数器的输出端；

C_1——五进制计数器的计数脉冲输入端；

Q_3、Q_2、Q_1——五进制计数器的输出端；

$R_{0(1)}$、$R_{0(2)}$——二－五－十进制计数器的置“0”端，高电平有效；

$S_{9(1)}$、$S_{9(2)}$——二－五－十进制计数器的置“9”端，高电平有效；

V_{CC}——电源；

GND——接地端。

（2）工作原理

1）只输入计数脉冲 C_0，由 Q_0 输出，为二进制计数器。

2）只输入计数脉冲 C_1，由 Q_3、Q_2、Q_1 端输出，为五进制计数器。

由图 7—58a 所示可得出各个触发器的 J、K 端的逻辑关系式：

D1 的输入端：$J_1=\overline{Q_3}$，　$K_1=1$

D2 的输入端：$J_2=1$，　$K_2=1$

D3 的输入端：$J_3=Q_1Q_2$，　$K_3=1$

因初始状态为“000”，故这时 J、K 端的电平为：

$J_1=1$，　$K_1=1$

$J_2=1$，　$K_2=1$

$J_3=0$，　$K_3=1$

根据 JK 触发器的状态表，注意第二位触发器 D2 只在 Q_1 的状态从“1”变为“0”时才能翻转，可得出各触发器的下一状态，即“001”。而后再以“001”分析下一状态，这时触发器 D1 和 D2 都翻转，得出“010”。一直分析到恢复“000”为止。

在分析过程中列出状态表，见表 7—26。由表 7—26 可见，经过 5 个脉冲循环一次，所以这是五进制计数器。

表 7—26　　**五进制计数器的状态表**

时钟脉冲数	$J_3=Q_1Q_2$	$K_3=1$	$J_2=K_2=1$		$J_1=\overline{Q_3}$	$K_1=1$	Q_3	Q_2	Q_1
0	0	1	1	1	1	1	0	0	0
1	0	1	1	1	1	1	0	0	1
2	0	1	1	1	1	1	0	1	0
3	1	1	1	1	1	1	0	1	1
4	0	1	1	1	0	1	1	0	0
5	0	1	1	1	0	1	0	0	0

3）将 Q_0 端与 C_1 端连接，计数脉冲从 C_0 端输入，从 Q_3、Q_2、Q_1、Q_0 端输出，这就构成了 8421 码十进制计数器，如图 7—59 所示，电路状态见表 7—27。

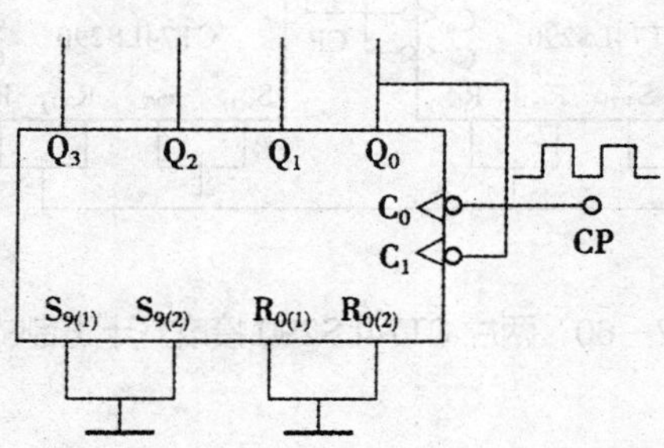

● 图 7—59　8421 码十进制计数器

表 7—27　**十进制递增计数器状态表**

输入 CP 脉冲个数	计数器状态				输入 CP 脉冲个数	计数器状态			
	Q_3^n	Q_2^n	Q_1^n	Q_0^n		Q_3^n	Q_2^n	Q_1^n	Q_0^n
0	0	0	0	0	6	0	1	1	0
1	0	0	0	1	7	0	1	1	1
2	0	0	1	0	8	1	0	0	0
3	0	0	1	1	9	1	0	0	1
4	0	1	0	0	10	0	0	0	0
5	0	1	0	1					

4）用 CT74LS290 构成六十进制计数器。利用复位法可以得到 N 进制计数器，其方法一般是在 N 个时钟脉冲作用下，把计数到 N 时所有触发器输出状态 $Q^n=1$ 的输出端连接到一个与非门的输入端，并使与非门的输出去控制计数器的复位端，从而在第 N 个时钟脉冲作用时计数器回到“0”状态，成为 N 进制计数器。

为了得到六十进制计数器，可以将两片 CT74LS290 接成十进制的计数器串联起来，如图 7—60 所示。十位的 Q_3、Q_2、Q_1、Q_0 从 0000 到 0101 时，计数器正常计数。当 0101 增至 0110 时，与非门输出为 0，十位和个位计数器都转变为 00000000，从而实现了六十进制计数。

想一想

用 CT74LS290 构成二十四进制计数器该如何连接？

扫描二维码
查看参考答案

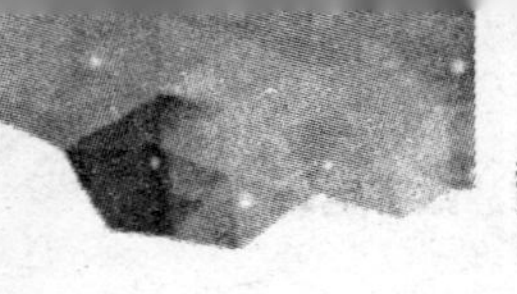

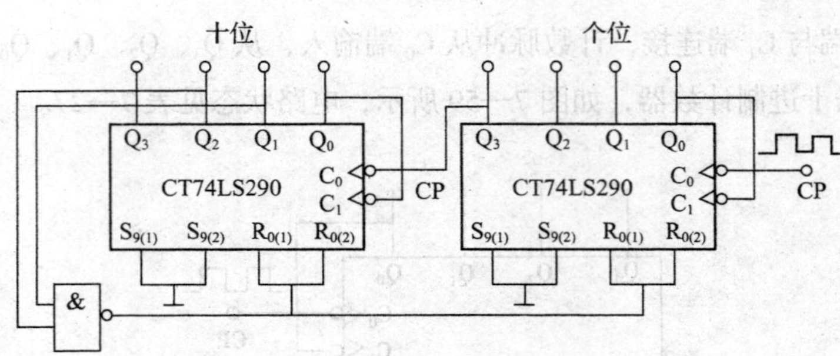

● 图 7—60　两片 CT74LS290 接成六十进制的计数器

二、寄存器

寄存器是能够接收、暂存和传递数码的一种逻辑记忆元件，它分数码寄存器和移位寄存器两种类型。

1. 数码寄存器

数码寄存器是最简单的寄存器，它只具有接收数码和清除原有数码的功能。

D 触发器构成的数码寄存器的逻辑图如图 7—61 所示。

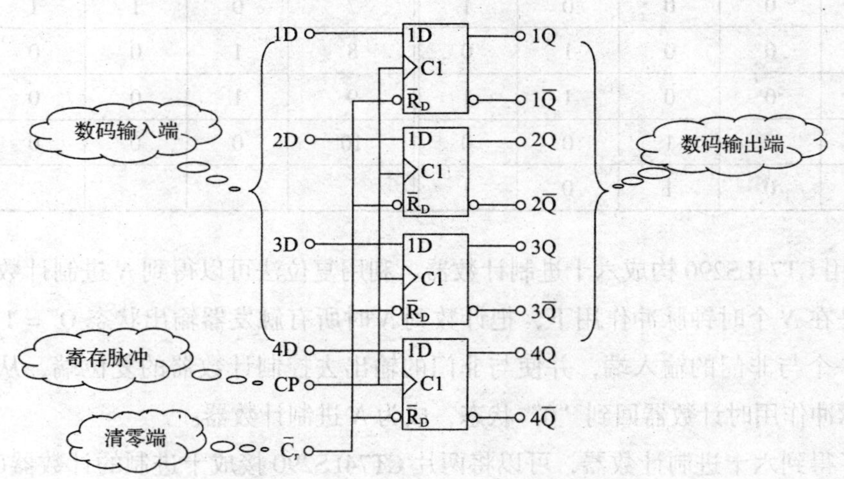

● 图 7—61　D 触发器构成的数码寄存器

图中，$\overline{C}_r$ 为清零端，当 $\overline{C}_r = 0$ 时，1Q~4Q 均为“0”态。寄存数码时 $\overline{C}_r = 1$，在 CP 上升沿到来后，输入端 1D~4D 的数码并行存入 1Q~4Q 之中。当 $\overline{C}_r = 1$、CP = 0 时，各触发器处于保持状态。

2. 移位寄存器

移位寄存器除了具有寄存数码的功能之外，还具有数码移位的功能。移位寄存器分单向移位寄存器和双向移位寄存器两种类型。

（1）单向移位寄存器

图 7—62a 所示是由 D 触发器组成的单向移位寄存器。当移位脉冲上升沿来到后，输入数据移入 D1，而每个 D 触发器的状态移入下一级触发器，D4 的状态移出寄存器。设各触发器初态均为 0，输入数据为 1011，则经过四个 CP 移位脉冲之后，1011 全部存入寄存器，移位波形图如图 7—62b 所示。

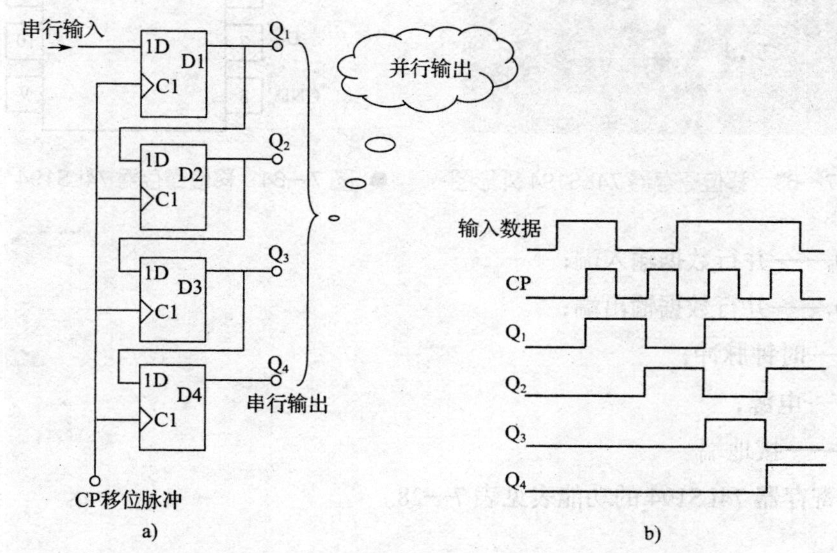

● 图 7—62 D 触发器组成的单向移位寄存器

a）逻辑图 b）波形图

这种输入数据取自 D1 的 D 端。当来一个 CP 移位脉冲时，各触发器状态移入下一级的输入方式叫作串行输入。输出取自各触发器的 Q 端叫作并行输出。而输出取自最高位触发器的 Q 端叫作串行输出。因此，图 7—62a 所示的电路叫作串行输入、串并行输出单向移位寄存器。

（2）双向移位寄存器

双向四位 TTL 型集成移位寄存器 74LS194 具有双向移位，串、并行输入，保持数据和清除数据等功能。它的外形图、管脚排列如图 7—63 和图 7—64 所示。

74LS194 各引脚功能说明如下：

$\overline{C_r}$——清零端；

M_A、M_B——工作状态控制端；

D_{SL}——左移串行数据输入端；

D_{SR}——右移串行数据输入端；

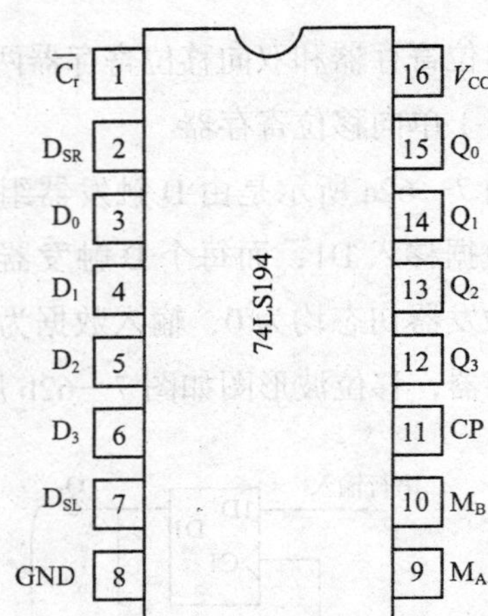

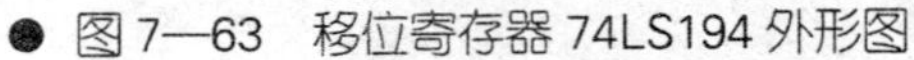

● 图 7—63　移位寄存器 74LS194 外形图　　● 图 7—64　移位寄存器 74LS194 管脚排列图

D_0~D_3——并行数据输入端；

Q_0~Q_3——并行数据输出端；

CP——时钟脉冲；

V_{CC}——电源；

GND——接地端。

移位寄存器 74LS194 的功能表见表 7—28。

表 7—28　　**移位寄存器 74LS194 的功能表**

输入										输出				注释
$\overline{C_r}$	M_B	M_A	D_{SR}	D_{SL}	CP	D_0	D_1	D_2	D_3	Q^{n+1}	Q^{n+1}	Q^{n+1}	Q^{n+1}	
0	×	×	×	×	×	×	×	×	×	0	0	0	0	清零
1	×	×	×	×	0	×	×	×	×	Q_0^n	Q_1^n	Q_2^n	Q_3^n	保持
1	1	1	×	×	↑	D_0	D_1	D_2	D_3	D_0	D_1	D_2	D_3	并行输入
1	0	1	1	×	↑	×	×	×	×	1	Q_0^n	Q_1^n	Q_2^n	右移输入 1
1	0	1	0	×	↑	×	×	×	×	0	Q_0^n	Q_1^n	Q_2^n	右移输入 0
1	1	0	1	×	↑	×	×	×	×	Q_1^n	Q_2^n	Q_3^n	1	左移输入 1
1	1	0	0	×	↑	×	×	×	×	Q_1^n	Q_2^n	Q_3^n	0	左移输入 0
1	0	0	×	×	×	×	×	×	×	Q_0^n	Q_1^n	Q_2^n	Q_3^n	保持

提示

在数字系统中，数据传送的方式有串行和并行两种，由于移位寄存器的特点，可用移位寄存器作为数字接口，将并行数据串行发送出去，也可将串行数据逐位接收下来，形成并行数据。

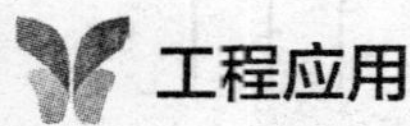

工程应用

寄存器在计算机中央处理器中的应用

中央处理器是计算机的核心部件，相当于人的大脑，而寄存器又是中央处理器的组成部分。寄存器是有限存储容量的高速存储部件，它们可用来暂存指令、数据和地址。在中央处理器的控制部件中，包含的寄存器有指令寄存器（IR）和程序计数器（PC）。在中央处理器的算术及逻辑部件中，包含的寄存器有累加器（ACC）。

习 题

一、问答题

1. 试写出与门、或门和非门的逻辑符号及逻辑表达式。
2. 说明符合真值表 7—1 的是什么门电路。
3. 说明满足题图 7—1 所示输入、输出关系的是什么门电路。
4. 什么是编码器?
5. 什么是译码器?

题表 7—1

A	B	Y
0	0	1
0	1	1
1	0	1
1	1	0

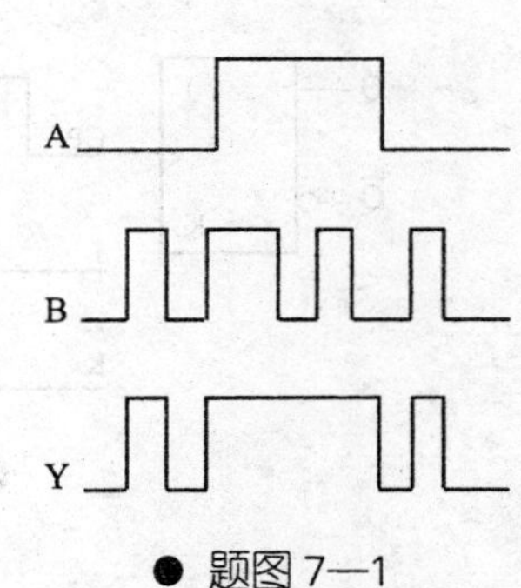

题图 7—1

二、题图 7—2 所示为各门电路的输入信号波形，试画出各门电路的输出波形。

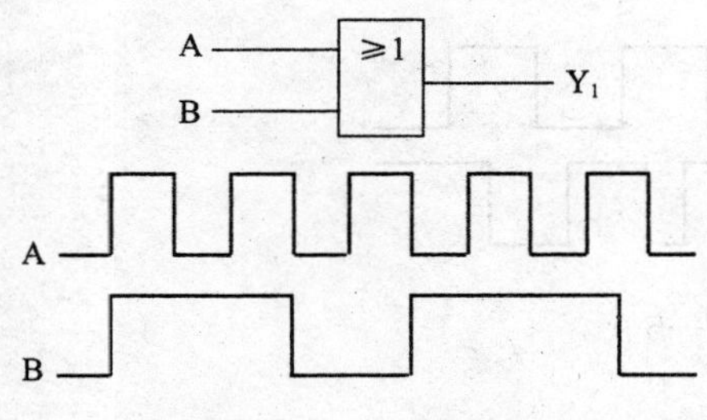

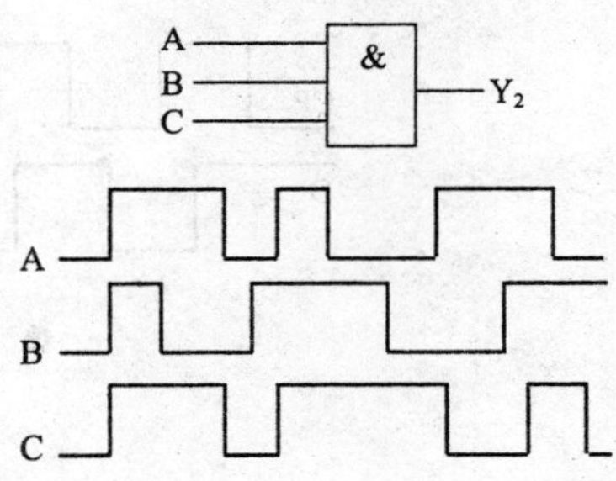

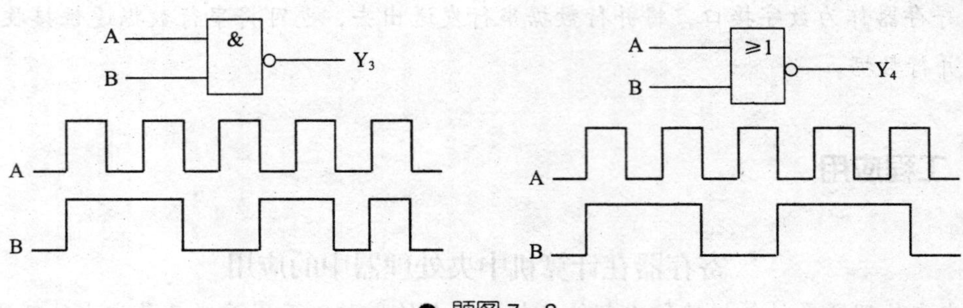

● 题图 7—2

三、某一组合逻辑电路如题图 7—3 所示，试分析其逻辑功能。

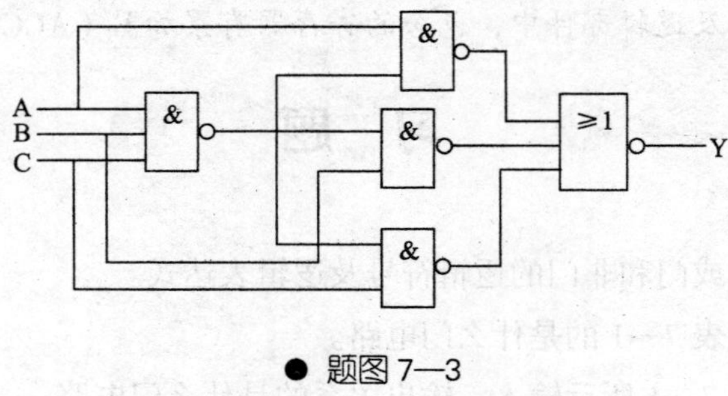

● 题图 7—3

四、边沿 JK 触发器及输入波形如题图 7—4 所示，设触发器的初始状态 Q = 0，试画出 Q 和 $\overline{Q}$ 波形。

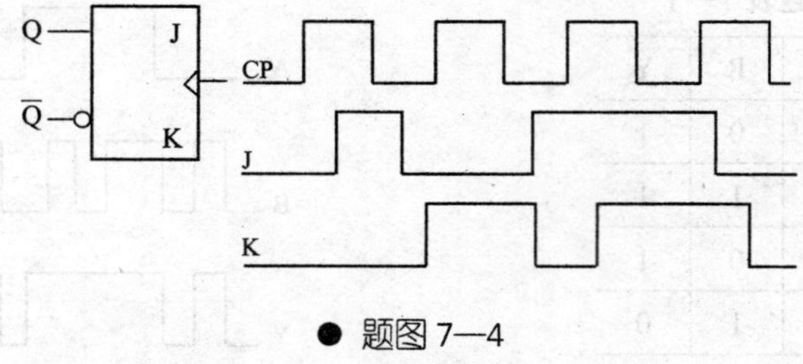

● 题图 7—4

五、TTL 维持阻塞 D 触发器的输入波形如题图 7—5 所示，设触发器的初始状态 Q = 0，试画出 Q 和 $\overline{Q}$ 波形。

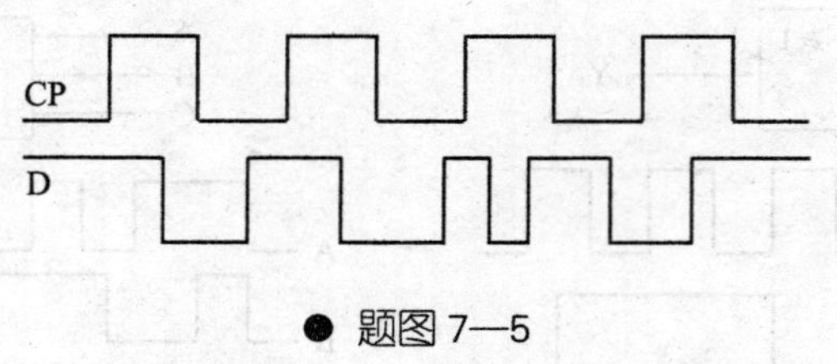

● 题图 7—5

附录　半导体器件型号命名方法

1. 国产半导体器件型号命名方法

根据国家标准，半导体器件型号由五部分组成，其每一部分的含义见表 1。

表 1　　国产半导体器件型号命名方法

第一部分		第二部分		第三部分		第四部分	第五部分
用数字表示器件的电极数目		用汉语拼音字母表示器件的材料和极性		用汉语拼音字母表示器件的类别		用数字表示器件序号	用汉语拼音字母表示规格号
符号	意义	符号	意义	符号	意义		
2	二极管	A	N 型锗材料	P	普通管		
		B	P 型锗材料	V	微波管		
		C	N 型硅材料	W	稳压管		
		D	P 型硅材料	C	参量管		
				Z	整流管		
				L	整流堆		
				S	隧道管		
				N	阻尼管		
				U	光电管		
				K	开关管		
3	三极管	A	PNP 型锗材料	X	低频小功率管（$f_T < 3$ MHz，$P_C < 1$ W）		
		B	NPN 型锗材料	G	高频小功率管（$f_T \geqslant 3$ MHz，$P_C < 1$ W）		
		C	PNP 型硅材料	D	低频大功率管（$f_T < 3$ MHz，$P_C \geqslant 1$ W）		
		D	NPN 型硅材料	A	高频大功率管（$f_T \geqslant 3$ MHz，$P_C \geqslant 1$ W）		
		E	化合物材料	U	光电器件		
				K	开关管		

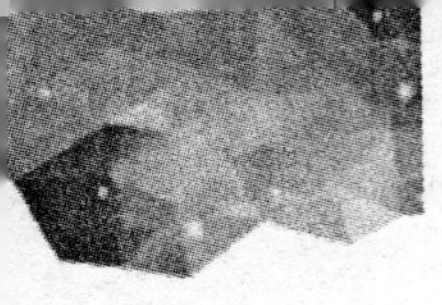

续表

第一部分		第二部分		第三部分		第四部分	第五部分
用数字表示器件的电极数目		用汉语拼音字母表示器件的材料和极性		用汉语拼音字母表示器件的类别		用数字表示器件序号	用汉语拼音字母表示规格号
符号	意义	符号	意义	符号	意义		
				I	可控整流器		
				Y	体效应器件		
				B	雪崩管		
				J	阶跃恢复管		
				CS	场效应器件		
				BT	半导体特殊器件		
				FH	复合管		
				PIN	PIN 型管		
				JG	激光器件		

如 3AD50C 表示低频大功率 PNP 型锗管；3DG6E 表示高频小功率 NPN 型硅管。

2. 国际电子联合会半导体器件型号命名方法

国际电子联合会半导体器件型号命名由四部分组成，各部分的含义见表 2。

表 2　国际电子联合会半导体器件型号命名方法

第一部分：半导体器件的材料		第二部分：半导体器件的类别		第三部分：序号	第四部分：规格号
符号	意义	符号	意义		
A	锗材料	A	检波管、开关管、混频管	用数字或数字与字母混合表示器件的登记序号。通用器件用三位数字，专用器件用一个字母加两位数字	用字母 A～E 表示器件的规格号（同一型号器件的档次）
		B	变容管		
B	硅材料	E	隧道管		
		G	复合管		
C	砷化镓	H	磁敏管		
		P	光敏管		
D	锑化铟	Q	发光管		
		X	倍压管		
R	复合材料	Y	整流管		
		Z	稳压管		

3. 美国半导体器件型号命名方法

美国电子工业协会（EIA）规定的半导体器件型号命名方法见表 3。

表 3　美国半导体器件型号命名方法

第一部分		第二部分		第三部分		第四部分		第五部分	
用符号表示器件的等级		用数字表示 PN 结数目		用字母表示材料		用数字表示器件登记序号		用字母表示同一器件的不同档次	
符号	意义	符号	意义	符号	意义	符号	意义	符号	意义
J	军品	1	二极管	N	该器件已在美国电子工业协会（EIA）注册登记	2～4 位数字	登记顺序号	A B C …	表示器件改进型
无	非军品	2	三极管						
		3	四极管						

例如 1N4148 表示开关二极管，2N3464 表示高频大功率 NPN 型硅管。

4. 日本半导体器件型号命名方法

日本半导体器件型号命名由五部分组成，其命名方法见表 4。

表 4　日本半导体器件型号命名方法

第一部分		第二部分		第三部分		第四部分	第五部分
用数字表示器件的电极数目		用字母表示半导体器件		用字母表示器件的结构和类型		用 2～3 位数字表示器件登记顺序号	用字母表示同一种型号器件的改进型
符号	意义	符号	意义	符号	意义		
0	光电器件	S	半导体器件	A	高频 PNP 型三极管、快速开关三极管		
1	二极管						
2	三极管			B	低频大功率 PNP 管		
3	有三个 PN 结的器件			C	高频及快速开关 NPN 三极管		
				D	低频大功率 NPN 管		
				F	P 控制极晶闸管		
				G	N 控制极晶闸管		
				H	N 基极单结管		
				J	P 沟道场效应管		
				K	N 沟道场效应管		
				M	双向晶闸管		

例如，2SA53 表示高频 PNP 型三极管，1S92 表示半导体二极管。

5. 欧洲半导体器件型号命名方法

由于目前欧洲各国没有明确统一的标准半导体器件型号命名方法，故大多使用国际电子联合会的标准。半导体器件的型号一般由四部分组成，其基本含义见表 5。

表 5　　欧洲半导体器件型号命名方法

第一部分		第二部分				第三部分		第四部分	
用字母表示器件使用的材料		用字母表示器件的类型及主要特性				用数字或字母加数字表示登记号		用字母表示对同一型号器件的改进	
符号	意义	符号	意义	符号	意义	符号	意义	符号	意义
A	锗材料	A	检波二极管、开关二极管、混频二极管	P	光敏器件	三位数字	代表半导体器件的登记序号（同一类型器件使用一个登记号）	A B C D E	表示同一型号的半导体器件在某一参数方面的分档标志
B	硅材料	B	变容二极管	Q	发光器件				
C	砷化镓	C	低频小功率三极管	R	小功率晶闸管				
D	锑化铟	D	低频大功率三极管	S	小功率开关管				
R	复合材料	E	隧道二极管	T	大功率晶闸管				
		F	高频小功率三极管	U	大功率开关管	一个字母二位数字	代表专用半导体器件的登记序号（同一类型器件使用一个登记号）		
		G	复合器件、其他器件	X	倍增二极管				
		H	磁敏二极管	Y	整流二极管				
		K	霍尔器件	Z	稳压二极管				
		L	高频大功率三极管						

补充说明：欧洲半导体器件型号除以上基本组成部分外，为进一步标明器件的特性或对器件进一步分类，有时还加有后缀。常见的后缀有以下几种。

（1）稳压二极管型号后缀的第一部分是一个字母，用来表示器件标称稳定电压值的允许误差范围。其代表的意义见表 6。

表 6 稳压二极管后缀字母的含义

符号	A	B	C	D	E
允许误差 /%	± 1	± 2	± 5	± 10	± 20

后缀的第二部分是数字，表示稳压二极管的标称稳定电压的整数值；后缀的第三部分是字母 V，代表小数点，字母 V 之后的数字为稳压管标称稳定电压的小数值。

（2）整流二极管和晶闸管型号的后缀是数字，表示其最大反向电压值，单位是伏。例如 BZY88-C9V1 表示标称稳压值是 9.1 V、精度为 ± 5% 的硅稳压二极管；BTX64-200 表示反向耐压为 200 V 的大功率晶闸管；BU406D 表示大功率硅开关管。